普通高等教育"十一五"国家级规划教材

信息系统分析与设计
（第四版）

陈圣国　王葆红　编著

西安电子科技大学出版社

—————————— 内 容 简 介 ——————————

本书共分 7 章。第 1 章概括介绍了信息与信息系统的概念、信息系统的发展历史及其构成和信息系统的开发方法。第 2～6 章较详细地介绍了结构化系统开发各阶段的主要任务和基本方法,以及常用的工具。第 7 章对面向对象开发方法和统一建模语言(UML)进行了介绍。

本书的主要目的是让学生了解系统开发的思想与基本方法,以培养良好的编程风格。本书适合于应用型本科院校计算机专业的学生在学习完程序设计语言等课程后,进一步学习有关信息系统开发方面的知识。

★本书配有电子教案,需要者可登录出版社网站,免费下载。

图书在版编目(CIP)数据

信息系统分析与设计 / 陈圣国,王葆红编著. —4 版.

—西安:西安电子科技大学出版社,2015.12(2018.9 重印)

普通高等教育"十一五"国家级规划教材

ISBN 978-7-5606-3921-5

Ⅰ. ①信… Ⅱ. ①陈… ②王… Ⅲ. ①信息系统-系统分析-高等学校-教材
②信息系统-系统设计-高等学校-教材 Ⅳ. ①G202

中国版本图书馆 CIP 数据核字(2015)第 273580 号

策划编辑 马乐惠

责任编辑 马 琼 马乐惠

出版发行 西安电子科技大学出版社(西安市太白南路 2 号)

电 话 (029)88242885 88201467 邮 编 710071

印刷单位 www.xduph.com 电子邮箱 xdupfxb001@163.com

经 销 新华书店

印 刷 陕西大江印务有限公司

版 次 2016 年 1 月第 4 版 2018 年 9 月第 11 次印刷

开 本 787 毫米×1092 毫米 1/16 印张 13.25

字 数 304 千字

印 数 44 001～47 000 册

定 价 28.00 元

ISBN 978-7-5606-3921-5 / G

XDUP 4213004-11

* * * 如有印装问题可调换 * * *

本社图书封面为激光防伪覆膜,谨防盗版。

前　　言

《信息系统分析与设计》自 2001 年出版以来，得到了很多院校师生的支持，2006 年入选普通高等教育"十一五"国家级规划教材。

本书第二版在结构化开发阶段部分增加了 Microsoft Visio 绘图软件的介绍，要求学生能够熟练绘制数据流图、软件结构图以及数据库结构图等图形。另外，在结构化开发阶段增加了一个案例，便于学生在学习时参考。考虑到面向对象的开发方法已逐渐成为主流的开发方法，在第 7 章单独介绍了面向对象开发方法的基本思想以及统一建模语言(UML)，简单介绍了基于 UML 的软件开发过程。

要想学好系统开发，最好就是在实践中应用。本书对结构化开发的几个主要阶段给出了案例，并安排了实验内容，列出了一些实验性的开发项目，在教学中可根据实际情况选择使用。另外，本书还在附录中给出了国家标准中有关系统开发各阶段部分文档的编写提示，以供学生在实验中编写各种文档时参考。

近年来，迭代式开发方法影响越来越大，本版保留原来结构化开发方法内容的同时，在第 1 章增加了介绍迭代式开发方法的基本思想，第 7 章增加了 IT 业内影响较大的 RUP 软件开发模型的介绍。本次修订对网络技术、界面设计及实验平台等内容进行了少量修改。

本书可作为应用型本科院校信息系统开发课程的教材，也适合于学习了程序设计语言之后想了解系统开发思想的读者参考使用。

本书由金陵科技大学的陈圣国、王葆红共同编写，北京联合大学的刘洪发老师担任主审。本书在编写过程中得到了西安电子科技大学出版社的大力支持，笔者在此谨表谢意。

由于作者水平有限，时间仓促，难免存在疏漏之处，敬请读者指正。

作　者
2015 年 10 月

第 一 版 前 言

当今社会已经进入一个信息化的时代，信息和信息系统的概念已经深入到社会的各个行业。越来越多的组织机构开始开发和使用管理信息系统，以适应现代社会的需求。高等院校的学生在以后的实际工作中也将不可避免地成为管理信息系统的使用者或开发者，因此，很有必要开设信息系统分析和设计课程，以使学生了解、掌握系统开发的思想和方法。

本书第 1 章首先介绍了信息和信息系统的概念、信息系统的发展历史及其构成，然后概括介绍了结构化系统开发方法。第 2～6 章较详细地介绍了结构化系统开发各阶段的主要任务和基本方法，以及常用的工具。考虑到信息系统的开发主要是软件的开发，本书在介绍结构化开发方法的过程中对软件工程的基本概念和瀑布流开发模型的有关知识也作了一定的介绍，同时在每章的习题中选编了部分等级考试中有关软件工程内容的试题。

除了结构化系统开发方法之外，本书在第 7 章对其他几种较新的系统开发方法也进行了介绍，包括原型开发方法、面向对象方法和计算机辅助开发方法（CASE），同时还介绍了面向对象的建模语言 UML 的基本内容（这部分内容在教学时可以根据需要选择使用）。

要想学好系统开发的方法，最好的途径就是在实践中使用。本书在第 2～6 章中每章都安排了一个实验，列出了一些实验性的开发项目，在教学中可根据实际情况选择使用。另外，还在附录中给出了国家标准中有关系统开发各阶段文档编写的提示，以供学生在实验中编写各种文档时参考使用。

本书可作为高等院校信息系统开发课程的教材，也适合于学习了程序设计语言之后想了解系统开发思想的读者参考使用。

本书由南京金陵职业大学的陈圣国老师编写，北京联合大学的刘洪发老师担任主审。本书在编写过程中得到了西安电子科技大学出版社的大力支持，笔者在此谨表谢意。

作　者
2000 年 9 月

目　　录

第4章 系统设计 58

第1章　概　论

随着计算机在管理工作中的广泛应用，越来越多的组织机构建立起了计算机信息系统。这些信息系统通常被称为管理信息系统，其功能覆盖组织机构中管理工作的方方面面。本章首先介绍信息系统的概念以及信息系统的组成。

1.1　信息系统的概念及发展历史

1.1.1　什么是信息

要了解信息系统的概念及其发展历史，首先要了解什么是信息。现代社会被普遍认为已经进入一个信息爆炸的时代，每天我们都会从报纸、电视以及因特网等各种途径获取各方面的信息。那么，什么是信息呢？

1. 信息的概念

信息或称消息，亦即有关客观世界的一切真知。一般来说，信息是通过数据形式表示出来的。数据记录客观事物的属性、数量、位置及其相互关系等。数据的表示形式可以是数值，如各种数字，也可以是各种文字和符号或者元组形式，例如事物的空间位置可以用三元组(x,y,z)来表示。但是数据本身并不是信息，它只是信息的载体。信息是数据的加工结果，是对数据的解释。

由于人们对客观事物了解的程度和认识问题的角度不同，对相同数据的解释不同，因此获得的信息也是不同的。例如，对于组织机构内同一个职工记录，人事部门与财务部门所提取的信息是不完全相同的。

2. 信息的表示方式

信息通常可用一组表示事物属性的描述词及其值(描述词：值，描述词：值，…，描述词：值)来表示，用于描述一件事、一个物体或一种现象的有关属性、状态、时间、地点、程度等。被描述的事物或现象统称为对象或实体。信息也可以定义为由实体、属性及它的值所组成的一个三元组集合。

在现代组织机构中，信息是管理工作的基础，也是企业的重要资源，其重要性已被越来越多的人们所认识。

1.1.2　信息系统的概念

简单地说，信息系统就是输入数据，经过加工处理后输出各种信息的系统。它的主要功能是对信息进行采集、处理、存储、管理、检索和传输。信息系统的基本模式如图 1.1 所示。

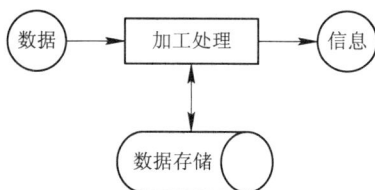

图 1.1　信息系统的基本模式

现代信息系统的概念是随着计算机在管理工作中的应用而出现的。事实上，人工管理中也存在手工的信息系统，只是人们没有意识到或没有重点研究它。例如，一个杂货店的账簿就是一个简单的信息系统，它对每天的销售情况进行记录，然后进行统计处理。

现代信息系统主要是指以计算机进行信息处理为基础的人机系统。通常，信息系统根据某项业务的需要，对输入的数据进行加工处理，从而代替人工处理中繁琐、重复的劳动，同时为管理人员的决策提供及时、准确的信息。通常，信息系统应具有以下功能：

(1) 数据收集和输入。将分散在各处的数据进行收集并记录下来，整理成信息系统要求的格式和形式，然后输入系统进行处理。

(2) 数据存储。数据输入系统后，往往由多个处理过程共享或多次使用。因此需要将大量经过加工整理的数据保存在适当的外存储器上，如磁带、磁盘等。当需要时，可随时进行存取和更新。人工处理过程所需要的数据存储，通常以账册、单据留底、资料档案等形式出现。现代信息系统通常使用数据库形式，由数据库管理系统来完成大量数据的高速存取。

(3) 数据传输。数据传输包括计算机系统内和系统外的数据传输，实质是数据通信。企业内部各部门之间通常可以使用计算机网络来实现数据传输，当然也可以是人工的数据传输，如报表、单据等形式的数据传输。

(4) 数据加工处理。输入的信息需要进行加工处理。计算机的加工范围包括数据的存取、查询、分类、排序、合并、计算，以及对于一些经济管理模型的仿真、优化计算等。

(5) 数据输出。根据管理工作的需要，加工处理后的数据需要以各种不同的形式和格式进行输出。输出结果可以是各种报表、图形，也可以是供计算机进一步处理的磁盘文件等形式。

1.1.3　信息系统的形成与发展

1946 年，世界上第一台电子计算机诞生。最初的计算机应用只限于军事科学、工程计算、数值统计、工业控制、信号处理等领域。20 世纪 50 年代，美国 IBM 公司向社会推出了商品化的小型计算机，使计算机的应用逐步渗透到社会生活的各个方面。这个时期计算机在数据处理技术上的突破，将计算机的应用从单纯的数值运算扩大到数据处理的广泛领域，为计算机在管理领域的应用奠定了基础，从而出现了各种各样的数据统计系统、数据更新系统、数据查询检索系统、数据分析系统等电子数据处理系统。

计算机在管理领域的应用促使人们进一步研究信息处理、信息系统、信息资源充分利用的规律。从最初的电子数据处理系统(EDPS)，发展为管理信息系统(MIS)、决策支持系统

(DSS)，乃至更加高级的智能管理系统，信息系统的内涵和功效都有了很大的发展。

1. EDPS

20 世纪 50 至 60 年代出现的 EDPS 较少涉及管理问题，主要是以计算机应用技术、通信技术和数据处理技术为主的系统。下面是几种典型的 EDPS 系统的例子。

1) 数据更新系统

美国航空公司的 SABRE 预约订票系统是一个典型的数据更新系统。当时该公司在美国和世界其他各地有 1008 个飞机票预约销售订票点，每一个订票点按一定比例分配着该公司的近千个航班的 7.6 万个座位。由于彼此互不联系，常常造成某一处十分紧张，而另几处票售不出去的情况。为了改变这种状态，该公司利用计算机和已有的通信设备建立起了 SABRE 系统。该系统可以实现数据的自动更新、自动调节和分配各预约订票点之间的余缺，并能查询航班的变动情况。系统建成后，该公司的航班满员率很快遥遥领先于其他公司，为公司带来了巨大的经济效益。

2) 记账系统

记账系统也是 EDPS 应用最广泛的领域之一。美国芝加哥 JOHNPLAIN 公司的账务系统就是一个典型的记账系统。该系统利用计算机在数据处理领域的突破，率先将 EDPS 应用于账务系统，实现了电子记账、快速对账和查询等功能。

EDPS 在会计领域的广泛应用，为人们逐步摆脱繁琐的账务系统带来了希望，也使得管理者原来想做而又不能做的工作得以实现，如查询、快速对账等。

3) 状态报告系统

状态报告系统是早期 EDPS 在企业中的应用，一般分为生产状态报告、服务状态报告和研究状态报告等。

美国 IBM 公司在 20 世纪 60 年代后期推出了著名的 IBM 360 系列商用计算机系统以及运行于其上的公用制造信息系统，将计算机及其应用的水平提高了一个台阶。但同时组织生产的管理工作也大大地复杂化了，一台 IBM 360 有 1.5 万个不同的部件，每一个部件又有若干个元件，这样不仅生产复杂，装配和安装也十分复杂。为了保证生产和装配按计划进行，企业必须随时掌握各生产点的元件生产情况和库存情况。为此，IBM 用自己生产的计算机为公司建立起了一个生产状态报告系统——CMIS。CMIS 于 1968 年建成，它对公司各生产点的数据实行高度集中化的统一处理，建立了一个公用的数据库，统一了数据、报告、报表和记录的格式，使得管理人员可以随时了解企业的生产情况、库存情况，及时调节与组织生产，从而减少了库存，排除了由于信息不畅而给生产带来的影响，加快了生产速度。据估算，原来需用 15 周才能完成的工作，在 CMIS 建成后，只需三周时间即可完成，工效提高了四倍，从而产生了巨大的经济效益。

4) 数据统计系统

数据统计系统是早期 EDPS 在社会经济统计系统中的应用。如西方各国的国家统计局建立的各类统计系统，利用计算机设备的高速运算能力、巨大的存储容量以及各种数据通信设备，将 EDPS 与整个社会的通信网络和统计网络连接起来，以完成日常的社会经济统计工作，例如对人口、经济、社会发展、税收、就业率、失业率、对外贸易等的统计。

EDPS 在统计领域的应用不但解决了传统手工统计中的工作量巨大、不精确等矛盾，而且大大提高了统计系统的响应速度，缩短了统计结果与社会经济活动发展的时间差，为人们准确地把握整个国家、社会、经济、文化的现状和发展变化的趋势提供了定量化的依据。

一般不作任何预测、规划、调节和控制的统计系统，以及数据更新系统、状态报告系统、记账系统等都是典型的 EDPS。EDPS 是 MIS、DSS 的基础。

2. MIS

MIS 的主要任务是利用 EDPS 和大量定量化的科学管理方法实现对生产、经营和管理过程的预测、管理、调节、规划和控制。它是在传统的 EDPS 的基础上发展而来的，因而避免了 EDPS 在管理领域应用中存在的弊病。

由于传统的 EDPS 不作任何预测、规划、调节和控制，因此往往不能充分利用系统数据中包含的信息。例如，在 JOHNPLAIN 公司的账务系统中只能进行记录、对账和查询，而没有充分利用已有的信息资源去进行成本核算、成本和销售利润的预测、财务计划制定等进一步的分析工作。

MIS 与传统的 EDPS 相比，具有如下特点：

(1) 更加强调科学的管理方法和定量化管理模型的运用，强调优化的作用。

(2) 强调系统对生产经营过程的预测和控制作用。

(3) 强调对数据的深层次开发利用，利用信息分析企业生产经营状况以及外部环境等各个方面。

(4) 强调高效率低成本的系统结构和数据处理模式。

(5) 强调科学的、系统化的开发方法在建立一个 MIS 中的作用。

MIS 系统是一种数据驱动的系统，这类系统中解决问题的方法和过程都是确定的，收集、加工、整理这些方法和过程所需的数据是激活系统并使之成功运行的关键。

3. DSS

MIS 在 20 世纪 60 年代到 70 年代初经历了一个迅速发展的时期，也逐渐暴露出了很多问题。早期的 MIS 缺乏对企业组织机构和不同管理人员决策行为的深入研究，忽视了人在管理决策过程中不可替代的作用。因而在实际工作中，特别是在辅助企业高层的管理决策工作中，MIS 常常不能达到预期的效果。由此提出了 DSS 的概念，DSS 是面向决策者的，它是一个以解决半结构化的管理决策问题为主的系统。

半结构化的管理决策问题是指介于结构化和非结构化管理决策问题之间的一类情况。传统的 MIS 所解决的管理决策问题通常是有固定的规律可循，可用形式化的方法(例如数学公式)描述和求解的一类管理问题，我们把它称为结构化的管理决策问题。非结构化的管理决策一般是指决策方法和决策过程没有什么规律可循，难以用确定的方法和程式表达。半结构化的管理决策问题指决策方法和决策过程有一定的规律可循，但又不完全确定的情况。在经济和管理活动中所遇到的决策大部分属于这种情况。

DSS 是模型驱动的，这类系统的首要任务就是要确定系统的模型(技术、方法和过程等)。一旦确定了模型，该问题就具备了最终求解的可能性。模型驱动多是针对不确定型的系统而言的，模型是驱动该类系统运行的关键因素。

DSS 强调决策过程中人的主导作用，信息系统只是在决策过程中起支持作用。随着决策支持系统的发展，现代 MIS 中也隐含着决策支持特征，决策支持系统已经成为现代管理信息系统的重要内容。本书将不严格区分 MIS 和 DSS，而统一称为管理信息系统或者信息系统。

管理信息系统是一门综合性的学科，它的许多思想在其他学科中都可以找到。对 MIS 概念形成起到特别重要作用的四个主要学科领域是管理会计、运筹学、管理科学以及计算机科学。本书不详细讨论管理科学等方面的内容，在后面的章节中将从计算机科学的角度讨论管理信息系统的开发过程，而不涉及具体的管理模型。

1.1.4　信息系统的结构

信息系统的结构反映了信息系统各部分之间的关系及信息系统建立的指导思想。尽管不同的信息系统可以是出于不同的目的，应用于不同的领域，但其核心结构是一致的。本节将从多方面来讨论信息系统的结构。

1. 信息系统的工作部件

如果想了解一个组织机构的信息系统，通常会首先接触到系统的物理组成部分。一个组织机构的信息系统所要求的物理成分有硬件、软件、数据库、操作规程和操作人员。

硬件指的是系统中的计算机及有关的设备。硬件提供数据输入、输出、存储、通信和运算处理等功能。

软件是一个广义的概念，是指那些指挥硬件运行的指令。软件主要分为系统软件和应用软件两大类。

数据库包括应用程序要使用的所有数据及其管理系统。一组独立存储的数据通常被称为文件。可通过各种存储介质(计算机磁带、硬磁盘组、软磁盘等)来存储数据，这些介质作为辅助存储器使用。

操作规程通常以手册或说明书等方式出现。系统需要的操作规程主要有三种：

(1) 用户指导说明书(供系统用户在记录数据，利用终端输入或检索数据，使用输出结果等场合使用)。

(2) 数据准备人员准备输入数据时的指导说明。

(3) 计算机操作人员操作用的指导说明。

2. 信息系统的处理功能

按照物理成分来描述系统并不能说明系统是干什么用的。描述系统的另一种方法是按照处理功能进行描述。一个信息系统通常的处理功能主要有：

(1) 事务处理。事务处理指组织机构的各项业务活动，例如货物的买进、卖出。可以是组织内部的，也可能涉及组织外部的实体。信息系统应该能够指导业务的发生，记录业务进行的进程，并能传递业务数据至那些需要的地方。

(2) 维护主文件。很多管理活动要求建立主文件或维护主文件，这些文件存储有关机构活动的相对稳定的数据或者历史数据。例如，编制员工工资的活动需要雇员的工资率、扣款额等数据项。在进行事务处理时，要对主文件的数据项进行更新，以反映最新的情况。

(3) 编制报表。报表是信息系统的重要产品，既可以是定期编制的报表，也可以是根据非预定的特别请求迅速编制出来的特殊报表。

(4) 查询处理。信息系统的其他输出是利用数据库的数据对各种查询请求予以响应。这些查询可能是预定义格式的定期查询，也可能是一些随机的查询。查询处理的基本功能是使数据库中的任何记录或数据项都能方便地供指定的人员使用。

(5) 处理交互式的辅助性应用。一个信息系统包括许多应用用来支持系统进行计划、分析和决策。计算机根据计划模型、决策模型等进行处理工作，通常采取交互方式接受用户的请求并回答用户提出的问题。

3．基于管理层次的系统结构

信息系统的功能也可以按照管理活动的层次来进行划分。按照管理活动的计划范围可以分为战略计划、管理控制和战术计划、运行计划和控制三个层次。

运行控制就是确保业务活动能够有效实施的过程。它需要使用预先规定的规程和决策规划。这种决策大部分可以编成程序，要执行的规程一般都是相对固定的。运行控制的处理活动一般包括事务处理、报表处理、查询处理等。这三类处理活动执行预先规定好的决策规则或者向用户提供反映该决策的输出。

一般企业中各部门的管理人员需要管理控制信息来衡量工作业绩，确定运行控制以及业务人员制定新决策的规则以及分配各种资源等。他们需要综合性的信息，以从中找出发展趋势和业绩偏差的原因，并进而提出解决方案。管理控制过程需要以下四类信息：

(1) 预期业绩(包括标准、期望值、预算等)；

(2) 偏移预期业绩的差值；

(3) 偏差的原因；

(4) 对可能采取的决策或行动方案的分析。

管理控制的数据主要来自两个方面：一是运行控制提供的数据库；二是计划、标准、预算等。管理控制系统的输出是一些计划和预算、调度报告、特种报告、问题分析、决策评审以及查询答案等。

战略计划的目的是编制一个组织机构在实现自身目标时所使用的战略，所涉及的时间范围往往很长。例如，一个百货公司连锁店决定增设邮购业务或一个生产工业品的公司决定增设消费品生产线等都属于战略计划活动。

基于管理层次的信息系统结构可以用图 1.2 所示的金字塔式结构来表示。最底层为任务巨大、处理繁杂的事务数据处理，它为其余所有的内部信息活动提供基础。金字塔的底部表示定义明确且结构化的规程和决策，而金字塔的顶部则代表比较特别的非结构化的处理和决策。

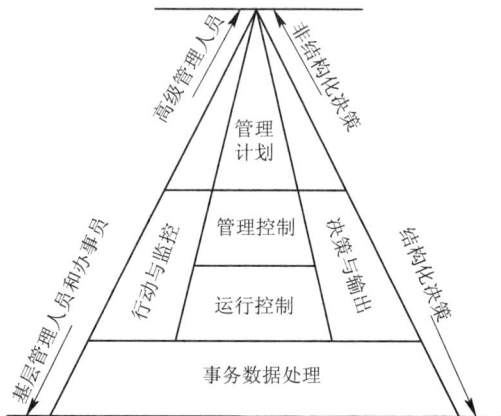

图 1.2　金字塔式的管理信息系统结构

4．基于组织职能的系统结构

信息系统的结构也可以按照使用信息的组织的职能加以描述。组织职能没有标准的分类，不同的组织机构的职能设置各不相同。例如，一个制造企业常设的职能部门一般包括生产、市场销售、财会、供应、人事和信息系统。高级管理部门可以看作是一个单独的职能部门。每一个职能部门都有自己特殊的信息需求，都需要专门设计的信息系统进行辅助。信息系统可以按照职能子系统进行组织，每个职能子系统内都包括用于事务处理、作业控制、管理控制和战略计划的多种具体应用。业务子系统与功能子系统的关系如图 1.3 所示。制造企业主要职能子系统的功能介绍如下。

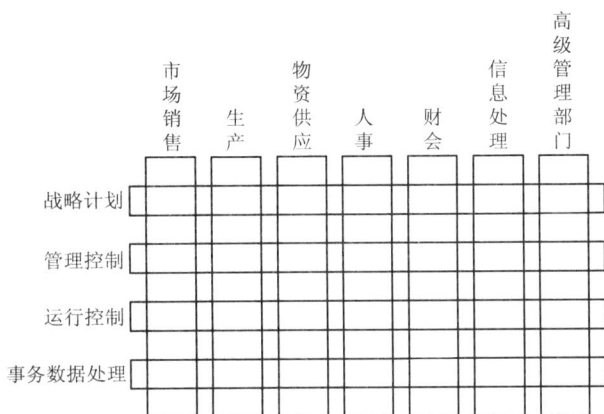

图 1.3　业务子系统与功能子系统的关系

1）市场销售子系统

市场销售子系统通常包括与产品销售或服务有关的全部活动。事务数据处理包括销售订单的处理、广告推销等。运行控制活动包括对销售人员的雇用和培训，日常销售业务计划和广告推销活动，以及按照地区、产品、客户等对销售量进行定期分析等。管理控制主要是进行总体销售业绩与销售计划的比较。管理控制的信息包括有关客户、竞争对手、竞争产品和销售人员的要求等数据资料。市场销售职能的战略计划考虑的是开辟新的市场和制定新的经销战略等。战略计划使用的信息包括客户分析、竞争对手分析、客户资料调查、收入预测、人员计划和技术发展预测等。

2）生产子系统

生产子系统包括产品的设计、生产设备的规划、生产设备的调度与运行、生产人员的雇佣与培训、质量的控制与检查等。要处理的典型事务数据有生产订单(根据销售量和零部件的库存等情况提出)、装配订单、完工部件卡、报废卡和工时卡等。运行控制要求的是详细的报表，这些报表将实际情况与生产计划进行对照。管理控制需要一些反映预期业绩与单位产品的生产成本、所用劳动量等进行比较的报告。生产战略计划包括一些可选用的制造方法、实现自动化的方案等。

3）物资供应子系统

物资供应子系统包括购买、收货、存货控制和分配等活动。要处理的事务数据包括采购申请、购货单、加工定单、收货单、库存清单、装运单以及提货单等。运行控制职能使用的信息包括误期的购货、过期的发货、库存缺货、货物积压项目、库存周转率、供应商的销售情况等。管理控制职能使用的信息包括计划库存与实际库存的对比、外购货物的成本、缺货情况、库存周转率等。战略计划主要涉及新的供应策略、对供应商的新政策以及"自制还是外购"一类战略的分析。此外，还可能包括关于新技术等方面的信息。

4) 人事子系统

人事子系统包括人员的雇佣、培训、档案保存、工资以及雇佣期等。事务数据处理产生出一些描述职业要求、工作说明、培训细则、人事数据(背景、技能、经验等)、工资额变化、工时、工资、津贴费用及雇佣期满通知等的文件。人事子系统的运行控制需要关于雇佣、培训、解雇、改变工资率和发放福利等活动的决策规程。人事职能的管理控制需要一些报表和分析结果来支持，它们表明了雇员数量、招工费用、技术构成、培训费用、工资、工资率分布等数据计划与实际数据的偏差。人事职能的战略计划涉及到对招工、工资、培训、福利等各种战略方案的评价，以便保证组织机构能够获得和聘请为达到目标所需要的人才。所需要的战略信息包括对人才流动模式的分析，对受教育的状况和工资水平的分析等内容。

5) 财会子系统

财会子系统包括财务和会计两种职能，它们作用不同但两者关系很密切。财务负责在尽可能低的费用基础上确保组织机构的资金筹措，包括顾客的赊购、账款处理、现金管理和资金筹措安排等业务。会计的工作包括财务数据的分类和标准财务报表的汇总、预算的编制以及成本数据的分类与分析等。预算和成本数据是管理控制报表的输入内容，也就是说，会计要为各个职能部门的管理控制应用提供输入内容。与财务处理有关的事务处理包括赊账申请、销售、账单、收款凭证、支票、流水账凭据和分类账等。财务的运行控制要求每日差错报告和例外报告、延误处理记录和未处理项目的报告等。财会职能的管理控制要利用有关财务资源的预算成本和实际成本、会计数据的处理成本以及错误率等方面的信息。财会的战略计划包括制定确保适当的资金筹措的长远战略、减少税收影响的长期税务会计政策，以及费用计算和预算制度的计划等。

6) 信息处理子系统

信息处理子系统的职责是确保其他职能部门能得到必要的信息处理服务和资源。信息处理工作常用的典型事务数据是处理对数据和程序的改错和变动请求，以及硬件、程序运行报告和项目建议等。信息处理工作的运行控制需要关于日工作安排、差错率和设备故障等信息；对于新项目的开发工作，则需要程序员的工作进度和调试时间的每日或每周计划安排。信息处理的管理控制需要计划利用率、实际利用率、设备费用、程序员的工作业绩、各项目的实际进度与计划进度的比较等。在信息系统的战略计划内有该功能的组织结构、整个信息系统计划、信息战略应用的选择以及硬件和软件环境的一般结构等。

另外，高级管理部门也可以看作是一个单独的职能部门，它所处理的事务活动主要是信息查询和决策支持。回答查询和制定决策需要使用组织内的数据库和决策模型以及将这些问题传送到组织机构的其他职能部门。

1.2　信息系统的开发方法

MIS 的开发是一项复杂的系统工程，它涉及到计算机处理技术、系统理论、组织结构、管理功能、管理知识、认识规律以及工程方法等各个方面的问题。面对这个复杂的系统工程，迄今为止还没有一种公认的完美的开发方法。

在 MIS 的长期开发实践中，人们已研制出了众多的开发方法与开发工具。常用的开发方法主要有三大类：一是基于自顶向下的生命周期思想和结构化系统开发的方法，如结构化生命周期(Life Cycle)法等；二是基于自底向上的快速系统开发思想和新一代系统开发工具的方法，如原型(Prototyping)法等；三是面向对象(OO)的系统开发方法。这些方法在 MIS 开发的不同方面和不同的阶段各有所长又各有所短，结合具体系统及其环境条件，用其长而避其短，就能高效、经济、实用地开发 MIS。

1.2.1　结构化系统开发方法

1. 结构化系统开发的基本思想

用户提出信息系统的开发要求之后，是不是马上就可以进入开发阶段编写信息系统的软件呢？实践证明这是行不通的。

信息系统的开发是一个十分复杂的过程。早期信息系统的开发首先考虑的往往是软硬件的费用和功能，考虑限定条件之下机器能完成什么样的工作。开发者习惯于从计算机技术的角度看待系统，而忽略了用户的参与，因此开发出来的系统往往不符合用户的需要。常常造成用户花费大量的投资后得不到实用的系统，或者在系统建成后提出很多意见要求修改和返工，造成巨大的浪费。

20 世纪 70 年代，一些西方工业发达国家吸取了以前系统开发的经验和教训，逐渐发展了结构化的系统开发方法。结构化系统开发的基本思想是：用系统工程的思想和工程化的方法，按照用户至上的原则，采取结构化、模块化、自顶向下的方法对系统进行分析与设计。

一个 MIS 从它的提出、开发、运行到系统的更新，经历了一个从孕育、生长到消亡的过程。这个过程周而复始、循环不息，每一次循环称为 MIS 的一个生命周期。结构化方法要求严格按 MIS 的生命周期划分开发阶段，用规范的方法与图表工具有步骤地来完成各阶段的工作，每个阶段都以规范的文档资料作为其成果，最终得到满足并创造用户需求的新系统。其基本思想是：自顶向下逐步求精的策略，目标明确成果规范的阶段，层次清楚体系严谨的结构，形象直观清晰易懂的表达。在信息系统工程中，通常将 MIS 的生命周期划分为系统分析、系统设计、系统实现和系统运行等四个阶段。在系统规划、分析和设计阶段采用自顶向下的方法对系统进行结构化划分。在系统调查或理顺业务关系时，应从最顶层的管理业务入手，逐步深入至最底层。在系统分析和系统设计阶段应从宏观整体考虑入手，先考虑系统整体的优化，然后再考虑局部的优化问题。在系统实施阶段，则应坚持自底向上逐步实施。从最底层的模块做起，然后按照系统设计的结构，自底向上逐步构成一个整体系统。

结构化生命周期法将每个阶段分为若干个小阶段，各阶段首尾相连，形成了 MIS 的生命周期循环。其每一个阶段都有明确的工作任务和目标以及预期要达到的阶段性成果，以便计划和控制进度，有条不紊地协调各方面的工作。各阶段都要求写出完整而准确的文档资料，作为下一阶段开发工作的依据。在实际开发应用过程中，必须严格按照划分的工作阶段一步步展开工作。如有需要与可能，则可跳过某些步骤或进行有必要的反复，但不可打乱或颠倒之。

2. 结构化系统开发方法的特点

结构化系统开发方法主要强调以下几个特点：

(1) 强调用户的参与。信息系统是为用户服务的，因此在开发的过程中应充分了解用户的需求和愿望，避免闭门造车。在开发的各个阶段都应该有用户的参与，从用户的角度去看待系统的开发。

(2) 深入调查研究。为使新系统能够满足用户的要求，要对现行系统(可能是手工系统)进行充分细致的调查，努力弄清实际业务处理过程的每一个细节，然后分析研究，制定出科学合理的新系统设计方案。

(3) 使用结构化、模块化方法。系统分析与设计应从全局考虑，自顶向下逐步分解，对系统进行模块划分。各个模块之间应相对独立，以便于设计、实施、维护和修改。在系统实现时，根据设计的要求分别实现一个个模块，然后自底向上实现整个系统。

(4) 严格按照阶段进行。将整个系统的开发过程分为若干阶段，每个阶段都有明确的任务和目标，前一个阶段的工作完成之后才能开始下一个阶段的工作，便于制定进度计划和进度控制，有条不紊地协调各个方面的工作。

(5) 开发过程工程化。采用工程的方法管理系统开发过程，要求每一个步骤都按照工程标准规范化，建立完整的文档资料。

信息系统软件的开发应该按照软件工程的思想和方法指导软件开发的全过程。所谓软件工程，国内通常定义为"采用工程的概念、原理、技术和方法来开发和维护软件"。软件开发与硬件产品的设计生产不同，它在开发过程中存在于程序员的大脑中，具有浓重的个人色彩和不可见性。软件工程方法具有强调规范化和文档化的特点，可以在一定程度上消除程序的个人色彩，通过文档资料使不可见的内容可见或部分可见。

3. 结构化系统开发方法的阶段划分

结构化系统开发方法将系统的生命周期划分为五个阶段，每个阶段又可以分为多个工作步骤。

1) 系统规划阶段

系统规划阶段的主要任务是根据用户的系统开发要求，初步调查，明确问题，然后进行可行性研究。

2) 系统分析阶段

系统分析阶段的主要任务是分析业务流程，分析数据与数据流程，提出新系统的逻辑方案。

3) 系统设计阶段

系统设计阶段的主要任务是总体结构设计和模块设计。根据设计要求选择合适的软硬件设备，进行代码、用户界面、文件、数据库、网络结构的设计。将系统划分为若干个模块，确定模块之间的调用接口和每个模块的基本功能，然后对每一个模块的处理过程进行设计，得到可直接用于编程的逻辑结构。

4) 系统实施阶段

系统实施阶段的主要任务包括编程、操作人员培训以及数据准备，然后投入试运行。如果发现问题，则修改程序；如果符合系统要求，则进入下一个阶段。

5) 系统运行阶段

系统运行阶段的主要任务是进行系统的日常运行管理、评价、监理审计工作。分析运行结果，如果运行结果良好，则用于指导生产经营活动；如果有问题，则应对系统进行修改、维护。开发人员在运行阶段的主要工作是进行系统维护，维护工作按照其目的不同可以分为纠错性维护、适应性维护、完善性维护以及预防性维护等。

上面五个阶段划分方法不是惟一的，每个阶段还可以划分为多个工作步骤。G.B.Davis 与 M.H.Olson 在管理信息系统的经典著作《管理信息系统——概念基础、结构与研制》一书中将系统的生命周期分为三个大的阶段：定义、开发、建立和运行。表 1.1 是 G.B.Davis 对系统开发各阶段工作步骤的描述，以及与上面介绍的五个阶段的对比。

表 1.1　G.B.Davis 对系统开发各阶段工作步骤的描述

生命周期法的各阶段	各阶段的步骤	与五阶段的对照	瀑布流开发模型
定义	提出定义	系统规划	问题定义
	可行性研究		可行性研究
	信息需求分析	系统分析	需求分析
开发	概念设计	系统设计	总体设计 模块设计
	物理系统设计		
	数据库设计		
	程序开发	系统实施	编码
	规程开发		测试
建立和运行	转换	系统运行	运行与维护
	运行与维护		
	系统评价		

表 1.1 中还列出了软件工程中瀑布流开发模型对软件生命周期的划分。软件生命周期的概念与信息系统生命周期概念类似，它是指软件从开始研制到废弃不用的整个阶段。瀑布流模型由 Bohem 于 1976 年提出，将软件生存周期划分为计划、开发和运行三个时期，每个时期又划分为若干阶段。其工作情况如图 1.4 所示，其中项目任务书、可行性报告、需求规格说明书等为各阶段的主要文档。

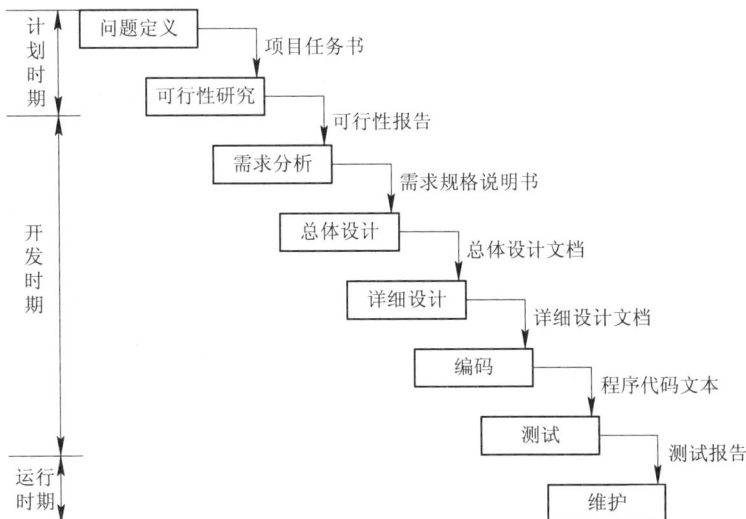

图 1.4　瀑布流开发模型

G.B.Davis 与 M.H.Olson 在《管理信息系统——概念基础、结构与研制》一书中对生命周期法中各步骤的说明如下：

提出定义：提出应用需求。

可行性研究：所提应用的可行性和成本—效益评价。

信息需求分析：信息需求的确定。

概念设计：面向用户的应用设计。

物理系统设计：应用处理系统的流程和处理方法的详细设计。

物理数据库设计：数据库或文件设计中的数据内模式设计。

程序开发：计算机程序的编制和调试。

过程开发：规程设计和用户指令的准备。

转换：系统的最后测试和转换。

运行与维护：日常运行、修改和维护。

岗位检查：对开发过程、应用系统和使用效果的评价。

根据国外的统计数据，结构化开发方法各个阶段工作量的对比如表 1.2 所示。可以看出系统调查、需求分析和管理功能分析占总开发工作量的 70%，设计和实现所占工作量相对小的多，这也充分说明了调查、分析在系统开发中的重要性。

表 1.2　开发过程中各环节工作量对比

阶段	调查	分析	设计	实现
工作量/ %	>30	>40	>20	>10

从第 2 章开始本书将介绍系统开发各阶段的主要工作和方法。

1.2.2　原型开发方法

1. 原型开发方法的基本思想

结构化方法采用一步步周密细致的调查分析，然后逐步整理出文字档案，最后才能让用户看到结果。采用这种方法需要用户在系统设计前对目标系统的需求认识十分明确，而在实际工作中往往很难做到这一点。

原型法改变了这一点，在强有力的软件支持下，快速建立起系统原型，用户通过在计算机上实际运行和试用原型系统而向开发者提供真实的、具体的反馈意见。通过实践，用户了解了未来系统的概貌，判断哪些功能符合他们的需要，哪些功能应该加强，哪些功能是多余的，哪些功能需要补充进来。开发人员根据这些意见，快速修改原型系统，然后用户再次试用修改后的原型系统，再提出修改意见，这样反复多次试用和改进，最终建立起完全符合用户需要的系统。

原型开发方法是 20 世纪 80 年代随着计算机软件技术的发展，特别是在关系数据库系统、第四代程序设计语言和各种系统开发生成环境的基础上，提出的一种从设计思想到工具、手段都全新的系统开发方法。

原型开发方法通常要求能快速地构造出原型。原型的快速实现技术称为快速原型技术，目前一般采用计算机辅助原型开发技术。它需要有一个强有力的软件支撑环境，称为原型支持环境。通常原型开发方法所需要的软件支撑环境有：

(1) 一个方便灵活的关系数据库系统(RDBS)；

(2) 一个与 RDBS 相对应的快速查询系统，能支持任意非过程化的组合条件的查询；

(3) 一套高级的软件工具(如第四代语言或信息系统开发生成环境等)，允许采用交互方式进行书写和维护以迅速产生任意程序语言的模块(即原型)；

(4) 一个非过程化的报表或屏幕生成器，允许设计人员详细定义报表或屏幕输出样本。

原型按照建立的目的不同可分为抛弃型原型和增量渐进型原型。

2. 抛弃型原型

抛弃型原型主要用于验证软件需求以及设计方案和算法，这是当前使用较广泛的原型。由于建立这类原型的目的在于使用户和开发人员较快地确定和建立需求，或者确定设计方案的可行性和其他技术性能，因而原型只集中于要验证的主要方面，而忽略其次要方面，以求得快速和少用资源。所以，许多因素如性能、错误处理以及其他质量因素一般均不予考虑。因为抛弃型原型不是一个完整的软件成分，所以在验证后抛弃不用。

图 1.5 为抛弃型原型开发方法的模型，图中各步骤的意义如下：

(1) 决定需求。这是决定用原型回答什么问题，典型问题有：

① 提出的系统行为适合用户需要吗？

② 系统输入输出界面可接受吗？

③ 提出的性能要求能满足吗？

(2) 构造原型。用手工或原型开发环境构造原型。

(3) 执行原型。由最终用户实际运行原型后，提出意见，并对需求进行调整，重新构造原型。

(4) 系统实现。抛弃型原型只是作为开发过程的一种辅助工具，在用户需求确定后，再采用其他方法如结构化系统开发方法来实现目标软件的进一步开发。

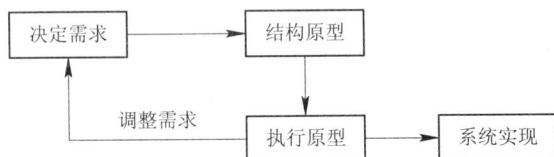

图 1.5　抛弃型原型开发模型

3. 增量渐进型原型

与抛弃型原型不同，建立增量渐进型原型的主要目的是要开发目标系统，而不只是为了满足需求和设计验证的需要。增量渐进型原型开发方法的工作步骤如下：

(1) 通过调查和可利用的文档，获得对用户需求的初始的理解；

(2) 基于已知的需求，构造一个快速原型；

(3) 向用户演示原型，并让最终用户使用一个时期；

(4) 从用户获得反馈，用此反馈修改已知需求；

(5) 构造下一代原型，将用户的新需求结合进来；

(6) 重复以上过程，直到新的应用系统结束开发并提交用户。

增量渐进型原型开发模型使得原型方法由软件开发过程中的辅助工具发展成为一种软件开发方法。

理论上，增量渐进型原型方法应当加速软件的开发过程，因为它毕竟没有抛弃构成快速原型的代码。但在实践中，这种方法往往会退化成一种建造—修补的过程。由于原型的构造一般比较匆忙，未经过仔细定义和实现，缺乏完整的设计文档，使得软件结构不合理，难以维护，质量得不到保证。

尽管如此，我们还是可以部分复用快速原型的某些部分。当部分原型是由计算机生成的时候，那些部分就可以用在最后的产品中。例如，用户界面经常是快速原型的一个重要方面，如果使用屏幕生成器或报表生成器等工具生成用户界面，则快速原型的这些部分就可以作为最终软件产品的组成部分。

4. 原型开发方法的特点

原型开发方法无论从原理到流程都十分简单，并没有高深的理论和技术，但它却在实践中获得了巨大成功。与结构化系统开发方法相比，原型开发方法具有如下几个方面的特点：

(1) 原型开发方法更符合人们认识事物的规律，因而更容易被人们普遍接受。

结构化方法在设计之前，要求人们能够精确地描述对目标系统的需求，这一点通常难以做到。人们认识任何事物都不可能一次完全了解，并把工作做得尽善尽美。人们对于事物的描述，往往都是受到环境的启发而不断完善的。建立一个原型让用户来评价，提出改进的意见，要比让用户空洞地描述对目标系统的设想更容易。

(2) 原型开发方法将模拟的手段引入系统分析的初期阶段，沟通了人们的思想，缩短了用户和分析人员之间的距离，解决了结构化方法中最难于解决的一个环节。通过原型可以启发用户对原来想不起来或不易准确描述的问题有一个比较确切的描述；能够及早暴露系统实现后存在的问题，促使人们在系统实现之前就加以解决。

(3) 充分利用了最新的软件工具，使系统开发的时间、费用大大减少，效率、技术等都大大提高。

当然，原型开发方法也不是万能的，它有其一定的适用范围和局限性。这主要表现在：

(1) 对于一个大型的系统，如果不经过系统分析来进行整体性划分，想要直接用屏幕来一个一个地模拟是很困难的。要想将原型开发方法应用于一个大型信息系统开发过程的各个环节是不可能的，因此，一般被用于小型局部系统或处理过程比较简单的系统设计到实现的环节。

(2) 对于含有大量运算的逻辑性较强的程序模块，原型方法很难构造出模型来供人评价，因为这类问题缺少交互性，也不容易三言两语把问题说清楚。

(3) 对于原基础管理不善，信息处理过程混乱的问题，使用原型开发方法有一定的困难。主要原因是工作过程不清，构造原型有一定困难；其次，由于基础管理不好，没有科学合理的方法可依，系统开发容易走上机械地模拟原来手工系统的轨道。

1.2.3　面向对象开发方法

面向对象的系统开发方法是从 20 世纪 80 年代各种不同的面向对象的程序设计方法(如 Smalltalk、C++ 等)逐步发展而来的。与传统的结构化方法不同，面向对象的方法认为客观世界是由各种各样的对象组成的，每个对象都有各自的内部状态和运动规律，不同对象之间通过消息传送相互作用和联系就构成了各种不同的系统。

对象是面向对象方法的主题，是现实世界事物的抽象。对象是组成世界的基本模块，内部有自己的静态结构(属性)和动态行为(操作)；对象之间的静态联系(关联)是相对稳定的，而其动态连接(消息)则不断地改变着对象的状态。对象是一个独立存在的实体，从外部可以了解它的功能，但其内部细节是隐藏的，不受外界干扰。

面向对象的开发方法可分为四个阶段：

(1) 系统调查与需求分析。这个阶段的工作与结构化分析方法相同，对系统将要面临的管理问题以及用户对系统开发的需求进行调查，弄清要干什么的问题。

(2) 分析问题的性质和求解问题。在繁杂的问题域中识别出对象以及其行为、结构、属性和方法等。这一阶段一般称之为面向对象分析(OOA)。

(3) 整理问题。对分析的结果作进一步的抽象、归类、整理，并最终用规范的形式将它们确定下来。这一阶段称为面向对象设计(OOD)。

(4) 程序实现。用面向对象的程序设计语言将 OOD 的结果映射为程序代码。这一阶段一般称为面向对象程序设计(OOP)。

面向对象方法已得到广泛的应用，出现了多种支持面向对象的辅助工具软件和建模语言，本书第 7 章将要介绍这方面的内容。

1.2.4　计算机辅助开发方法

从 20 世纪 40 年代计算机出现后，软件开发技术一直伴随着硬件技术的发展而发展，大致经历了个体生产、软件作坊和软件工程三个阶段。

随着计算机硬件技术的突飞猛进，计算机软件的应用范围越来越广，软件的复杂程度也越来越高，传统的软件开发技术越来越不能适应软件需求增长的速度。在 20 世纪 60 年代末期产生了软件危机，软件开发的质量和生产率不能满足应用的实际需要。

1968 年，北大西洋公约组织的计算机科学家在原联邦德国召开的会议上正式提出了"软件工程"这个术语。软件工程从诞生发展至今，可分为两个时期。

第一个时期称为软件工程方法时期，这个阶段从 20 世纪 70 年代初到 80 年代中期，出现了不少指导软件开发的方法，例如生命周期模型、结构化分析与设计方法、技术审查、技术复审等。这些方法是有效的，但是这些方法的实施以手工为主，许多工作是复杂而很费人工的。为了解决这个问题，不断开发出一些计算机软件作为辅助实施软件工程的方法的工具，这种技术被称为计算机辅助软件工程技术(CASE，Computer Aided Software Engineering)。但这个时期的工具软件往往是各自开发的，工具之间不具备兼容性，即一个工具的输出信息不能作为另一个工具软件的输入数据，而且每个工具往往只适用于软件开发过程的某一个阶段，缺乏对全过程的支持，通常只适用于单一的软件开发模型。

第二个时期是集成的计算机辅助软件工程时期(ICASE，Integrated CASE)。这个时期从 20 世纪 80 年代中期到现在，它的特点是使用集成的计算机辅助软件开发环境。这类软件开发环境支持多种软件开发模型(例如瀑布流模型、快速原型模型等)与多种软件开发方法(如结构化分析与设计方法、Jackson 方法、面向对象方法等)，对软件生存周期提供全过程的支持。ICASE 的使用使得软件开发的质量和生产率得到大大的提高，开创了软件工程的新局面。

　　从上面的叙述可以知道，采用 CASE 工具辅助开发并不是一种真正独立意义上的方法，不过就目前 CASE 工具的发展和它对整个开发过程的支持来说，又不失为一种实用的系统开发方法。

　　CASE 方法解决问题的基本思路是：如果在对系统调查后，系统开发过程的每一步都可以形成一定的对应关系(例如，结构化开发方法从数据流程图到软件结构图，再到软件模块的逻辑结构的过程)，则可以借助于特定的 CASE 工具软件来实现上述一个个的系统开发过程。

　　由此可见，使用 CASE 开发方法必须依赖于某一种具体的开发方法，对常见的一些开发方法，如结构化开发方法、原型开发方法、面向对象开发方法等，一般大型的 CASE 工具都可以支持。

　　另外应该注意的是，CASE 只是一种辅助的开发方法，它的辅助作用主要体现在它能帮助开发者方便快捷地产生出系统开发过程中各类程序和文档。

　　由于在实际开发过程中，各个步骤之间可能只是在一定程度上对应，而不是绝对的一一对应，因此 CASE 工具不可能一次"映射"得到最终结果，还需要有开发人员的干预。

　　CASE 自 20 世纪 80 年代出现以来，得到了较快的发展。从早期支持需求分析、功能分析、生成各种结构化图表(如数据流程图、结构图等)的工具和辅助开发环境，发展到目前不仅支持结构化开发方法、原型方法，而且还支持面向对象方法以及知识处理语言的大型软件综合开发环境，它是工具和方法相结合的产物。

　　早期影响较大的 CASE 工具有 DEC 公司的 Digital Cohesion、Oracle 公司的 Oracle CASE Method 等。目前 IBM 公司的 Rational 系列产品可能是影响最大的 CASE 工具，对软件开发生命周期的各个阶段提供支持。当前一些常见的程序设计语言的集成开发环境也越来越多地整合进部分 CASE 工具的功能，对软件开发生命周期的部分阶段提供工具支持。

　　CASE 系统的结构通常如图 1.6 所示，以 CASE 库为中心。CASE 库是一个分布式多用户的资料库，可帮助开发人员收集、管理、存储开发中的信息，自动定义格式，综合开发过程中的资料并进行分析验证。

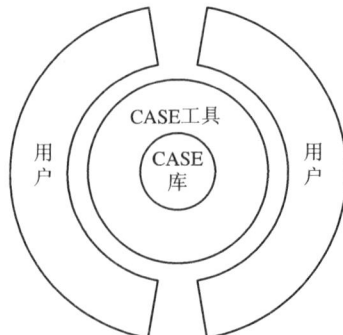

图 1.6　CASE 示意图

　　CASE 工具是指 CASE 系统的最外层(用户)使用 CASE 去开发一个应用系统时，所接触到的软件工具。这一层次的软件很多，各家公司的系统也不尽相同，各有所长。归纳起来，大致可分为以下几类：

　　(1) 图形工具：绘制结构图，生成系统专用图。

(2) 屏幕显示和报告生成的各种专用系统。

(3) 专用检测工具：测试错误与不一致性的专用工具。

(4) 代码生成器：从原型系统的工具中自动产生程序代码。

(5) 文档生成器：产生结构化方法和其他开发方法所需的各种文档。

与其他开发方法相比，CASE 方法具有以下一些特点：

(1) 解决了客观世界到软件系统的直接映射的问题；

(2) 使结构化方法更加实用；

(3) 自动检测的方法大大提高了软件的质量；

(4) 使原型方法和面向对象方法付诸实施；

(5) 简化了软件管理与维护；

(6) 使开发者从繁琐的分析设计图表和程序编写工作中解放出来；

(7) 软件成分的可重用性提高；

(8) 产生出统一的标准化的系统文档；

(9) 使软件开发的速度得到了很大的提高。

1.2.5　迭代式开发

采用瀑布流模型意味着软件开发人员必须以严格的顺序来完成需求分析、总体设计、详细设计、编码、测试等一系列的项目阶段。项目的初始设计中某些关键需求如果存在缺陷，往往要到后期才能发现，导致非常严重的费用超支或延期发布，在某些情况下甚至会导致项目被取消。瀑布流模型的另一个缺点是主要的开发团队成员在某些开发环节上是空闲的。由于瀑布流模型的这些缺点，一些新的开发模型采用了迭代式方法。

迭代式方法并不是一种独立的开发模型，1.2.2 中介绍的增量渐进型原型开发方法就体现了迭代开发的思想，RUP(Rational Unify Process)、测试驱动等开发方法都采用了迭代开发方式。本书第 7 章将简要介绍 RUP，本节只简单介绍一下迭代开发思想和特点。

为了解决传统软件开发流程中的问题，可以采用迭代式的开发方法来取代瀑布流模型。迭代式的方法将整个项目的开发目标划分成一些更易于完成和达到的阶段性小目标，这些小目标都有一个定义明确的阶段性评估标准。迭代就是为了完成一定的阶段性目标而所从事的一系列开发活动，在每个迭代开始前都要根据项目当前的状态和所要达到的阶段性目标制定迭代计划，整个迭代过程包含了需求、设计、实施(编码)、部署、测试等各种类型的开发活动，迭代完成之后需要对迭代完成的结果进行评估，并以此为依据来制定下一次迭代的目标。

与瀑布流方法不同，迭代式方法允许用户变更需求。在管理信息系统开发初期，用户可能对系统目标的认识并不是很明确，随着系统开发的进展，用户需求不断明确，往往需要变更需求。需求变化给系统开发带来麻烦的常常主要是需求变化和需求"蠕变"，它们会导致延期交付、工期延误、客户不满意、开发人员受挫。由于迭代式方法阶段性目标较小，需求变化对设计要求的更改要少得多，影响也要小得多。

迭代式开发方式逐步集成系统元素，而不像瀑布流模型在最后完成系统的集成。在迭代式方法中，集成可以说是连续不断的，分散到 6～9 个集成部分中，每一部分要集成的元素都比过去少得多。

迭代式开发方法有利于及早降低风险。在迭代式生命周期中，需要根据主要风险列表选择要在迭代中开发的新的增量内容。每次迭代完成时都会生成一个经过测试的可执行文件，这样就可以核实是否已经降低了目标风险。

因为分部分设计或实施比起预先确定所有共性更容易确定公用部分，采用迭代式开发可以提高代码复用性。通过对早期迭代中的设计复审可确定潜在的可复用部分，并在以后的迭代中开发和完善这些公用代码。在不断的迭代中，系统得到更充分测试，可靠性将得到极大的提高。

随着一些 CASE 工具对迭代式开发的支持，迭代式开发方法将会成为一种主流的开发方法。

习 题

一、问答题

1. 什么是信息？它与数据的关系是怎样的？

2. 什么是信息系统？信息系统应具有的基本功能有哪些？

3. EDPS 与 MIS、DSS 有什么区别？它们各有什么特点？

4. 简述信息系统的物理组成部件？

5. 制造企业的管理信息系统通常包含哪些子系统？每个子系统的主要功能是什么？

6. 考察一下你身边的组织机构，如工厂、学校、商店等，看看它们的管理信息系统应包含哪些子系统？

7. 简述结构化系统开发思想。

8. 结构化系统开发方法将系统生命期划分为哪几个阶段？每个阶段的主要任务是什么？

9. 什么是软件工程？

10. 瀑布流开发模型将软件开发过程分为哪几个阶段？

11. 简述原型方法的主要思想和开发过程，并结合你身边的实例，简述原型方法的具体应用。

12. 简述 CASE 开发方法的基本思路及其特点。

13. 迭代式开发方法与瀑布流开发模型相比有哪些优点？

二、选择题

1. 瀑布模型把软件生命周期划分为软件定义、软件开发与____三个阶段，而每一阶段又可细分为若干更小的阶段。

    A) 详细设计   B) 可行性分析

    C) 运行及维护   D) 测试与排错

2. 通常所说的电子数据处理系统(EDPS)、事务处理系统(TPS)、管理信息系统(MIS)、决策支持系统(DSS)、专家系统(ES)和办公自动化系统(OAS)都属于计算机信息系统的范畴，它们都是计算机____的应用。

    A) 面向控制　　　　　　　　　　B) 面向通信

    C) 面向管理　　　　　　　　　　D) 面向工程

3. 数据是信息的符号表示(或称为载体)；信息则是数据的内涵，是数据的____。

    A) 语法解释　　　　　　　　　　B) 语义解释

    C) 语句说明　　　　　　　　　　D) 用法说明

4. 一般来说，MIS从职能结构上进行横向划分时，可分成高层战略层、中层____和基层执行层。

    A) 指挥层　　　　　　　　　　　B) 战术层

    C) 计划层　　　　　　　　　　　D) 操作层

5. 软件工程学涉及到软件开发技术和工程管理两方面的内容，下述内容中____不属于开发技术的范畴。

    A) 软件开发方法　　　　　　　　B) 软件开发工具

    C) 软件工程环境　　　　　　　　D) 软件工程经济

6. 软件工程的结构化生命周期方法，通常将软件生命周期划分为计划、开发和运行三个时期，下述____工作应属于软件开发期的内容。

Ⅰ 需求分析　　Ⅱ 可行性研究　　Ⅲ 总体设计

    A) 只有Ⅰ　　　　　　　　　　　B) Ⅰ和Ⅱ

    C) Ⅰ和Ⅲ　　　　　　　　　　　D) 都是

7. 计算机面向管理的应用主要是建立面向管理的计算机信息系统，处理和运用管理业务的信息。下面所列的几种计算机应用系统，通常认为____不属于面向管理的应用。

    A) 决策支持系统　　　　　　　　B) 自动控制系统

    C) 办公自动化系统　　　　　　　D) 专家系统

8. 面向管理的计算机应用系统中，如果系统的处理对象是专门解决不确定或不完全信息的推理，这通常属于____。

    A) 专家系统　　　　　　　　　　B) 计算机集成制造系统

    C) 管理信息系统　　　　　　　　D) 办公自动化系统

9. 在软件研究过程中，CASE是____。

    A) 指计算机辅助系统工程　　　　B) CAD和CAM技术的发展动力

    C) 正在实验室用的工具　　　　　D) 指计算机辅助软件工程

10. 系统/软件开发的原型化方法是一种有效的开发方法，下述基本环节中____是原型形成以后应实施的内容。

    A) 识别基本需求　　　　　　　　B) 开发工作模型

    C) 修正和改进模型　　　　　　　D) 进行细部说明

11. 软件工程环境一般应具有某些特征，下列叙述中____不是它必须具备的特征。

    A) 一组工具的集合　　　　　　　B) 按方法或模型组合的工具

    C) 支持全周期或阶段的工具　　　D) 提供完善的移植工具

12. 软件工程方法是在实践中不断发展着的方法，而早期的软件工程方法主要是指_____。

  A) 原型化方法   B) 结构化方法
  C) 面向对象方法   D) 功能分解法

三、填空题

1. 软件工程的结构化生命周期方法中，一般将软件设计阶段再划分为_____和_____两个阶段。

2. 一般认为管理信息系统(MIS)是由数据驱动的，而决策支持系统(DSS)则是由_____驱动的。

3. 决策支持系统(DSS)是支持决策过程的一类信息系统，它向决策者提供决策时需要的信息支持。因此，它只是辅助决策者作出决策，而不是_____决策者作出决策。

4. 软件工程技术有强调_____化和强调_____这样两个特点。

可行性研究

信息系统开发项目提出之后，是不是马上就可以进行分析与设计呢？事实上，这样做可能会造成在花费了大量人力和物力之后才发现系统不能实现或没有实际意义。因此，系统开发的首要任务就是进行可行性研究。对系统进行初步调查，然后对调查的结果进行分析，从技术、经济、操作、社会法律等方面研究新系统的可行性。

本章首先讨论系统初步调查的主要内容及系统调查应遵循的原则，然后介绍可行性研究的主要工作。

2.1 系统的初步调查

2.1.1 系统调查原则

系统调查原则是指在系统调查工作中应始终坚持的方法和指导思想，它们对于确保调查工作客观、顺利地进行是至关重要的。在调查工作中通常应注意以下几个方面。

1) 采用工程化的工作方式

系统分析人员和用户要制定系统调查的进度计划，按照进度计划安排调查的时间和内容。对于大型的组织机构，系统调查工作往往由多个系统分析员协作完成。事先制定好进度计划，可以避免调查工作中的疏漏。另外，调查工作可能会干扰用户的当前工作，应该事先通知用户，以便用户安排工作。调查中所使用的表格、图例等应规范化，以便对调查结果整理归档。

2) 调查顺序

系统调查工作应严格按照自顶向下的系统化观点全面展开。首先从组织管理工作的最顶层开始，然后再调查为确保顶层工作的完成所必须的第二层管理工作的支持，再进一步深入调查为确保第二层管理工作的完成所必须的第三层管理工作的支持，以此类推，直至摸清组织机构的全部管理工作。

3) 调查态度

调查对象主要是各种性格的各类人员，必须善于做好人的工作。在调查过程中应该虚心、耐心、热心、细心，才能取得理想的调查效果。

2.1.2 初步调查的主要内容

用户提出信息系统的开发要求之后，必须对用户的要求以及当前系统进行初步调查，确定用户的开发要求是否具有可行性。初步调查主要围绕以下内容展开。

1) 新系统的目的和要求

初步调查的第一步就是从用户对新系统的要求和提出新系统开发的缘由入手，调查用户对新系统的需求以及新系统预期达到的目的。包括对新系统的功能、性能的要求以及新系统的运行环境、限制条件等。

2) 组织机构的概况

包括组织机构的性质、内部的组织结构、办公楼或生产车间等的布局、上级主管部门、横向协作部门、下属部门等。这些与系统开发可行性研究、系统开发初步建议方案以及进行详细调查直接相关，应该在初步调查中弄清。

3) 现行系统的运行情况

在决定是否开发新系统之前一定要了解现行系统的运行状况、特点、所存在的问题、可利用的资源、可利用的技术力量以及可利用的信息处理设备等。现行系统可以是计算机管理信息系统，也可能是手工处理信息的系统。

初步调查工作为可行性研究提供依据，在此阶段对系统的业务流程等不可能进行很详细的调查，只是对系统的当前状况、系统结构等做初步的了解。在确定系统具有可行性并正式立项后，将投入大量的人力和物力展开大规模的、全面的系统业务调查。

2.2　可行性研究

2.2.1　可行性研究的任务

可行性研究阶段的主要任务是在系统初步调查的基础上，对新系统是否能够实现和值得实现等问题做出判断，避免在花费了大量的人力和物力之后才发现系统不能实现或新系统投入使用后没有任何实际意义而引起的浪费。对新系统可行性的研究，要求用最小的代价在尽量短的时间内确定系统是否可行。

可行性分析应由有经验的分析人员来进行。在系统初步调查的基础上，分析现行系统及新系统与现行系统之间的差别，构思新系统的初步方案。对新系统初步方案的可行性的考察从以下几个方面进行：

(1) 技术可行性：对要求的功能、性能以及限制条件进行分析，以确定使用现有的技术能否实现这个系统。要考虑能否得到所需要的软件和硬件资源，能否组织一个熟练的开发队伍，现有的开发技术是否达到开发系统所要求的水平，以及开发风险有多大。

(2) 经济可行性：考虑新系统的经济效益能否超过其开发成本。为此应对新系统进行成本—效益分析，也就是要进行两项估计：费用估计和收益估计。

费用估计是一项相当复杂的工作，因为要考虑的因素很多，而且有很多因素并不是确定的，只能凭经验进行估计。通常主要从以下几方面进行费用估计：

① 硬件设备的费用：包括计算机、网络设备、输入输出设备及其他相关的配套设施，如机房设施等；

② 软件费用：包括需要购买的软件(如系统软件和软件包等)、软件开发费用以及人员培训费等；

③ 消耗品费用：如打印纸以及维护其他设备而使用的零配件等的费用；

④ 维护费用：大多数系统在运行过程中都要做一些修改，例如设计过程中没有全面了解企业的需求或企业本身的需求有所改变，也可能系统中存在测试过程中没有发现的错误。

收益估计是指估计新系统建立后会带来什么收益。对有些系统不能仅考虑其经济效益，还应该综合考虑其社会效益，要把社会效益带来的经济效益计算在内。

(3) 社会(法律)可行性：分析新系统是否符合当前社会生产管理经营体制要求，考虑系统开发是否可能导致违法。例如是否涉及知识产权、生产安全或其他与国家法律相违背的问题。

(4) 组织机构及操作方式上的可行性：建立计算机信息管理系统后，往往需要对现行的组织机构进行适当的调整，例如增设某些部门或精简某些部门，改变机构员工工作方式等。在这种情况下，有关部门和管理人员能否积极配合就可能成为系统成败的关键。

新系统的初步方案设想主要包括如下几个方面：

(1) 确定新系统覆盖的业务范围。考虑新系统的逻辑模型中哪些部分适合采用计算机系统来完成，哪些部分不适合或在当前的限制条件下暂时不适合采用计算机系统来完成。

(2) 新系统的开发规模。包括有可能采用的计算机系统和网络系统，所覆盖的面积和业务主要有哪些，所需要的人力(包括系统开发人员、计算机软硬件技术人员、管理专业人员、基础数据统计人员等)和财力、可借用的设备(主要指原信息系统中的网络或计算机设备)以及子系统/模块等各有哪些。

(3) 新系统拟解决的主要问题。这个问题一般是根据用户要求和初步分析之后得出的。例如，在制造企业的生产管理子系统中，生产过程监控和生产计划的滚动式调整、生产计划与物料需求计划的衔接、生产计划与生产作业计划的制定等，主要是要解决这些管理控制环节中的处理模型问题、处理进度问题或处理速度问题等。这里所提出的问题一般都只是表面上的，问题真正的确定和解决应该在详细调查和系统分析以后。

(4) 新系统预计的投入和产出比。新系统开发预计的投入和预期的效益是系统立项能否通过的关键一环。新系统的投入包括人力资源(开发人员、管理人员、软硬件技术人员、数据统计人员以及操作人员等)的投入、设备资源(已有的和新增的设备)的投入、财力资源(需要的总资金)的投入等。新系统的效益主要包括拟解决哪些问题，可完成原系统想做而又不可能做的事情，整个系统的工作质量(如成本、精度、速度、范围以及分析的深度和广度等)将会有哪些提高，而这些工作质量的提高又会为组织的管理工作提供哪些间接的经济效益。

下面举一个计算机行业里的成本—效益分析法的例子。

1965 年，Krag 中心电子公司(Krag Central Electric Company，KCEC)要确定是否用计算机处理账单系统。当时账单由 80 个职员人工处理，每人平均每两个月向该公司客户邮寄一次账单。计算机化将要求公司购买或租用必须的软件和硬件，包括在打孔卡片或磁带上录入输入数据的数据收集设备。

计算机化的一个好处是账单可以每月邮寄一次，而不是每两个月邮寄一次，因而可以很大程度上加快公司的现金流通。进一步说，80 个记录账单的职员也可以由 11 个数据收集职员代替，工资上的结余估计有 1 575 000 美元，而且现金流通变快预计也可以带来 875 000 美元的收益,所以总的收益将是 245 万美元。另一方面,需要建立一个完整的数据处理部门,配备工资待遇优厚的计算机专业人员。在 7 年的时间里,成本可按如下估算:硬件和软件(包括维护)的成本估计为 125 万美元,在第一年里将有 35 万美元的转型成本,向客户解释新系统的额外成本约为 12.5 万美元,总的成本约有 172.5 万美元,比预计的收益约少 75 万美元。KCEC 公司立即决定用计算机处理。

在可行性研究中通常可采用系统流程图来描述系统的逻辑模型,它表达的是信息在系统各部件(程序、文件、表格、人工过程等)之间的流动情况。图 2.1 是一个系统流程图的例子,有关系统流程图的基本符号在本书中不进行详细介绍,有兴趣的读者可参考相关书籍。

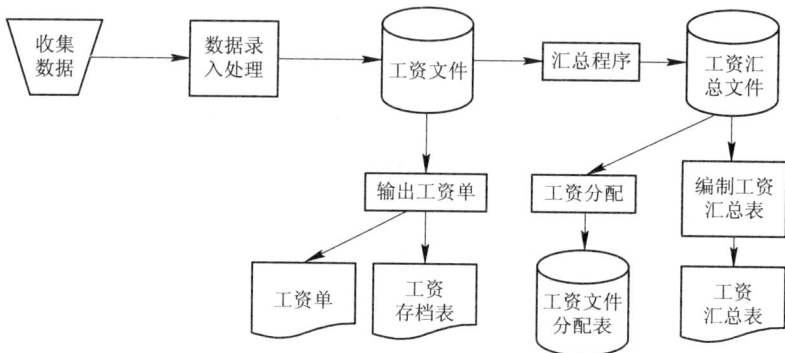

图 2.1 一个工资管理系统的系统流程图

2.2.2 可行性分析报告

在可行性分析结束后,系统分析员应向用户提交可行性分析报告。可行性分析报告的主要内容包括初步的系统解决方案、对方案可行性的分析和初步的开发计划。系统分析员可以提出多个解决方案,对每种方案进行分析对比,最后推荐一个适宜的方案。可行性研究报告的编写内容要求见表 2.1。

表 2.1 可行性研究报告的内容

1. 引言
1.1 编写目的
1.2 背景
1.3 定义
1.4 参考资料
2. 可行性研究的前提
2.1 要求
2.2 目标
2.3 条件、假定和限制
2.4 进行可行性研究的方法
2.5 评价尺度

续表

3. 对现有系统的分析

   3.1 数据流程和处理流程

   3.2 工作负荷

   3.3 费用开支

   3.4 人员

   3.5 设备

   3.6 局限性

4. 所建议的系统

   4.1 对所建议系统的说明

   4.2 数据流程和处理流程

   4.3 改进之处

   4.4 影响

      4.4.1 对设备的影响

      4.4.2 对软件的影响

      4.4.3 对用户单位机构的影响

      4.4.4 对系统运行的影响

      4.4.5 对开发的影响

      4.4.6 对地点和设施的影响

      4.4.7 对经费开支的影响

   4.5 局限性

   4.6 技术条件方面的可行性

5. 可选择的其他系统方案

   5.1 可选择的系统方案 1

   5.2 可选择的系统方案 2

   ......

6. 投资及收益分析

   6.1 支出

      6.1.1 基本建设投资

      6.1.2 其他一次性支出

      6.1.3 非一次性支出

   6.2 收益

      6.2.1 一次性收益

      6.2.2 非一次性收益

      6.2.3 不可定量的收益

   6.3 收益 / 投资比

   6.4 投资回收周期

   6.5 敏感性分析

7. 社会条件方面的可行性

   7.1 法律方面的可行性

   7.2 使用方面的可行性

8. 结论

2.2.3 可行性研究举例

我们通过一个实例来看一下可行性分析的内容。这是一个外贸公司的业务管理系统的例子。下面是该系统可行性研究的主要内容。

1. 基本情况

X 工贸公司是经省人民政府批准成立的、经国家经贸部批准具有对外经营权的全民所有制公司，是由数十家大中型工厂、科研机构、高等院校共同投资组成的股份制经济实体，于 1980 年成立。公司本部设立在××市××××路×××号。

该公司以工贸结合、技贸结合、内外贸结合的方式开拓国内外市场，具备完整的国际国内贸易、仓储运输、新产品开发、技术咨询和服务等功能。公司设有 10 个分部、分公司，主营国际贸易；还设有一个化工基地，专门生产化工类产品。公司正向着贸、工、技、金融为一体的多元化经营的集团公司发展。

近年来，随着外贸业务量的快速增长，原有的手工处理方式已不能满足需要。在这种情况下，公司提出了管理信息系统的开发要求。

2. 初步调查和可行性分析

经过初步调查之后，我们认为在该公司建立管理信息系统是可行的。

首先，公司领导重视，管理层普遍支持，公司业务人员同样也表现了对管理信息系统的迫切需求。当然，部分领导对计算机管理信息系统存在过高的期望，错误地认为新系统建立后什么事情都可以解决。经过与系统分析人员的交流，公司领导层对新系统的目标有了较正确的认识。显然用户能够积极参与系统开发，这是系统开发的前提和基础。

其次是技术方面的可行性。技术可行性可从以下几个方面进行分析：

(1) 公司管理规范，特别是在对贸易业务的处理上，管理部门与业务部门之间的来往文档规范，审批手续比较齐全，可以保证新系统数据的规范和全面。

(2) 公司员工有一定的计算机应用基础，公司大部分人员对计算机技术有一定的了解，有一定的计算机操作能力，实施新系统后只需经过简单的培训即可。公司原有的计算机管理和维护工作由综合管理部门下属的电信室负责(由于公司规模较小，未设置专门的计算中心和微机室)，有两名以上具有一定软硬件维护能力的计算机专业人员。

(3) 软件覆盖业务范围。根据公司的业务情况，采用常见的数据库应用程序开发工具实现公司本部的业务管理是完全可行的。业务部门之间采用共享数据库的方式可以方便地实现数据信息的传递。与外地分公司或工厂的业务联系的实现与网络的连接方式有关，考虑暂缓实现。

(4) 硬件设备的可行性。公司原有部分 PC 机，配置较高，可运行 Windows 操作系统，可作为网络工作站连接到 Novell Netware 或 Windows NT 服务器上。根据这些条件，可增加一台微机服务器、若干网络无盘工作站和一些网络连接设备，即可建立一个基本局域网，满足信息系统运行的需要。

3. 新系统设想方案

根据对公司情况的初步调查和可行性分析研究，可以得出结论：在公司总部开发实施管理信息系统是可行的，对新系统的建设方案主要有下面的几点设想。

(1) 新系统的功能覆盖公司的业务流程管理、人事劳资、档案管理、财务管理等。这涉及到公司的综合管理部门、各业务部门、财务部门、办公室等主要部门。

(2) 系统采用委托外单位开发为主，本单位人员配合并参与开发的全过程，以消化吸收并掌握技术，为今后负责系统的管理和操作运行打下基础。开发过程可采用如下几步：

第一步：开发者在用户的配合下展开全面的系统调查和系统分析；

第二步：开发者进行系统分析和系统实现(编程)工作；

第三步：开发者进行系统调试并逐步培训各岗位的操作人员；

第四步：系统调试工作完成后将系统和所有开发文档移交给该公司，由公司自行管理系统的运行。

(3) 由于财务管理部分数据处理复杂，对可靠性要求较高，开发费用也较高，拟采用购买财务软件(如金蝶、用友等流行的财务软件)的方法来实现。由开发人员完成财务软件与系统其他部分的数据交换程序的开发。人事劳资和档案管理也可以采用购买通用软件的方法来解决，可降低系统的开发费用，加快开发进度。

(4) 开发方法采用自顶向下的方法，先调查、分析，理顺所有的管理环节，然后再根据实际情况制定并实现新系统方案。

(5) 系统拟投入的人力有：开发人员 2 名，公司电信室 2 名计算机管理人员参与系统的分析工作，调试阶段有 4～5 名操作人员参加。预计开发时间为 1 年，其中调查时间为 1.5 个月，系统分析与设计时间为 1.5 个月，编程时间为 3 个月，调试和试运行时间为 6 个月。

(6) 系统的软硬件设置。购买一台高性能微机或 PC 服务器作为文件服务器，将公司原有微机通过网络设备连接到文件服务器作网络工作站，并根据需要增加部分无盘工作站。文件服务器的操作系统采用 Windows NT 4.0 服务器版；网络工作站操作系统采用 Windows 95。由于网络工作站的用户数较少，因而可以同时将文件服务器作为数据库服务器使用，数据库服务器软件采用微软的 SQL Server 7.0。网络设备包括两台 16 端口的集线器和文件服务器及网络工作站使用的网络接口卡。(有关网络设计和数据库服务器的概念请参考第 4 章 4.2 节。)

系统开发工具拟采用 Borland 公司的 Delphi 或 C++ Builder，这两种开发工具可视化程度高，数据库连接和操作方便，可快速完成系统的编程工作。

(7) 开发费用预算。(略)

可行性研究涉及到系统初步开发计划的制定，需要对开发工作量作出初步的估计。可以使用软件工程学中的成本估算方法，如 COCOMO 模型、Putnam 估算模型等。本书对此不作详细的介绍，有兴趣的读者请自行阅读相关书籍。

实　验　一

1. 实验目的

本章介绍了系统分析与设计开始前可行性研究的主要任务，在了解了系统调查原则和可行性研究的基本步骤和基本方法后，可安排本次实验。本次实验的主要目的如下：

(1) 学习如何进行系统调查，体会系统调查原则的重要性。

(2) 熟悉可行性研究的主要步骤和主要内容，根据现行系统的主要业务流程提出新系统方案的设想。

(3) 熟悉可行性分析报告的主要内容和格式。

2．实验内容

分三人为一组，对身边的组织机构(如大学中各系的教务科、图书馆等)中的实际业务展开调查。调查完毕后，将结果汇总成正式报告形式。下面是部分参考课题：

(1) 设计一个实用的教学事务管理系统，处理教学的各种日常事务，如学生注册、选课、成绩登录，并可打印各种类型的通知单和报表。

(2) 图书馆要设计一个图书借阅系统，其功能包括：

① 借书：读者填写借书单，查询库存后，返回有无此书信息给读者，如有书，则办理借阅手续；

② 还书：用光笔读入图书上的条形码，办理还书手续；

③ 赔偿与罚款：发生丢失、损坏图书或过期等情况时，要赔偿与罚款。

(3) 设计一个实用的工资管理程序，模拟会计的活动，实施工资账目的存储、查询和更改，系统要求有高度的可靠性和安全性，并能按规定的格式打印工资报表。

(4) 设计一个实用小型商店销售管理系统，其功能包括：

① 登记收入支出。

② 统计每日或每周的销售情况，按规定格式打印销售报表。

③ 允许多种方式查询货物情况。

④ 按货物销售情况，提前发出预报。

3．实验步骤

本实验的主要步骤介绍如下：

① 按照所选课题制定调查计划，编写调查提纲；

② 实地调查并记录调查内容；

③ 分析整理调查结果；

④ 提出新系统的初步解决方案；

⑤ 对新系统的技术可行性和经济可行性等进行分析；

⑥ 编写可行性分析报告，并结合调查工作的体会，讨论 2.1.1 节中所述的系统调查原则的必要性。

习　题

一、问答题

1. 开展系统调查应注意哪些问题？
2. 初步调查的内容主要有哪些？
3. 可行性研究的目的是什么？
4. 可行性研究主要从哪几个方面去考察？简述其内容。

5. 简述如何进行可行性研究工作。

二、选择题

1. 软件计划的目的是提供一个框架，使主管人员对项目能在短时间内进行合理的估价，下述_____不属于计划期的内容。

  A) 资源需求   B) 成本估算

  C) 项目进度   D) 功能需求

2. 系统开发人员使用系统流程图或其他工具描述系统，估计每种方案的成本和效益的工作是在_____阶段进行的。

  A) 需求分析   B) 总体设计

  C) 详细设计   D) 编码阶段

3. 软件工程开发的可行性研究是决定软件项目是否继续开发的关键，而可行性研究的结论主要相关于_____。

  A) 软件系统目标   B) 软件的性能

  C) 软件的功能   D) 软件的质量

第 3 章　系统需求分析

确认系统具有可行性并立项之后，进入系统分析阶段。它的主要任务是详细分析组织内部的整体管理状况和信息处理过程，对用户的需求进行详细的了解。G.B.Davis 将这一阶段称为信息需求分析，软件瀑布流开发模型将此阶段称为需求分析。系统规划时期对系统要完成的任务的定义是相当概括和粗略的，需求分析阶段必须准确回答"系统必须做什么"的问题。要完成这项工作，首要的任务是对用户进行详细的调查，然后对调查的结果进行分析，导出系统详细的逻辑模型。

3.1　系统的详细调查

3.1.1　调查方法

只有深入细致的调查，才能充分了解用户的需求，保证开发出的信息系统能够满足用户的要求。调查前应充分准备并编写详细的调查提纲，制定调查计划，充分掌握调查艺术和被调查者的心理。

系统的详细调查涉及组织内部所有管理职能岗位的业务人员。合理选择组织和协调各方面工作的方法十分重要，它决定了系统调查工作能否顺利进行。

系统详细调查同样应该遵守第 2 章中介绍的系统调查原则。调查顺序可以按照组织机构的结构自顶向下进行。一般组织机构的结构都是树型的，在调查时可以按照深度优先或广度优先的顺序进行。深度优先如图 3.1 所示，广度优先如图 3.2 所示。

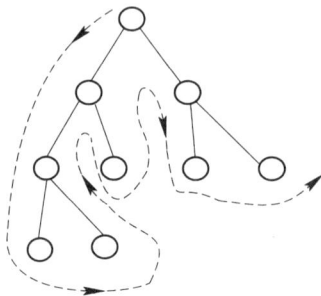

图 3.1　深度优先　　　　　　　　　　图 3.2　广度优先

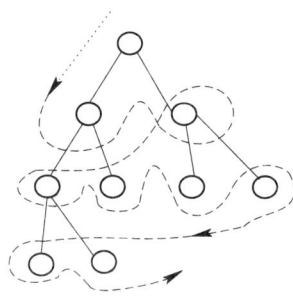

组织机构的结构可以按照行政隶属关系或业务隶属关系来整理。一般按照行政隶属关

系来整理，因为按照行政隶属关系整理比较简单直观。图 3.3 是第 2 章 2.2.3 节中 X 工贸公司的组织结构示意图。

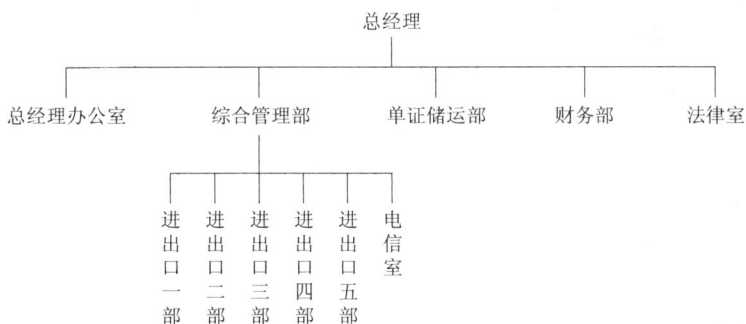

```
                            总经理
        ┌────────┬──────────┼──────────┬────────┐
     总经理办公室    综合管理部      单证储运部    财务部      法律室
              ┌───┬───┼───┬───┬───┐
             进   进   进   进   进   电
             出   出   出   出   出   信
             口   口   口   口   口   室
             一   二   三   四   五
             部   部   部   部   部
```

图 3.3　组织机构结构

在开始详细调查之前，还应对用户进行培训或印发说明材料，告诉用户详细调查的内容、目的以及有关的表格说明，加强用户与开发者之间的沟通。

另外，详细调查必须与分析整理相结合，运用归纳、推理和比较的方法对调查得到的用户需求进行分析。对相关的需求加以归纳、抽象和概括；对相互矛盾和不现实的需求加以比较分析；对估计在将来可能会提出的需求通过推理予以提出。随时反馈遇到的问题，可再次询问用户，直到问题弄清为止。

在详细调查了解每个具体工作岗位业务的同时，还必须收集与该业务有关的所有报表、文件、技术文档等。可要求用户将其附在调查问卷之后，并询问用户对当前的报表及其他文档的满意程度、是否需要修改以及如何修改等问题。

详细调查最基本的方法是访谈，由调查人员会见组织的成员，通过访谈获取目标系统的需求信息。有两种基本的访谈类型：程式化的和非程式化的。

在一个程式化的访谈中，调查人员提出特定的、预先计划好的、受限回答的问题。例如，公司雇佣了多少销售人员，或者要求多快的响应时间。

在一个非程式化的访谈中，会提出可自由回答的问题，以便鼓励受访人畅所欲言。例如，可以这样提问：为什么当前产品不令人满意？

过于程式化的访谈，可能会使有些问题不能被发现。而如果访谈过于非程式化，则可能从受访者的回答中得到有用的信息并不多。因此应当以这样一种方式提问：它能够鼓励受访者给出范围广泛的回答，但该回答又不要超出访谈者所需信息的范围。

另一种通常使用的详细调查方法是问卷调查。当组织机构的规模很大，逐个部门进行访谈可能不是很实际，可以采用问卷调查。将问卷交给被调查的对象，请他们有针对性的进行回答。这种方法的缺点是无法像访谈那样根据某一回答再提出一个问题。可以在对问卷调查的结果进行初步分析后，进行局部针对性的访谈。

还有一种辅助调查的手段是检查用户所使用的各种表格。例如，印刷厂的一张表格可能反映了印刷号、纸张轧压尺寸、湿度、油墨温度、纸张张力等等。这个表格中的各种数据显示了印刷工作的流程以及印刷过程。这些辅助信息反映的是用户现阶段是如何工作的，它在决定用户的需求方面特别有用。

3.1.2 调查内容

详细调查的内容涉及到组织功能的多个方面，可大致归纳为 9 类问题：

① 组织机构和功能业务；
② 组织目标和发展战略；
③ 工艺流程和产品构成；
④ 数据与数据流程；
⑤ 业务流程与工作形式；
⑥ 管理方式和具体业务的管理方法；
⑦ 决策方式和决策过程；
⑧ 可用资源和限制条件；
⑨ 现存问题和改进意见。

表 3.1 是设计问卷时常用的一些问题，在实际工作中可根据不同的行业及岗位特点参考使用。

表 3.1　设计问卷调查的参考问题

1.你的工作岗位是什么？
2.你的工作性质是什么？
3.你的工作任务是什么？
4.你每天是怎样安排工作时间的？
5.你的工作结果与前/后续工作如何联系？
6.你所接触的报表和数据有哪些？满意程度如何？(将报表样张附后)
7.你所在的工作岗位是否恰当？工作量如何？
8.你的工作计划不能合理安排的原因是什么？
9.你所在的工作岗位存在什么问题？
10.你通常采用什么手段来提高工作效率？
11.如果增加激励(如新技术、培训等)，部门的工作效率是否会提高？
12.从有效组织生产的角度出发，你的权限是否适当？
13.你认为影响本企业经营效率的关键问题是什么？
14.从全局利益出发，你认为现有的管理体制是否合理？
15.你认为提高生产产量的潜力在哪里？
16.你认为现存管理体制的问题在哪里？
17.有效降低生产成本的途径有哪些？
18.信息系统的开发在本单位是否有必要？
19.你认为新的信息系统应该重点解决哪些问题？
20.你所在的工作岗位和你所接触的管理岗位可用哪些定量化的管理方法来提高工作效率？
21.在你所从事或了解的管理和决策工作中，哪些可用计算机来处理？哪些不能？
22.在你所从事或了解的管理工作中，决策效益应从哪些方面去衡量？
23.如果建立计算机信息处理系统，你愿意学习操作并经常使用吗？

3.2　数据流程图

3.2.1　数据流程图的基本符号

系统需求分析工作的一个重要任务就是导出系统的逻辑模型，结构化分析方法通常采用数据流程图来描述系统的逻辑模型。数据流程图也称为数据流图(Data Flow Diagram，DFD)，它将数据在组织内部的流动情况抽象地独立出来，舍去了具体的组织结构、信息载体、处理工具、物资、材料等，单从数据流动过程来考察实际业务的数据处理模式。

数据流程图的基本符号有四种，使用图 3.4 所示的图形符号来表示。

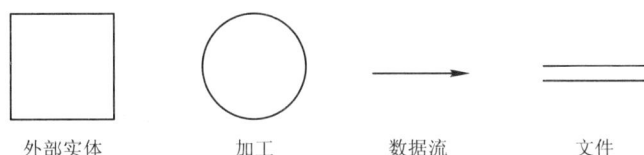

图 3.4　数据流程图的基本符号

1) 外部实体

它们是存在于信息系统之外，不属于系统的组成部分，但却对系统产生影响的人员、组织或其他系统。例如，一个图书借阅系统中的读者就是该系统的外部项，它向系统提供要借阅的图书的数据，但它并不是系统的组成部分。

外部实体可以分为数据源和数据池两种，分别表示数据的源点和终点。在画数据流图时，可在方框内写上外部实体的名称。

2) 加工

加工或叫做变换，也称为处理或者数据处理。加工的作用是对数据流进行处理或变换。每个加工要有一个名字(或称功能描述)，反映该加工所进行的操作或变换的含义。另外，每个加工还必须有一个编号，编号的方法将在 3.2.2 节中介绍。

3) 数据流

数据流表示数据的流向。它有三个重要属性：流向、名字和数据组成。数据流的流向由符号中箭头的方向指明，名字是该数据流的标识，书写于箭头的上方。数据流由一组固定成分的数据组成，数据流的数据构成应在与数据流程图配套的数据字典中描述。每个数据流的名字应该是惟一的，如果两个数据流名字相同，则这两个数据流的数据构成必须完全一致。

4) 文件

文件也称为信息存储，是暂时存储的数据。它不一定是软件实现时使用的磁盘文件。文件同样有一个名字，该名字应能反映暂存数据的含义。从文件流出或流向文件的数据流无需命名，该数据流的数据组成与文件一致。

图 3.5 是一个简单的数据流程图的例子。

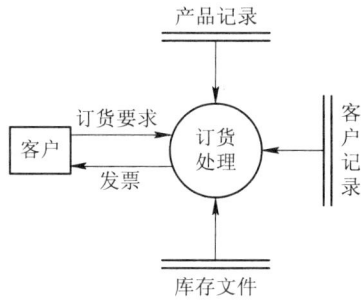

图 3.5　数据流程图举例

　　上面介绍的数据流程图俗称为泡泡图。另一种常见的数据流程图称为方框图，它的基本符号如图 3.6 所示，本书不再进行详细介绍。

外部实体　　　　数据存储　　　数据流　　　　处理

图 3.6　方框图基本符号

3.2.2　数据流程图的绘制步骤

　　信息系统一般规模都较大，在对系统进行分析时，不可能一下将所有的细节都弄清楚。因此我们在绘制信息系统的数据流程图时，通常采用结构化分析方法(Structured Analysis，SA)。该方法由美国的 Yourdon 公司在 20 世纪 70 年代后期提出，目前已被广泛使用。

1. 结构化分析方法

　　结构化分析方法采用自顶向下逐层分解的方法，首先抓住系统的本质特性对系统加以抽象概括，形成高层次的概念；然后逐步考虑细节问题，把整个系统分解成具有相对独立性的若干小问题。分解可以逐层进行，即逐层加进细节进行分解，最后得到一套分层的数据流程图。图 3.7 是一个分层数据流程图的示意图。

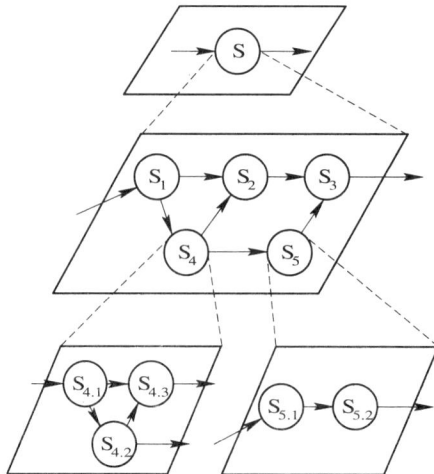

图 3.7　分层数据流程图的示意图

图 3.7 按数据处理过程将一个复杂系统 S 分解为 S_1、S_2、S_3、S_4、S_5 共 5 个子系统。如果子系统 S_4、S_5 仍很复杂，则将 S_4 分解成 $S_{4.1}$、$S_{4.2}$、$S_{4.3}$ 三个子系统，S_5 分解成 $S_{5.1}$、$S_{5.2}$ 两个子系统。如此继续下去，直到子系统足够简单为止。图中顶层的 S 抽象地描述了整个系统，底层具体地表现了基本软件成分，中间层次是对组成它的基本软件成分的抽象和概括。这样可以通过理解每个子系统或软件成分，逐步地把它综合起来，理解中间层次的抽象成分，进而理解整个系统。

2. 绘制步骤

绘制数据流程图首先从系统的最高层开始，在这个层次上把系统看作是一个整体来处理，以便能看出系统与外部的接口情况。最顶层的图的编号为 0，图中只有一个处理，其编号为 0。

顶层图绘制完成后，按照业务处理过程对顶层图中的 0 号处理进行分解，得到的数据流程图称为第 1 层图，编号为 1。图中的处理编号为 1、2、3 等。对于复杂的业务处理流程，在绘制数据流程图之前可以首先分析整理出业务流程图，将业务流程中每一个步骤及其与业务部门之间的关系用表格或图形表示出来。

对于第 1 层图中的处理，如果仍然较为复杂，对其处理工作心里并不是十分清楚，则应加入更多的细节，对这些处理进行更进一步的分解，绘制出第 2 层数据流程图。第 2 层数据流程图有多张，每张图的编号分别为 1.1、1.2、1.3 等，分别代表该图是对第 1 层图中编号为 1、2、3 的加工的分解。

对第 2 层图中的加工可重复上面的过程，对上一层图中的加工进行分解，直到数据流程图中的每一个加工都足够简单，不需要继续分解为止。分解结束后，将各张数据流程图合并成一张，以便显示系统完整的工作过程。

在绘制分层数据流程图的过程中，应注意逐层分解时一次不要加入过多细节，否则会使该图图面过大，关系复杂，难以理解。建议一张图上不要超过 7 个加工。同时还应注意分解的均匀，最好不要在一张图上出现某些处理已经是基本加工，而另一些加工还需要分解好多层的情况。在分解时还应该注意分解后的加工应具有相对独立性，数据流程图上各加工之间的联系不应过于复杂。如果加工之间联系过于复杂，可适当调整，将某些细节在下层加入。

在绘制数据流程图时通常采取由外向里的顺序，从输入端逐步画到输出端，或者反过来从输出端回溯到输入端。通常在以下情况发生的地方要画上一个加工：

(1) 数据的结构发生变化，如数据格式重新排列、分类、排序等。

(2) 在原有数据基础上产生新的数据或数据的值发生变化。例如，对数据进行统计以得到"统计值"。

(3) 对数据流及其成分进行检查，从而使数据流的流向发生变化。例如，经过错误检查，退回错误的输入数据。

3. 一个简单的例子

下面通过分析一个简单的教材销售系统的例子来演示画分层数据流程图的过程。该系统的工作流程描述如下：

学生填写购书单，如果书库中有所需教材，则开发票，登记并开领书单，学生凭领书单到书库领书。如果书库中该教材脱销，则填写缺书登记表。每天根据当天的缺书登记表，生成一张采购单，由教材采购人员根据该采购单采购教材，新教材进库后，将进书单返回给系统。

图 3.8 为该系统的顶层数据流程图。在绘制顶层图时首先将系统抽象为一个加工，弄清系统有哪些外部输入和输出。从图中可以看出，该系统的数据源为学生，数据池为教材采购人员。系统通过学生接受购书单，经处理后将领书单返回给学生。对于脱销的教材，系统根据缺书登记表生成采购单，新教材进库，向系统发送进书单。

图 3.8　教材销售系统的顶层图

接下来画第 1 层数据流程图。从系统功能描述中可以看出系统主要有两大功能，即销售和采购。因此我们将系统分解为销售和采购两大加工，如图 3.9 所示。

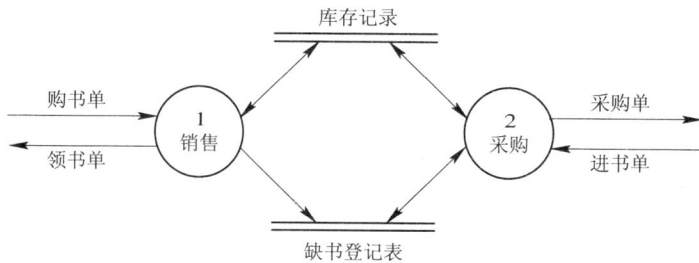

图 3.9　教材销售系统的第 1 层图

系统的这两个部分之间存在两项数据联系：其一是缺书登记表，由销售子系统将教材的需求信息传递到采购子系统；其二是教材的库存记录，由采购子系统将教材入库信息通知销售子系统。

继续分解，得到第 2 层数据流程图。第 1 层图中销售加工的分解结果如图 3.10 所示，图 3.11 是采购加工的分解结果。

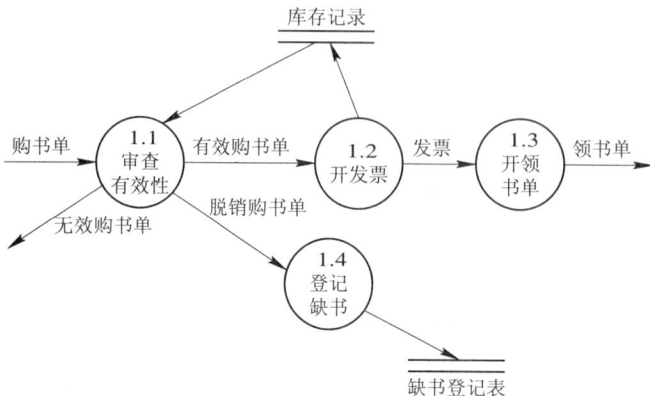

图 3.10　第 2 层数据流程图——销售子系统　　　图 3.11　第 2 层数据流程图——采购子系统

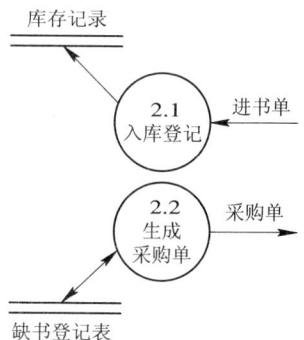

在图 3.10 中，销售子系统被分解为 4 个加工，编号从 1.1 至 1.4。审查有效性时，首先检查购书单的填写是否正确，如果不正确，则将购书单退给学生，这里的数据流"无效购书单"为出错信息，我们在顶层及第 1 层图中均没有画出。审查有效性还包括检查所购教材是否脱销，此时需用到文件"库存记录"中的信息。加工"开发票"按购书单的内容售书，并修改库存记录。

图 3.11 中采购子系统分解为两个加工，一个加工根据进书单进行入库登记并修改库存记录，另一个加工则对缺书登记表进行统计以生成采购单。

图 3.12 为合并后的数据流程图。

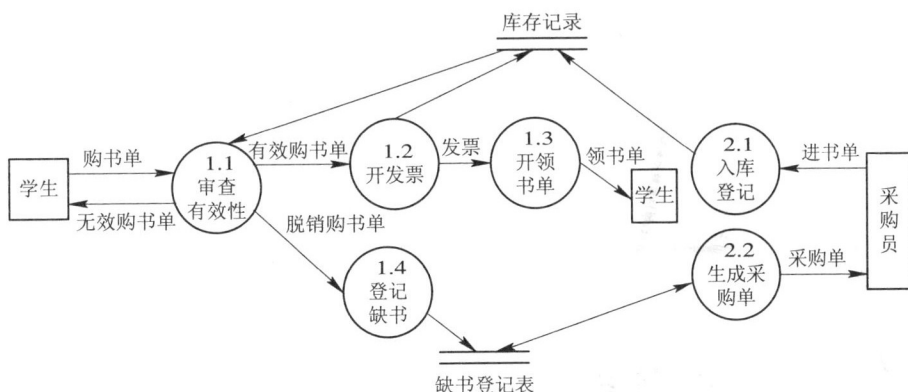

图 3.12　合并后的数据流程图

在画分层数据流程图时，应该注意到对同一个系统的数据流程图的分解方案可以有多种，而不是惟一的。因为有时对同一个问题，可以有多种解决方法。例如，上面例子中生成采购单，可以像流程图中采用的方法，每天根据缺书登记表进行一次统计来得到，也可以在每次登记缺书时直接对采购单进行累加。两种方案的数据流程图显然是不同的，读者可练习画出第二种处理方案的数据流程图。

画分层数据流程图时，还应注意父图与子图的平衡。在分层图中，每一层都是它上层的子图，同时又是它下层的父图。例如，图 3.8 是图 3.9 的父图，图 3.9 则是图 3.8 的子图；图 3.10 为图 3.9 中加工"销售"的子图。所谓父图与子图的平衡，指的是父图与子图的输入数据和输出数据应分别保持一致。例如在图 3.9 中，从外部进入的输入数据流和流向外部的输出数据流共四个，与其父图一致。读者可自行观察一下该例子中其他几个加工的分解情况。

3.2.3　数据流程图举例

下面我们给出一个企业工资管理系统的数据流程图，这里没有给出分解的过程，只给出了数据流程图的汇总图，读者可以试着对该系统进行分解。

采用手工处理时，每月的工资核算工作可以分为三个阶段：一是原始凭证的记录，原始凭证主要包括考勤记录、产量记录和工时记录等；二是根据原始凭证和工资标准资料计算应付工资；三是进行工资分配。

图 3.13 为对该系统进行分析调查后，对其进行分解得到的汇总数据流程图。这里为了不使流程图显得过于庞大，我们没有进行很详细的分解，有些加工实际上还可以进行进一步的分解。

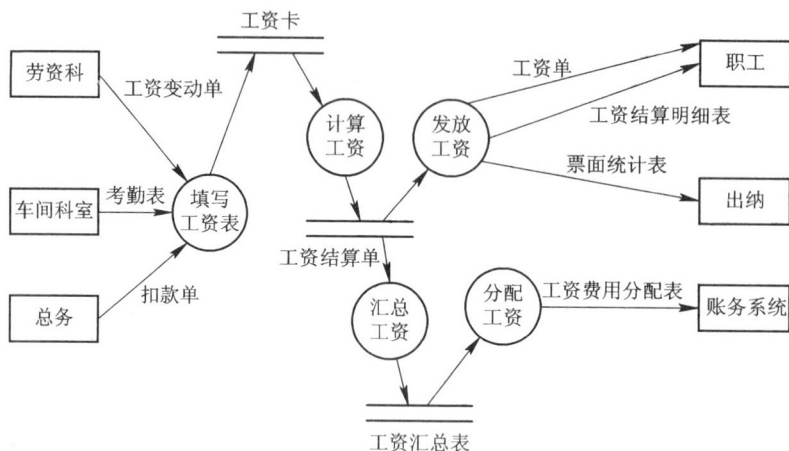

图 3.13　工资管理系统的汇总流程图

3.2.4　数据流程图的绘制工具

手工绘制数据流程图很麻烦，通常可以采用各种绘图软件进行绘制。一般来讲，绘制矢量图的各种绘图工具都可以用来绘制数据流程图，例如 Microsoft Word 的图形绘制工具。虽然利用这些绘图软件可以方便地绘制出数据流程图的基本符号，但存在维护不便的问题。例如，当我们需要调整数据流程图上某个加工的位置时，必须同时去修改与之关联的各个数据流的位置。而在需求分析阶段，数据流程图通常需要反复修改。在数据流程图绘制出来后，还需要征求用户的意见，得到用户的确认。

因此，在需求分析阶段应选择一些专业的数据流程图绘制软件，方便对数据流程图的修改。例如，当改变数据流程图上加工的位置时，可以自动维持该加工与相关数据流的联系。流程图的绘制工具可以分为两类：一类是大型的 CASE 工具，这类工具软件一般支持软件开发的多个阶段，使用方法复杂，价格也比较昂贵；另一类是通用的绘图工具，如 Microsoft Visio 2003。

Visio 是一种绘图程序，使用该软件创建图表和可视化演示文稿非常方便，以至于各种人士都可用来进行自己的工作。1992 年，Shapeware 公司发布了 Visio 1.0(在 1995 年，其公司名称改为 Visio)，该程序立即取得了成功，并在此基础上开发了 2.0、3.0、4.0 和 5.0。为了适应商业市场的不断变化和需求，随同 Visio 标准版软件系列一起，Visio 又发布了 Visio 技术版和 Visio 专业版。1999 年，微软公司购并了 Visio 公司，差不多在同一时间 Visio 发布了 Visio 2000 软件产品。目前，微软公司已将其并入 Microsoft Office 软件系列。

Visio 2003 提供了软件开发各阶段所需绘制图形的模板，可以很方便地绘制数据流程图，本章实训部分将详细介绍使用 Microsoft Visio 2003 绘制数据流程图的步骤。

3.3 数 据 词 典

数据流程图中每一个数据流的数据构成都是确定的，但在数据流程图中并没有说明。数据词典(Data Dictionary，缩写为 DD，也称为数据字典)就是与数据流程图配套，用于描述数据流程图中的数据流、文件的数据构成以及基本处理的处理逻辑的一种工具。其作用是为系统人员在系统分析、系统设计和系统维护过程中提供关于数据的描述信息。

数据流程图与数据词典共同构成了系统的逻辑模型，它们两者是相辅相成的，缺一不可。

3.3.1 数据词典的基本条目

数据词典的条目有四种类型：数据项、数据流、文件和处理。下面我们分别对其进行简单的介绍。

1. 数据项条目

所谓数据项，是指不可再分解的数据单位，数据项条目给出某个数据项的定义。数据项条目包含数据项标识和数据项属性描述两部分。表 3.2 是一个数据项条目的例子。

表 3.2 数据项条目举例

数据项名称：书费合计
简述：
取值范围：00.00～99.99
备注：

数据项条目常出现的项目还有数据组成、数据类型等。

2. 数据流条目

数据流条目给出数据流程图中某个数据流的定义。它通常包括数据流标识(名字)、数据流的数据组成和它的流动属性描述三部分。表 3.3 是教材销售系统中数据流"发票"的定义。

表 3.3 数据流条目举例

数据流名称：发票
简述：购书发票
数据流来源：加工"开发票"
数据流去向：加工"开领书单"
数据流的组成：学号、姓名、书号、单价、数量、总价以及书费合计
备注：

数据流条目通常还可以包含数据流量、高峰期流量等项目。

3. 文件条目

文件条目是对某个文件的定义。文件条目包含文件标识、文件的记录组成。表 3.4 是一个文件条目的例子。

表3.4 文件条目举例

```
文件名称：库存记录
简述：书库中各种教材的库存情况
文件的组成：书号+书名+数量
文件的组织：按照书号从小到大的顺序排列
备注：
```

4. 加工条目

加工条目给出数据流程图中所有基本加工的说明，内容包括：加工的标识、处理逻辑、激发条件、执行频率、出错处理等。表3.5是一个加工条目的例子。

表3.5 加工条目举例

```
加工标识：入库登记
编号：2.1
处理逻辑：对于进书单上每一种教材，
          更新库存记录中该教材的数量
激发条件：接收到进书单
输入：进书单
备注：
```

加工条目通常还会出现输出数据、执行频率等项目。

3.3.2 数据组成的定义

数据词典中的数据项、数据流和文件条目的主要部分是对数据组成的描述。前面例子中的数据描述只是简单地给出了组成数据的数据元素，并没有详细描述构成的方式。例如，图书借阅系统中借书单的数据组成为：借书证号、借阅书号、借阅书名。而实际上一张借书单中可以填写多本欲借阅的图书，上面的描述方法无法反映出来。目前在数据词典编制中通常采用下面介绍的描述方法：

定义任何复杂的事物都是用该事物的基本成分的某种组合来表示。在数据定义中把这样的基本成分称为数据元素。由数据元素组合成数据的方式有三种基本类型：

(1) 顺序：以确定的次序连接两个或多个数据分量。

(2) 选择：从两个或多个可能的分量中选取一个。

(3) 重复：重复指定的分量零次或多次。

数据分量是数据元素或数据分量按上面三种方式的组合。一个复杂的数据可以是数据元素按以上三种方式多次嵌套组合而成。在数据词典中，通常采用下面的几种符号来描述数据的组成：

=：表示定义为。

+：表示顺序连接。

[分量1|分量2|…|分量n]：表示选择其中某个分量。

{分量}：表示重复花括号内的分量若干次，重复次数的上下限可在花括号边上标出。当上下限相同时表示重复固定的次数。

重复次数的上下限分别为1和0时，表示该数据分量可有可无，可使用一种简单的符号来表示，该符号为：(分量)。

现在我们来看看上面借书单的例子，可以用下面的形式来描述：

借书单=借书证号+{书号+书名}$_1^5$

表示一张借书单可以填写 1～5 本图书。上面描述中的上下限也可以写为$_1^5${书号+书名}或 1{书号+书名}5。

再来看一个使用可选项的例子，假设数据项考试成绩的取值为 A、B、C、D，其词典条目中的"类型和取值"可表示为：

考试成绩=[A|B|C|D]

3.3.3　处理逻辑的描述方法

加工条目的重点内容是对处理逻辑的描述。常用的描述工具有结构化语言、判定表等。

1. 结构化语言

结构化语言是介于自然语言和形式语言之间的一种语言。之所以称为结构化语言，是因为它是受结构化程序设计思想的启发而发展的。采用结构化语言既避免了形式语言(如程序设计语言)无法被普通用户理解的问题，又避免了自然语言不严格及具有二义性等缺点。

与结构化程序设计语言相类似，结构化语言只允许使用三种基本控制结构来描述处理逻辑，即顺序结构、选择结构和重复结构。它不同于程序设计语言之处在于它没有严格的语法限制。结构化语言的结构可分为外层结构和内层结构，外层语言构成了描述处理逻辑的框架，由上述三种基本结构构成，可以相互嵌套。内层使用灵活的、有限的自然语言词汇。

下面是结构化语言的基本组成。

1) 外层框架的构成成分

(1) 顺序语句：它是一组祈使语句(内层语句)、选择语句和重复语句的顺序排列。

(2) 选择语句：它的一般形式为

如果　条件

那么　动作 1

否则　动作 2

每一个动作都可以是一个内层语句或顺序语句、选择语句和重复语句。这种语句相当于程序设计语言中的条件语句，有些教材中采用英文 if…then…else…来表示该结构。

(3) 重复语句：它的一般形式为

对　条件或多个相同事物中的每一个

做　某动作

如果采用英文来表示，其形式为

foreach <条件>

do <动作>

结构化语言没有确定的语法公式，也没有保留字，外层结构中的一些词汇在实际工作中也可以使用其他一些类似的词语来替代。

2) 内层语句

内层语句主要使用祈使语句和表示条件的语句和逻辑表达式，使用的词汇主要有：

(1) 祈使句中的动词。该动词表达基本处理中的动作，其动词含义要确切，不要使用含义模糊的词。

(2) 数据词典中定义的名词。该名词在祈使句中表示动作的对象，也用于条件语句及逻辑表达式中。

(3) 用于逻辑表达式的简单符号，如大于号">"等。

下面是图书借阅系统中加工"借书"的处理逻辑的描述。

> 如果　借书证号有效
> 那么　对借书单中的每一本图书
> 　　　如果　该书未借出
> 　　　那么　登记该书
> 否则　拒绝借阅

在需求分析阶段主要描述系统要"做什么"，而不是"怎么做"。所以一个加工的处理逻辑主要描述这个加工"做什么"，而不是描述它具体的处理过程。另外，在使用结构化语言描述处理逻辑时应注意：

(1) 每一条语句力求精确，避免二义性。

(2) 尽可能简单。

2. 判定表

判定表是另一种常用的描述工具，它适合于处理需要根据多个条件的多种组合决定采取何种目标动作的情况。

例如，某单位工资制度规定，技术干部的职务工资标准为：技术员 500 元，助理工程师 700 元，工程师 900 元，高级工程师 1200 元。工龄补助为：10 年以下加 50 元，10 至 20 年加 100 元，20 年以上加 200 元。工龄不足 10 年而受聘为高级工程师，职务工资增加到 1300 元。

这个问题中，职务分为四等，工龄分为三类，共有 3×4=12 种不同的工资。采用判定表描述比用结构化语言描述更简单，也更容易理解。表 3.6 是该问题的判定表描述。

表 3.6　判定表举例

规　　则											
职务	技	助	工	高	技	助	工	高	技	助	工	高
工龄/年	<10				10~20				>20			
工资/元	550	750	950	1250	600	800	1000	1300	700	900	1100	1400

从这个例子中可以看出，一个判定表可以分为四个部分，如图 3.14 所示。左上部是条件定义部分，左下部是动作定义部分，右上部是条件取值列，右下部是选定的动作。在条件定义部分由上到下列出所有条件，条件的上下次序允许调换。在条件取值部分，与条件相对应地列出各条件的取值。在动作定义部分由上到下依次列出所有的目标动作，然后在选定的动作部分，按照条件取值组合所选定的目标动作在表格中对应的位置做选中标记；或者像上面

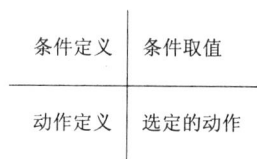

条件定义	条件取值
动作定义	选定的动作

图 3.14　判定表结构

例子中目标动作有几个固定的取值，则在动作定义部分列出动作名，然后在选定的动作部分对应的列中填入该动作的值。

下面我们通过一个例子介绍一下判定表的绘制步骤。

某数据流程图中的数据处理"检查订货单"的处理逻辑是：如果金额超过 2000 元又未过期，则发出批准单和提货单。如果金额超过 2000 元，但已过期，则不发批准单和提货单。如果金额低于 2000 元，则不论是否过期，都发出批准单和提货单，而且对低于 2000 元已过期的金额还需发出通知单。

绘制判定表的步骤介绍如下：

第一步：提取问题中的条件。这个问题中的条件有两个，即提货单的金额和期限。

第二步：标示出每个条件的取值。为便于绘制判定表，可用符号来代替条件的取值。表 3.7 是该问题的条件取值表。

表 3.7 条 件 取 值 表

条件名	取值	符号	取值数 m_i
金额	≤2000 >2000	S L	2
期限	过期 未过期	U N	2

第三步：计算所有条件的组合数 N

$$N=m_1 \times m_2 = 2 \times 2 = 4$$

第四步：提取目标动作。不发批准单和提货单，发批准单和提货单，发通知单。

第五步：绘制判定表，见表 3.8 所示。

表 3.8 判 定 表 举 例

	1	2	3	4
金额	S	S	L	L
期限	U	N	U	N
发批准单和提货单	√	√		√
不发批准单和提货单			√	
发通知单	√			

在绘制判定表时，为了避免遗失判定列或出现重复的判定列，可按照下面的方法来填写：

(1) 假设共有 n 个条件，每个条件的取值数为 m_i(i =1, …, n)，则判定列总共有 CC 个：

$$CC=m_1 \times m_2 \times \cdots \times m_n$$

(2) 在填写第一个条件取值时，将每一个条件取值重复填写 R_1 次：

$$R_1=CC/m_1$$

(3) 在填写第二个条件取值时，将每一个条件取值重复填写 R_2 次：

$$R_2= R_1/m_2$$

(4) 在填写第 i 个条件取值时，将每一个条件取值重复填写 R_i 次：

$$R_i= R_{i-1}/m_i$$

判定表绘制完成后，有时还可以对其进行优化和改进。例如，从上面的例子中可以看出，只要订货单未过期，不管其金额是多少，选定的动作都是一样的。可以将上面的判定表中的 2、4 两列合并，合并后的判定表如表 3.9 所示。

表 3.9　优化后的判定表

	1	2、4	3
金额	S	—	L
期限	U	N	U
发批准单和提货单	√	√	
不发批准单和提货单			√
发通知单	√		

与判定表相似的描述工具还有判定树，其适用的场合与判定表基本相同，只是表示的方式有所不同，这里不再详细介绍。

3.3.4　数据词典的使用

数据词典可以采用手工方法或计算机辅助方法进行管理。采用手工方法时可以用一叠卡片来构造，基本方法如下：

(1) 按照软件开发规范规定的格式印制数据流、文件、数据项、加工条目的卡片。

(2) 为数据流程图的所有成分分别填写相应的卡片。

(3) 条目按图号排序存放，同一图号的所有条目按数据流、数据项、文件和加工的先后次序分别存放。

(4) 同一图号中的同一类卡片(如数据流卡片)将名称作为关键字按顺序存放。

(5) 如果同一成分在父图与子图中均出现，则只在父图上定义。

(6) 建立索引目录。

手工建立的数据词典使用和维护都不方便，一致性、完整性和正确性都难以保证。采用计算机辅助方法管理数据词典可以避免这些缺点，可以开发一个"词典管理程序"来负责数据词典的建立、使用和维护工作。

不管采取何种方式实现数据词典，都应注意以下几点：

(1) 对于系统分解过程中出现的全部数据流、文件和基本加工，都应该无一遗漏地分类编写词典条目。

(2) 全部词典条目的定义要用开发者和用户均能理解的描述方式来定义。

(3) 描述要做到准确且无二义性，要按结构化的方式来描述，避免自然语言的冗余和不可验证的现象。

3.3.5　数据词典举例

本节我们给出 3.2.3 节中工资管理系统的数据词典的主要条目，读者可对照 3.2.3 节中的数据流程图阅读。

1) *基本数据项*

　　名称：基本工资

　　别名：工资

　　简述：职工的基本工资

　　类型：N

　　　长度：6 个字符

　　　取值范围：200.00～2000.00

　　　名称：姓名

　　　简述：企业职工的姓名

　　　类型：C

　　　长度：8 个字符

　　　名称：人员类别

　　　简述：标识职工的工种，同时进行工资核算和工资分配的依据

　　　类型：C

　　　长度：8 个字符

　　　名称：奖金

　　　简述：职工的奖金

　　　类型：N

　　　长度：8 个字符

　　　取值范围：0～500.00

　　　名称：扣款

　　　简述：职工当月各项扣款合计

　　　类型：N

　　　长度：8 个字符

　　　取值范围：0～500.00

　　　名称：补贴

　　　简述：职工当月各项补贴合计

　　　类型：N

　　　长度：8 个字符

　　　取值范围：0～500.00

　　　名称：实发工资

　　　简述：职工当月实发工资额

　　　类型：N

　　　长度：8 个字符

　　　取值范围：200～2500.00

2) 数据流条目

　　　名称：扣款单

　　　简述：总务科提供的职工各项扣款

　　　来源：总务科

　　　去向："填写工资表"加工

　　　组成：部门+姓名+各项扣款

　　　名称：工资变动单

　　简述：调整职工基本工资的通知单
　　来源：劳资科
　　去向："填写工资表"加工
　　组成：部门+姓名+基本工资+备注

　　名称：工资单
　　简述：向职工发放工资时填写的个人工资条
　　来源："发放工资"加工
　　去向：职工
　　组成：序号+姓名+基本工资+补贴+扣款+实发工资

3) 文件条目
　　名称：工资卡
　　简述：记载当月职工的工资额构成，是工资汇总的基础
　　流入："填写工资表"加工
　　流出："计算工资"加工
　　组成：序号+姓名+类别+基本工资+补贴+扣款

4) 基本加工条目
　　名称：计算工资
　　简述：对工资卡进行计算，得出每个职工的实发工资
　　输入：工资卡
　　处理逻辑：按照工资卡的顺序计算每个职工的应发工资以及实发工资
　　　　　　　应发工资=基本工资+奖金+补贴
　　　　　　　实发工资=应发工资-扣款
　　输出：工资结算单

上面为该系统数据词典的部分条目，由于在前面我们没有给出分层的数据流程图，因此这里没有给出数据流、文件所在的图号和加工的编号。上面词典中数据类型 C 表示字符型，N 表示数值型。

3.4　系统分析说明书及需求分析阶段的其他任务

3.4.1　系统分析说明书的主要内容

　　系统分析阶段要求的主要文档称为系统分析报告或系统分析说明书。软件瀑布流开发模型将此阶段的文档称为需求规格说明书(或软件需求说明书)，它们的主要内容是一致的。

　　使用结构化分析方法对新系统进行自顶向下逐层分解得到的结果是一套分层的数据流程图和与之配套的数据字典，它们是系统需求分析阶段文档的主要内容。

　　系统分析说明书的主要内容包括：

　　1) 现行系统情况简述

　　简要地阐明现行系统的主要业务、组织机构、存在问题和薄弱环节，以及用户提出开

发新系统的主要原因等。

2) 新系统的目标

新系统的目标包括新系统的开发计划、开发方法，人力、资金以及计划进度的安排，系统实现后各部分应完成什么样的功能，达到什么样的性能，有哪些工作是原系统中没有而计划在新系统中增补的等等。

3) 新系统的逻辑方案

新系统的逻辑方案是系统分析报告的主体，主要反应分析的结果和对今后建造系统的设想，包括了系统分析工作的结果和主要内容。

附录 C 中给出了中国国家标准 GB 8566—88《计算机软件开发规范》中对软件需求说明书的编写提示，其中对功能的规定部分采用数据流程图和数据词典描述系统的逻辑模型。如果系统需求分析采用其他一些描述工具，如 IPO 图、层次方框图等，则需求说明书相应的部分也应使用这些描述工具。IPO 图除了可用于系统需求的描述外，还可用来描述软件的结构，我们将在第 4 章介绍。其他描述工具请读者参阅相关著作，本书不再详细介绍。

系统分析说明书或软件需求说明书具有相当重要的作用，它使用户和软件开发者双方对该软件的初始规定有一个共同的理解，　是整个开发工作的基础。如果系统是委托外单位如软件开发商进行开发的，则它相当于用户与开发单位之间的一份技术合同，是今后用户对软件进行验收测试的依据。

3.4.2　需求分析阶段的其他任务

按照软件工程方法的要求，需求分析阶段除了分析用户的需求外，还要进行以下几项工作：

(1) 编写用户手册概要。在系统分析阶段编写用户手册概要，可以迫使分析员从用户的角度看待系统，及早考虑用户界面，将重点放在系统输入和输出。附录 H 给出了中国国家标准 GB 8566—88《计算机软件开发规范》中对用户操作手册的编写提示。

(2) 编写验收测试计划，作为今后验收测试的依据。

(3) 修正在系统规划时期所制定的项目开发计划。系统分析阶段对目标系统有了更为深入、具体的了解，所以可以更准确地估计开发成本、进度和资源需要。

按照瀑布流模型的要求，每一个阶段都应该进行复审，以保证下一阶段工作的顺利进行。系统分析阶段在分析工作完成后，还应该由系统分析员、用户和系统设计人员(下一个阶段的工作人员)，以及相关方面的专家对需求分析的结果进行审查，检验其正确性。

3.5　案例——在线辅助教学系统

3.5.1　系统的功能要求

目前，很多教师通过 Internet 在课外为学生提供学习资料，解答学生的疑问。通常采用制作个人主页的形式，定期更新个人主页的内容，每次更新主页内容时必须采用 HTML 编辑工具对主页进行修改，很不方便。因此需要实现一个辅助教学系统，为这些教师提供一个统一的信息发布平台。教师通过该系统将制作好的课件或其他学习资料上传到 Web 服务器上，无需频繁修改个人主页，只需将精力集中在学习资料的制作上即可。

经过调查，本系统的基本功能包括：

1) 学生账户管理

学生如果进入本系统进行学习，首先必须在本系统注册，提供必要的个人信息、登录用户名和密码。系统首先确认学生选择的用户名是否重复，如果用户名重复，则要求重新选择用户名。学生注册后由管理员根据学生提供的个人信息进行确认。如果不允许该学生进入该系统，则直接删除该注册记录；只有经过确认的学生，才能有权限进入学习系统，进行各种学习活动，如选课、学习等。对已确认的学生，管理员有权暂停或恢复其进入系统的权限。

2) 教师账户管理

需使用本系统开设课程的教师须首先在本系统注册，提供必要的个人信息和登录用户名及密码，管理员对教师身份进行确认。管理方法与学生账户管理方法相同。

3) 课程开设管理

在本系统开设课程的教师首先提出开课申请，填写课程名称等基本信息，由管理员根据内容进行确认。如允许开课，则为该课程指定一个惟一的课程代码，否则删除该申请记录。

4) 课程内容管理

教师申请开课并得到确认后，可以通过本系统上传课程的学习材料或删除已上传的学习材料。

5) 课程内容学习

学生在本系统注册并经管理员确认身份后，可以进入本系统选择要学习的课程。学生对某课程提出学习申请后，由开设该课程的教师进行确认，如果教师不同意该学生选修该课程，则删除该选课申请。

学生进入本系统后，选择某一门已选修的课程，则系统列出该课程所有的学习材料，学生根据需要下载或浏览该课程的学习材料。

6) 答疑系统

学生进入本系统，选择某一门已选修课程后，可以通过答疑系统向教师提出问题，教师解答后，学生可以查询自己所提问题的解答。对于有代表性的问题，教师可以将问题整理后放入精华区，允许所有学习该课程的学生查阅。

3.5.2 数据流程图的绘制

1. 顶层数据流程图

从系统功能描述可以很容易看出，本系统有三个外部实体：学生、教师和管理员。图 3.15 为本系统的顶层数据流程图(采用 Microsoft Visio 2003 绘制)。这里没有详细给出其中数据流的描述，在这个阶段我们还不能给出数据流的详细构成。在下面逐步求精的过程中，数据流的构成会越来越清晰。

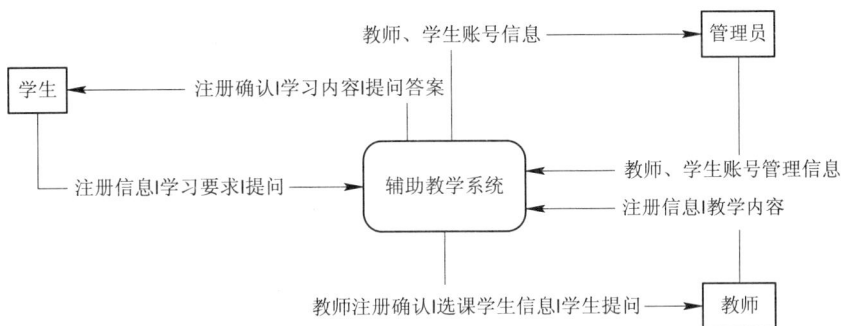

图 3.15　顶层数据流程图

2. 初步分解

顶层数据流程图描述了系统与外部数据源或数据池的关系。对顶层数据流图初步分解后的数据流图见图 3.16。根据该图可初步将系统分为三个部分，分别为学生模块、教师模块和管理员模块，这三个模块之间通过数据存储联系在一起。

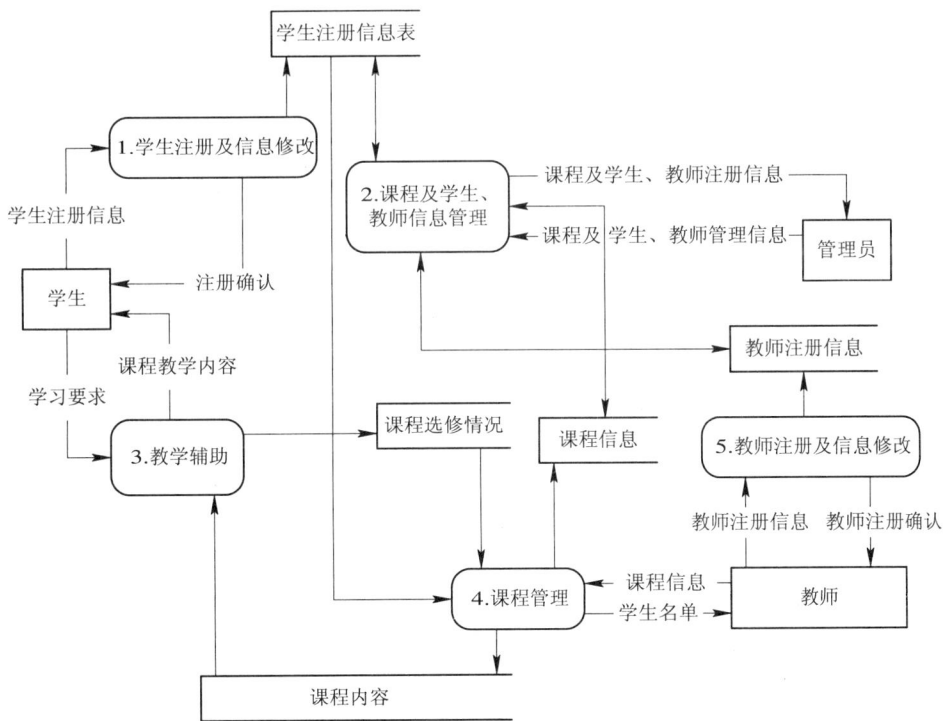

图 3.16　初步分解后的数据流图

3. 进一步的分解

对图 3.16 中的加工可进一步分解，与学生有关功能的数据流程图的分解见图 3.17～3.18。教师及管理员相关功能的进一步分解这里不再给出，请读者自行练习并给出其中数据流条目的构成。

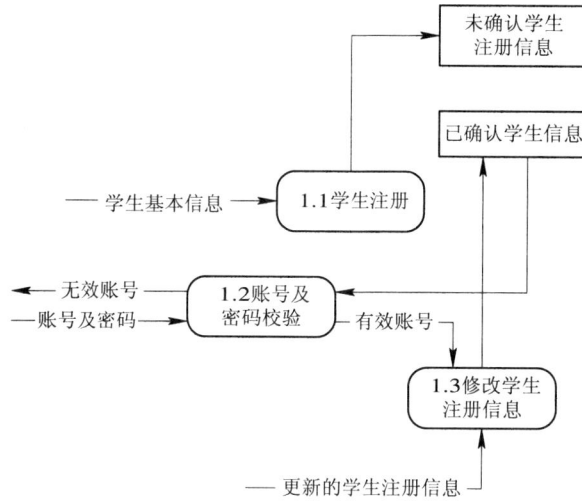

图 3.17　对加工 1 的分解

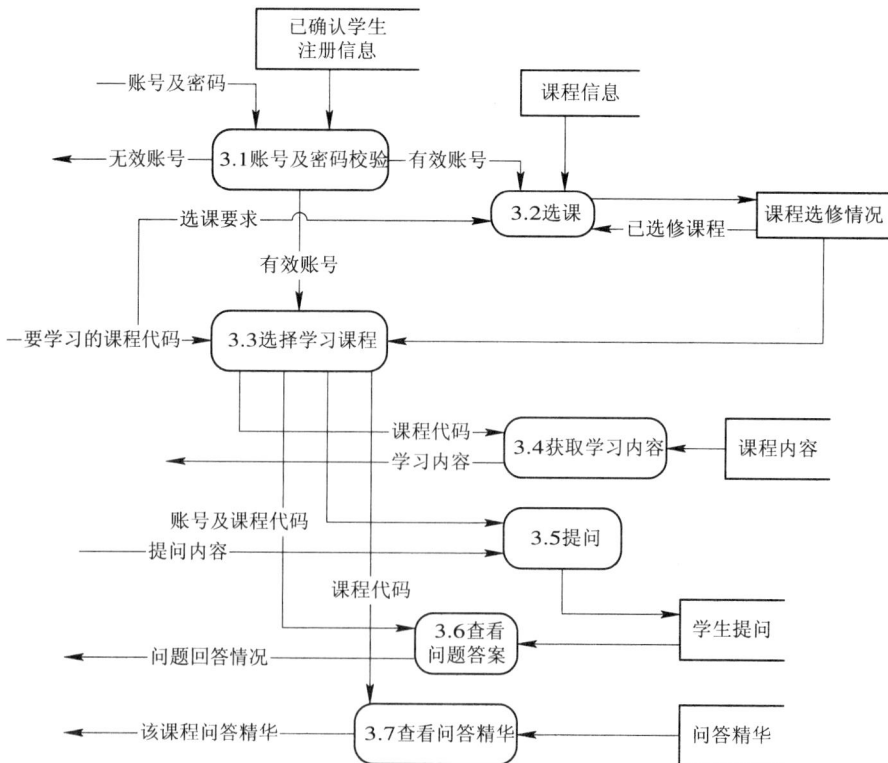

图 3.18　加工 3 分解后的数据流图

实　验　二

1．实验目的

本章介绍了系统分析阶段的主要工作，重点介绍了使用数据流程图描述目标系统功能的方法。安排本次实验的主要目的如下：

(1) 熟练使用 Microsoft Visio 绘制数据流程图；

(2) 了解系统分析阶段的主要工作内容；

(3) 能够熟练阅读分层数据流程图和数据词典；

(4) 能够对小型系统的数据处理流程进行分析，画出小型系统的数据流程图；

(5) 熟悉数据词典的基本形式和作用，能够使用结构化语言或判定表描述基本加工的处理逻辑。

2．实验内容

使用 Microsoft Visio 绘制 3.2.3 节中工资系统的数据流程图。

三人为一组，选择一个项目，分析系统的数据处理流程，画出分层的数据流程图，练习编写数据字典以及用户手册概要等文档。项目可选择实验一中所选择的项目，下面是另外一些参考项目，可根据需要选择。

(1) 建立一个"健康档案管理系统"，使用计算机实现对学校学生健康信息的管理。要求不仅可用于一般的健康情况查询，而且可以对这些健康信息进行各种必要的数学统计和分析。系统主要的健康信息来自病历和体检，系统主要功能有：

① 登录：录入学生的健康档案。如果该学生以前从未在本医院登记过，系统要告诉用户有关信息，经确认后再行登记注册。

② 修改：修改一个学生的健康档案记录。

③ 删除：删除学生的健康档案记录。删除前应先确认以防止误删。

④ 查询：可以组合各种条件进行查询，显示学生的健康信息并打印健康文件报表。

⑤ 统计：对学生的基本健康状况进行各种必要的统计和分析。

⑥ Web 查询：学生通过 Web 浏览器登录后，查询自己的健康档案记录。

(2) 设计一个基于 B/S 架构的学生社团管理系统。每个社团有一位学生负责人，必须是该社团成员。每个学生都可以加入多个社团(也可以不参加)。学生社团管理系统对所有学生社团进行统一管理，主要有如下功能：

● 各社团简况维护；

● 新生可在线注册，注册后可选择希望加入的社团，经相应社团学生负责人批准后成为该社团的正式成员；

● 成员通过 Web 浏览器登录后，可查看所属社团的公告信息，成员也可以发布信息，但须经社团负责人审查后，其他成员才能浏览该信息；

● 按社团查询该社团组成(即全部成员)情况。

● 按班级查询该班学生参加社团情况。

● 按学号查询该学生参加社团情况。

3．实验步骤

下面介绍使用 Microsoft Visio 2010 绘制 3.2.3 节中工资系统的数据流程图的步骤。

(1) 启动 Microsoft Visio 2010，创建数据流图项目。启动 Microsoft Visio 2010，出现如图 3.19 所示的界面，选择模板类别"软件和数据库"，然后选择"数据流模型图"，再点击右边的"创建"按钮进入该界面。

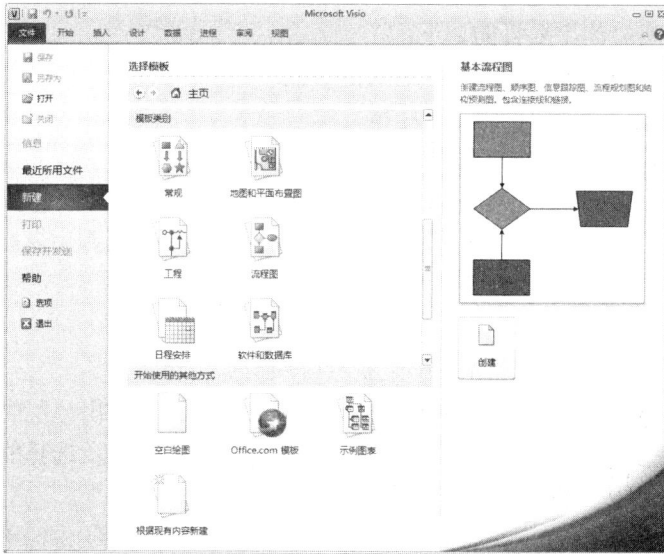

图 3.19　新建数据流程图项目

建立数据流程图项目后，进入图形绘制界面，如图 3.20 所示。Microsoft Visio 2010 将数据流程图的基本符号称为流程(加工)、接口(外部数据源、数据池)、数据存储(文件)和数据流。

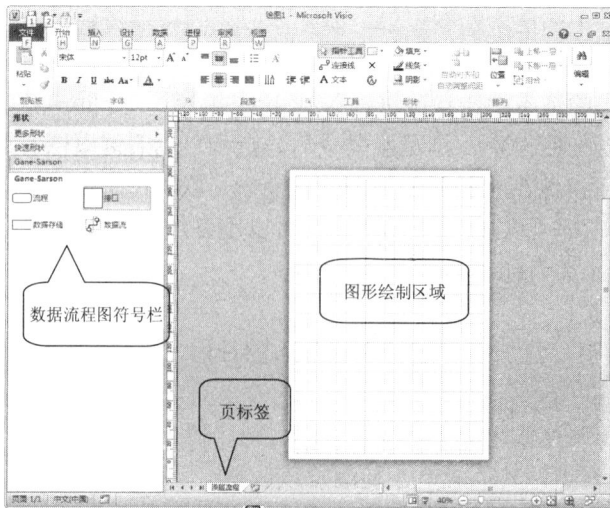

图 3.20　数据流程图的绘制界面

(2) 绘制外部数据源。将鼠标移至符号栏的"接口"图标，按下鼠标左键拖动到绘图区，如图 3.21 所示，然后在新建的数据源上双击鼠标左键，输入数据源名称，如图 3.22 所示。

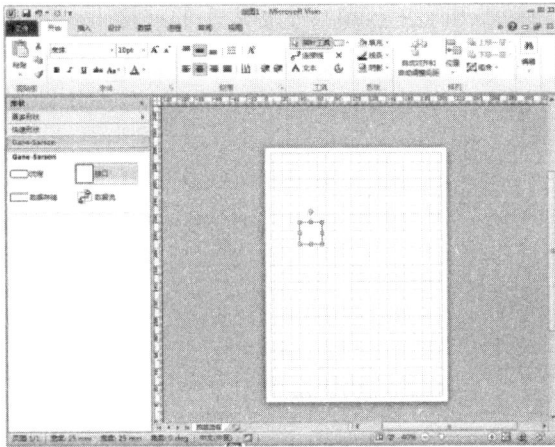

图 3.21　创建外部数据源

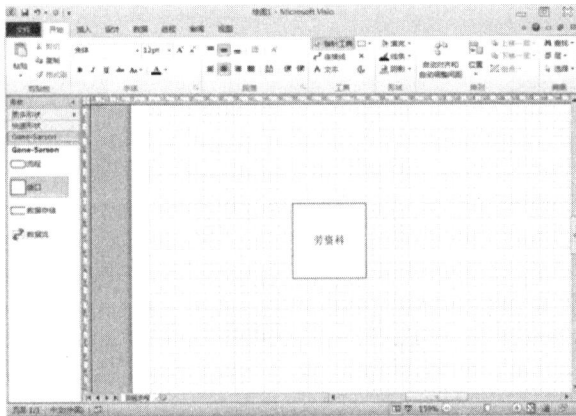

图 3.22　输入外部数据源名称

(3) 绘制加工。加工的绘制过程与外部数据源的绘制过程类似，只需拖动进程图表到绘图区，然后双击左键，输入加工名称即可，如图 3.23 所示。

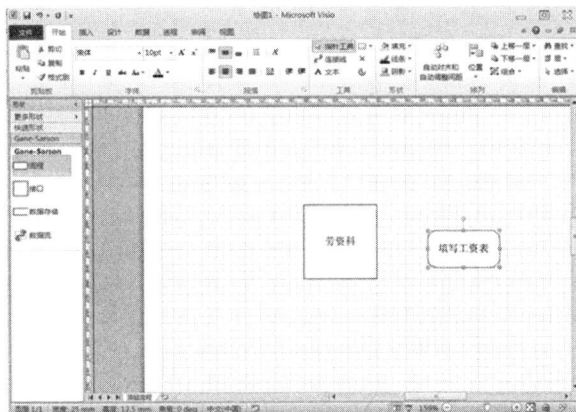

图 3.23　加工的绘制

(4) 绘制数据流。数据流的绘制步骤类似数据源。数据流符号绘制完成后需要建立数据流与加工、外部数据源或文件之间的联系，参考图 3.24。分别拖动数据流工资变动单的起点和终点到数据源"劳资科"和加工"填写工资表"的连接点，如图 3.25 所示。当将数据流拖动到数据源或加工的连接点时，相应的数据源或加工的边框红色显示，然后松开鼠标左键。此时，改变数据源或加工的位置，Visio 将自动维持数据流与它们的连接。

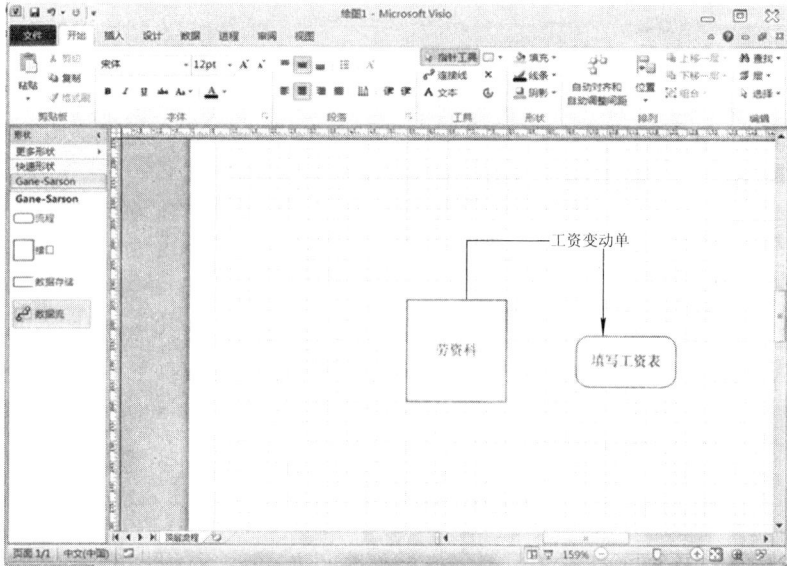

图 3.24　创建数据流

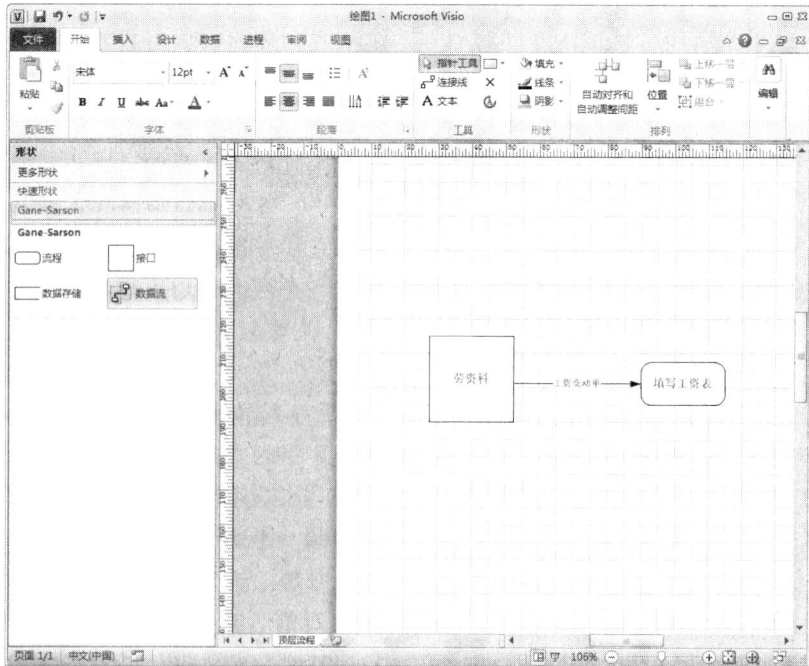

图 3.25　建立数据流与数据源及加工的连接

(5) 调整图形元素的大小、位置以及字体，绘制该数据流程图的其余部分。绘制完成的数据流程图见图 3.26。

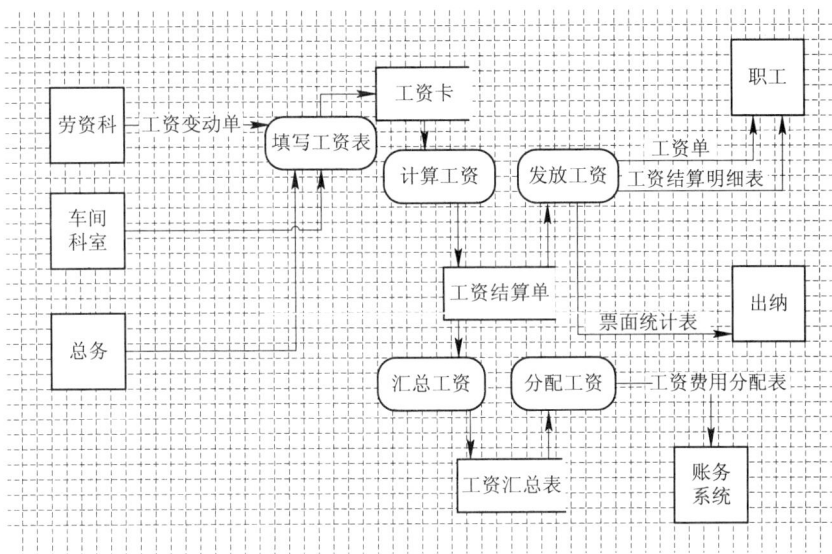

图 3.26 使用 Visio 绘制的工资系统数据流程图

系统分析主要步骤如下：

(1) 对所选课题进行分析，画出系统的分层数据流程图；

(2) 给出数据流程图中数据流、文件的数据构成；

(3) 描述基本加工的功能；

(4) 编写系统用户手册概要；

(5) 编写系统分析说明书。

习 题

一、问答题

1. 系统需求分析的主要任务是什么？

2. 结构化分析方法的主要特点是什么？什么是自顶向下逐层分解方法，其主要工具是什么？

3. 简述分层数据流程图的绘制步骤。

4. 为什么数据流程图要分层？

5. 某厂制定了一套对职工超产的奖励政策：对产品 A，如果超产不超过 50 件，产品质量优等的，发给奖金 $0.50 \times N$ 元(N 为超产数目)；如果超产在 50～100 件之间，产品质量一般的，发给奖金 $0.50 \times N$ 元，产品质量优等的，发给奖金 $0.70 \times N$ 元；超产在 100 件以上，质量一般的发给奖金 $0.80 \times N$ 元，质量优等的发给奖金 $1.0 \times N$ 元。对产品 B，如果超产不超过 50 件，产品质量一般的，发给奖金 $0.50 \times N$ 元，质量优等的发给奖金 $0.70 \times N$ 元；如果超产在 50～100 件之间，产品质量一般的，发给奖金 0.70×N 元，质量优等，发给奖金 1.0×N 元；超产在 100 件以上，产品质量一般的发给奖金 0.80×N 元，质量优等的发给奖金 1.0×N 元。请使用结构化语言、判定表来描述算法。

6. 为 3.2.2 节中教材销售系统的分层数据流程图编写配套的数据词典。

二、选择题

1. 结构化分析(SA)是软件开发需求分析阶段所使用的方法，_____不是 SA 所使用的工具。

A) DFD 图　　　　B) PAD 图　　　　C) 结构化语言　　　　D) 判定表

2. 结构化分析方法使用数据流程图、_____和加工说明等描述工具，即用直观的图和简洁的语言来描述软件系统模型。

A) DFD 图　　　　B) PAD 图　　　　C) IPO 图　　　　D) 数据字典

3. 数据流程图(DFD)是软件开发_____阶段经常使用的工具。

A) 需求分析　　B) 详细设计　　C) 软件测试　　D) 软件维护

4. 软件开发的结构化方法中，常应用数据字典技术，其中数据加工是其组成内容之一，下述_____方法是常采用编写加工说明的方法。

Ⅰ 结构化语言　　　　　　Ⅱ 判定树　　　　　　　Ⅲ 判定表

A) 只有Ⅰ　　　　B) 只有Ⅱ　　　　C) Ⅰ和Ⅲ　　　　D) 都是

5. 软件工程的结构化分析方法强调的是分析开发对象的_____。

A) 数据流　　　　B) 控制流　　　　C) 时间限制　　　　D) 进程通信

6. 结构化系统分析中，处理逻辑可用_____描述。

A) 数据字典　　　　　　　　B) 数据流图

C) 结构图　　　　　　　　　D) 结构化语言

7. 数据字典是定义_____系统描述工具中的数据的工具。

A) 数据流程图　　　　　　　B) 系统流程图

C) 程序流程图　　　　　　　D) 软件结构图

8. 判定树和判定表是用于描述结构化分析方法中_____环节的工具。

A) 功能说明　　　　　　　　B) 数据加工

C) 流程描述　　　　　　　　D) 结构说明

9. 结构化分析方法最后提供的文档是软件的_____。

A) 功能说明书　　　　　　　B) 加工说明书

C) 可行性分析报告　　　　　D) 结构说明书

10. 在结构化方法中，软件功能分解应属于软件开发中的_____。

A) 详细设计　　B) 需求分析　　C) 总体设计　　D) 编程调试

11. 数据流程图描述数据在软件中流动和被处理变换的过程，它是以图示的方法来表示_____。

A) 软件模型　　B) 软件功能　　C) 软件结构　　D) 软件加工

12. 数据字典是软件需求分析阶段的最重要的工具之一，其最基本的功能是_____。

A) 数据库设计　　B) 数据通信　　C) 数据定义　　D) 数据维护

13. 数据流程图的正确性是保证软件逻辑模型正确性的基础,与上述问题相关性较弱的内容是_____。

    A) 数据守恒　　　B) 均匀分解　　　C) 文件操作　　　D) 图形层数

三、填空题

1. 软件工程中的结构化分析(SA)是一种面向_____的分析方法。

2. 在需求分析中,可从对有关问题的描述中提取组成数据流程图的基本成分。通常问题描述中的动词短语将成为数据流程图中的_____成分。

第4章　系 统 设 计

　　系统设计是系统开发过程中的另一个重要阶段，它的任务是根据系统分析阶段的结果进行新系统的设计。系统设计包括系统软、硬件结构的设计。根据系统的逻辑模型，考虑实际条件，确定系统的实施方案，解决系统"如何去做"的问题。

　　系统设计阶段的主要内容包括系统软件结构的设计、网络结构设计、代码设计、数据库设计、输入输出设计及模块逻辑结构的设计。软件工程瀑布流开发模型将该阶段分为两个阶段，即总体设计和详细设计。总体设计又称为概要设计，它将系统划分为若干具有一定独立性的模块，定义模块之间的接口，因此也称为结构设计；详细设计阶段的目标则是得到各模块可直接用于编码的程序逻辑结构。

4.1　系统结构设计

4.1.1　系统结构设计的基本原则

1. 结构化设计的基本思想

　　结构化设计的基本思想是将一个系统分为若干个彼此具有一定独立性，同时又有一定联系的组成部分，这些组成部分称为模块。对每一个系统都可以按功能由顶向下逐层分解为一个多层次的具有独立功能的许多模块，一直分解到每一个模块都能很容易实现为止。

　　结构化设计方法集中体现了软件工程中的模块化原则，模块化可以使系统开发的整体工作量变小。在使用模块化方法时应注意模块化是与模块独立性紧密相连的，如果模块之间联系过于密切，虽然每个模块工作量减小，但模块之间接口将很复杂，这将使得接口工作量增大。

　　模块的独立性可以通过耦合性和内聚性来定性度量。耦合是指模块之间的关联程度，而内聚则是指模块内部软件成分之间的关联程度。下面我们分别介绍常见的几种耦合与内聚方式。

2. 模块的耦合性

　　耦合性表现了模块的外部特征，模块之间的耦合程度越低，说明模块的独立性越好。常见的耦合方式有下面几种：

1) 非直接耦合

　　非直接耦合是指两个模块能彼此独立工作，没有直接的关系，仅通过主程序的控制和调用来实现，两者之间不传递任何信息。

2) 数据耦合

数据耦合是指两个模块之间通过数据交换实现相互间的联系。一个模块带参数调用另一个模块，被调用模块执行后返回一个参数给调用它的模块。传入和返回的参数都是单个的数据项。

3) 标记耦合

标记耦合是指一个模块调用另一个模块时，不是传送数据本身，而是传送存放数据的变量名或文件名等数据标记。这种耦合比数据耦合具有更多的出错机会，复杂程度高于数据耦合。例如，C 语言中通过传递一个变量的地址给另一个模块就是一种标记耦合的形式，它的复杂程度很显然高于值传递，出错的可能性更大。

4) 控制耦合

一个模块调用另一个模块时传递的不是数据参数，而是一个控制变量，它用来控制被调用模块的功能，称为控制耦合。通常被调用的模块含有多种功能，由传递的控制变量决定调用哪一种功能。被调用模块的逻辑控制走向，受控于调用模块。

控制耦合的耦合程度较高，在设计时应尽量避免。控制耦合增加了理解和编程的复杂性，我们看一下图 4.1 所示的例子。假设模块 A 通过传递开关变量 f 调用模块 B(图 4.1(*a*))，模块 B 返回变量 x。模块 B 中包含有两种功能(图 4.1(*b*))，则在编制模块 A 的程序时首先要理解开关变量 f 的含义，同时在模块 A 中还必须设置开关变量的值。模块 A 可能还要根据不同的返回值进行不同的处理。

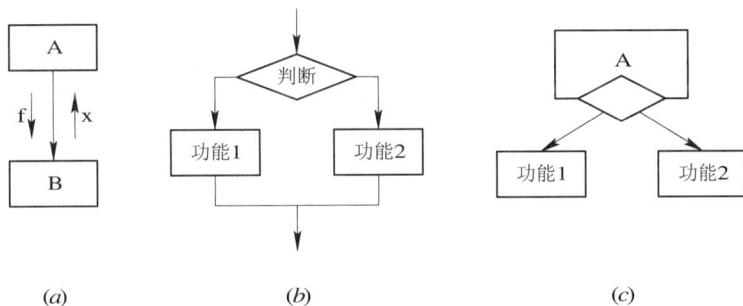

图 4.1　改控制耦合为数据耦合的方法示意图

在绝大多数情况下，控制耦合是可以避免的，对于图 4.1 中的例子，可以采取如下的方法：

(1) 将被调用模块 B 中的判定上移到模块 A 中去。

(2) 将被调用模块 B 中包含的两种功能分为两个模块。

经过这样处理后，控制耦合改变为数据耦合，图 4.1(*c*)是改变后的模块调用示意图。

5) 外部耦合

外部耦合是指模块与外部环境之间的联系，例如输入输出模块，只有当需要的外部设备正常工作时，这些模块才能正常工作。

6) 公共耦合

公共耦合是指多个模块共享全局数据区，如 C 语言中的共用外部变量、FORTRAN 语言中的 COMMON 共用数据区等。公共耦合的耦合程度较高，属于强耦合，设计时应该避免使用。

7) 内容耦合

内容耦合指一个模块直接访问另一个模块的内部信息(程序代码或内部数据)。这是最不好的耦合形式，它对模块的独立性破坏最大。

上面介绍的七种耦合方式的耦合强度由弱到强，模块之间的接口方式也越来越复杂。模块之间的耦合方式不可能全为非直接耦合，比较理想的耦合方式应该是数据耦合，一个模块带参数调用另一个模块，然后返回一个值。模块之间仅仅是变量值的传递，模块之间发生相互影响的可能性较小，发生错误时查找也比较容易。

3. 模块的内聚性

内聚性是一个模块内软件成分之间联系的强弱程度的定性度量，是模块内部特征的表现。内聚性越高，表明各成分之间的联系强度越大。模块的内聚性好，一般与其他模块的关联程度也相对较弱，模块的独立性也较好。

常见的内聚方式有七种，下面我们分别简单介绍一下。

1) 偶然内聚

偶然内聚是指模块中各软件成分之间没有有意义的联系。有时若干个模块中存在若干相同的语句序列，程序员为了节省存储空间将它们抽取出来形成一个单独的模块。这些语句只有与调用它们的模块放在一起时才具有意义，这些语句本身相互之间并没有有意义的联系，这个新的模块是偶然内聚的。

偶然内聚的可理解性差，难于修改，内聚程度最低，设计时应该尽量避免使用。

2) 逻辑内聚

逻辑内聚是指将几个逻辑上功能相似的模块合并，而形成一个新的模块，该模块包含有若干个在逻辑上具有相似功能的程序段，由传送给模块的参数来确定该模块完成哪一段功能。图 4.2 显示了这种情况，图 4.2(a)表示模块 A、B、C 分别调用模块 D、E、F，模块 D、E、F 逻辑功能相似，具有部分相同的代码段。图 4.2(b)为将 D、E、F 合并为一个模块 DEF 后的内部逻辑结构，不同的代码段根据开关值判断执行哪一个代码段。图 4.2(c)表示合并后 A、B、C 调用新的模块 DEF。

逻辑内聚属于低内聚，它的缺点是不易修改。例如，图 4.2(b)中，当 A、B、C 中某个模块需要改变公用代码段，其他模块可能并不需要改变。另外，逻辑内聚增强了模块之间的耦合强度，图 4.2(c)中模块 A、B、C 与新模块 DEF 之间由数据耦合变为控制耦合了。

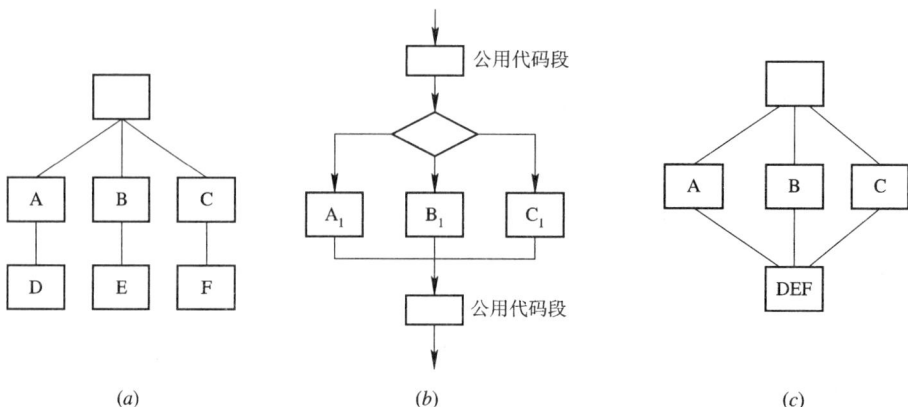

图 4.2　逻辑内聚示意图

3) 时间内聚

时间内聚也称瞬时内聚，指模块中的任务必须在同一时间段内执行。例如，为各种变量设置初值以及打开文件等任务经常在系统初始化时进行，通常将这些在时间上必须同时进行的任务组合起来形成一个模块，该模块就是时间内聚的。时间内聚也属于低内聚，模块内各成分的时间关系在一定程度上反映了各成分的某些实质，它的可理解性和紧密程度比逻辑内聚好。

4) 过程内聚

模块内各成分是相关的，并且必须按照某种特定的次序执行。过程内聚属于中等程度的内聚，模块内各成分的联系紧密程度优于前面几种类型，比它们易于理解、维护。

5) 通信内聚

通信内聚是指模块内各成分有共用的数据区，或者所有成分都使用相同的输入或产生相同的输出。这样的模块如果将其中的软件成分分为多个模块，则这些模块之间的耦合方式是公共耦合。它是一种强耦合，模块之间的独立性很差。通信内聚模块中各软件成分之间关系比较密切，因为它们使用或产生同一数据区中的相应数据，这说明其功能是密切相关的，所以可修改性和可理解性均较好。

6) 顺序内聚

顺序内聚是指模块内各成分的执行顺序以确定的顺序进行，往往前一功能成分的输出就是后一功能成分的输入，执行顺序不能改变，而且这些成分是与同一功能密切相关的。

7) 功能内聚

功能内聚是指模块内包括并仅包括为完成某一功能必需的所有成分。这是内聚程度最好的方式。

上面介绍的七种内聚方式内聚程度由低到高。偶然内聚、逻辑内聚、时间内聚属于低内聚，过程内聚、通信内聚是中等程度的内聚方式，顺序内聚、功能内聚属于高内聚。

在划分模块的过程中应设计高内聚低耦合的模块，最好是功能内聚，模块之间的联系是数据耦合方式。

4. 信息隐藏与信息局部化原则

与模块独立性相关的另外两个软件工程学的基本原则是信息隐藏原则与信息局部化原则，下面介绍一下它们的基本内容。

1) 信息隐藏原则

信息隐藏原则是指在设计和确定模块时，使得模块内包含的信息对于不需要这些信息的模块来说是不能访问的。这个定义听起来有点费解，下面通过一个例子来解释。

我们来考察一下 Windows 系统的图形用户界面。Windows 系统为每一个应用程序窗口保持了一个消息队列，用于接收各种输入消息，如键盘、鼠标等。应用程序从消息队列中获取输入消息，对消息进行处理，以此响应输入。可以看出图形用户界面可以分为两个大的模块，一个模块接收输入，将输入消息放入消息队列，另一个模块从消息队列获取消息，进行处理，示意图如图 4.3 所示。

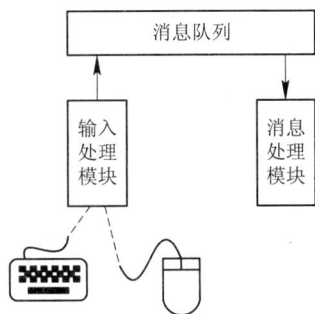

图 4.3 图形用户界面模块示意图

消息处理模块可以直接访问消息队列，从消息队列中读取数据。此时这两个模块之间的关联程度密切，模块独立性很差。如果输入处理模块改变消息队列的管理方法，则第二个模块必须进行相应的改变。如果消息处理模块对消息队列操作有误，将影响输入处理模块，在程序调试时难以确定错误发生在哪一个模块中。实际上，消息处理模块并不需要消息队列的管理信息，它只需知道消息队列中有没有消息及有什么样的消息。上面的处理方法违反了软件工程中的信息隐藏原则，消息处理模块访问了它不需要的信息。

将输入处理模块和消息队列放在一个模块中，禁止其他模块直接访问消息队列，向其他模块提供一个从这个模块获得数据的接口，如图 4.4 所示。采用此种方法可以使模块的独立性大大提高，消息处理模块只能访问该接口，而不能直接操作消息队列。如需改变消息队列的管理方法，只需修改输入处理模块，消息处理模块将不受任何影响，只要保持输入处理模块提供的外部接口不变即可。

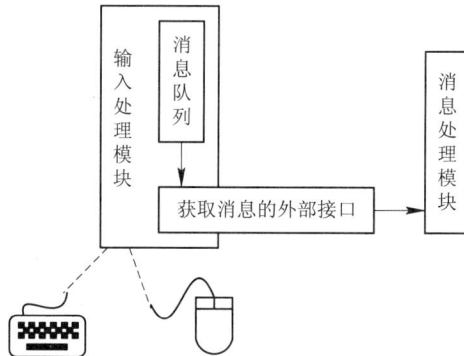

图 4.4　信息隐藏示意图

信息隐藏使得模块易于修改，并使程序的可靠性、可理解性更好。程序员只需将精力集中在自己的工作上，编写消息处理模块程序的程序员不再需要了解消息队列的管理方法。

2) 信息局部化

信息局部化是指将关系密切的软件元素物理地放得彼此靠近。所谓"关系密切"，是指这些软件元素是共同解决某问题或实现某功能所需的。我们可以看到，功能内聚实际上就是将关系密切的软件元素放在同一个模块中。

信息局部化的优点是系统易于维护、易于理解、可靠性好。

4.1.2　子系统的划分

信息系统覆盖组织机构管理工作的多个方面，涉及不同的部门，每个部门所要完成的工作也各不相同。系统设计通常首先将系统按照管理要求以及环境条件等划分为若干子系统。目前最常用的一种划分方法是按照功能进行划分，根据相对独立的管理活动建立各个职能子系统。

一般制造企业子系统通常包括：计划管理子系统、生产管理子系统、物资供应管理子系统、销售管理子系统、财务管理子系统、设备管理子系统、质量管理子系统、劳动人事管理子系统等。不同的组织机构的管理功能要求也不尽相同，应根据系统分析结果来进行划分。

对于较小的系统，也可以按照组织机构的部门设置来进行划分，因为部门设置在一定程度上也反映了管理功能要求的分布。例如，对于前面 X 工贸公司的例子，该公司的部门可以分为管理部门、业务部门、财务部门、单证储运部门等，由此，我们可以将系统划分为综合管理子系统、业务子系统、单证储运子系统和财务子系统。

子系统的划分还可以按照业务的先后顺序、实际环境和网络分布等进行划分，本书不再详细介绍。子系统划分过程中一般应该遵循如下的几个原则：

(1) 子系统要具有相对的独立性。子系统的划分必须使得子系统的内聚性较好，应将联系比较密切、功能近似的模块相对集中。子系统之间的联系应尽量减少，接口要简单明确。

(2) 子系统的划分应使数据冗余较小。如果忽视这个问题，可能会使得相关功能的数据分布到各个不同的子系统中，大量的中间结果需要保存和传递，大量的计算工作也将重复进行。从而使得程序结构紊乱，数据冗余，不仅会给软件的编写工作带来很大的困难，而且会使系统的工作效率大大降低。

(3) 子系统的设置应考虑今后管理工作发展的需要。

(4) 子系统的划分应便于系统分阶段地实现。

4.1.3 基于数据流程图的结构设计

结构设计的基本任务是将系统划分成模块，决定每个模块的功能，决定模块间的调用关系和调用接口。

结构化系统开发方法在结构设计阶段采用的方法称为结构化设计方法(SD)，本节我们将介绍如何根据系统分析阶段得到的数据流程图来划分软件的结构。下面首先介绍一种常用的软件结构的描述工具——结构图。

1．结构图

结构图是由美国 Yourdon 公司于 1974 年提出的，它是目前用于表达系统内各部分的组织结构和相互关系的主要工具。下面介绍结构图使用的基本符号。

1) 结构图的基本符号

结构图由三种成分组成，它们是：

(1) 模块。一个模块使用一个矩形框来表示(见图 4.5(*a*))，模块的名称写在矩形框中，通常由一个名词和一个作为宾语的名词构成。结构图中最底层的模块通常称为基本模块或功能模块，功能模块的命名必须使用确切含义并能表明该功能的动词，不能使用"做"、"处理"等含糊的动词。不过对包含多种管理和控制功能的非功能模块，并不要求一定使用有明确含义的动词。

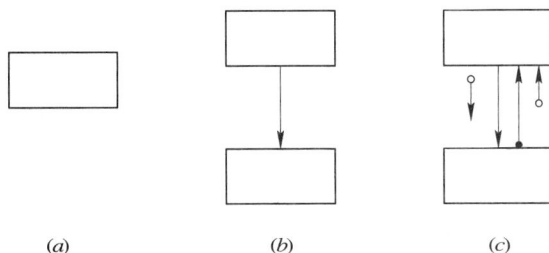

(*a*)　　　　(*b*)　　　　(*c*)

图 4.5　结构图的基本符号

(2) 调用。调用是模块图中模块之间的惟一联系方式，它将系统中所有模块结构化地、有序地组织在一起。表示调用关系的图形是从调用模块指向被调用模块的箭头。调用的基本符号如图 4.5(b)所示。被调用模块被称为调用者的直接下层模块。结构图限制调用关系只能是上层模块调用下层模块，不允许下层模块调用上层模块。通常也不允许同层模块之间的调用。所以箭头总是向下，不允许向上。

(3) 数据。模块在相互调用的过程中要传送数据，结构图用带有注解的小箭头来表示传送的数据信息，如图 4.5(c)所示。模块之间传送的数据可以分为两类，一类是作为数据用的信息，称为数据信息；另一类是作为控制用的信息，称为控制信息。结构图中使用尾部有空心圆标记的小箭头表示数据信息，而使用尾部有实心圆标记的小箭头表示控制信息。尾部无标记的小箭头既可表示数据信息，也可表示控制信息。

有时调用模块和被调用模块对传送的数据使用不同的名字(例如，形式参数与实际参数不同名)。为了避免混淆，规定在结构图中使用实际参数的名字。

2) 结构图的附加符号

除了上面介绍的三种基本符号之外，结构图还提供了两个附加的符号以表示模块间更进一步的调用关系：模块间的判断调用和循环调用。

(1) 模块间的判断调用。模块间的判断调用通过在表示调用模块的矩形框下边画一个小菱形，以表示根据判断的结果决定是否调用下层的模块。图 4.6 是两种典型的判断调用的例子。

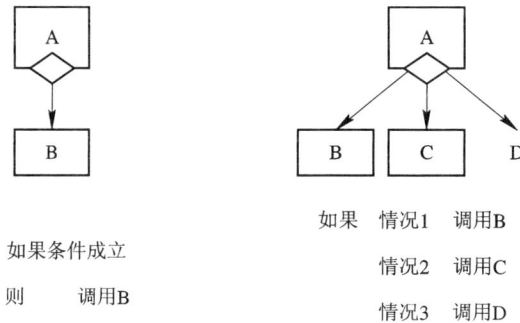

图 4.6　模块间的判断调用

(2) 模块间的循环调用。模块间的循环调用可以通过在表示调用关系的箭头上附加一个弧形的箭头来表示，如图 4.7 所示。

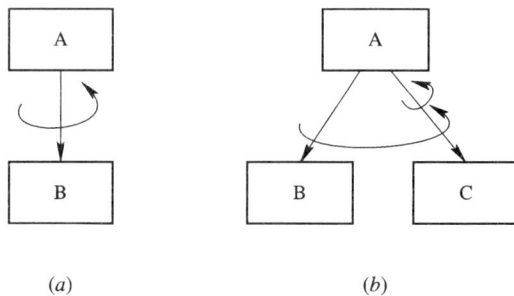

图 4.7　模块间的循环调用

图 4.7(*a*)表示模块 A 循环调用模块 B，图 4.7(*b*)表示一个嵌套的循环模块 A 循环调用模块 B 和模块 C，每一次循环都调用一次 B 并循环调用 C。

图 4.8 是一个循环调用的结构图，该程序循环读取销售记录以统计每种货物的销售总数，每个销售记录相当于一张售货单，每张售货单包含多种货物的销售数量。

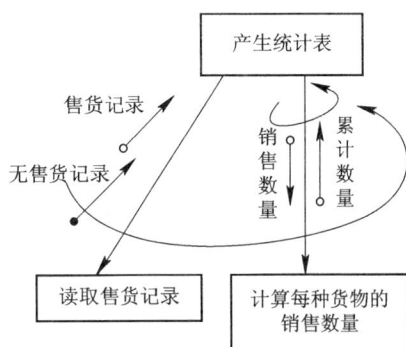

图 4.8　循环调用的例子

结构图只是描述一个系统被分解成层次的模块结构的组成情况，它并不表示模块的调用次序。大部分人可能会习惯于按照调用的次序安排从左至右的模块，但结构图并没有这种规定。有时按照调用次序安排可能会由于表示调用关系的箭头交叉太多而使结构图看起来很复杂，此时可以适当调整结构图模块的次序。

2. 数据流程图的基本类型

根据数据流程图来进行软件结构的设计，首先要对数据流程图进行分析，并根据数据流程图的特点选择适当的方法。结构化设计方法将其根据数据流程图的特点分为变换流和事务流两种基本类型。

在介绍两种基本类型之前，我们首先介绍几个有关数据流程图的概念。

(1) 物理输入(出)：直接来自(去向)外部数据源(池)的输入(出)数据流。

(2) 逻辑输入(出)：指距离物理输入(出)端最远，且仍被看作输入(出)的数据流的那个数据流。

(3) 逻辑输入(出)路径：指由物理输入(出)到逻辑输入(出)沿(逆)数据流方向上所经过的各加工和数据流组成的通路。

(4) 逻辑输入(出)部分：指逻辑输入(出)路径的集合。

逻辑输入部分是系统的输入部分，在逻辑输入路径上的各加工实际上是把外部的物理输入数据，由外部形式转换为系统的内部形式，是为变换部分作预处理。通常所做的工作包括数据编辑、有效性检查、格式转换等。

逻辑输出部分是系统的输出部分，在逻辑输出路径上的各加工实际上是把输出数据从内部形式转换成适合外部设备所要求的输出格式，为真正的物理输出作预处理。所做的工作通常包括格式转换、缓冲处理、组成物理块等。

因此，所有的数据流程图均可以分为三个部分，即输入部分、输出部分和变换中心。但在这种变换形式中有一类特殊的数据流程图，在数据流程图的形式及从数据流程图导出软件结构图的方法上都有特殊之处。这种形式特殊的数据流程图称为事务流，而一般的数据流程图称为变换流。图 4.9 是两种类型数据流程图的示意图。

变换流类型的数据流程图具有图 4.9(*a*)所示的形状，由输入流、变换流(或称变换中心)和输出流三部分组成。其特征是外部的数据信息沿逻辑输入路径进入系统，同时将数据的外部形式变成为内部形式。进入系统的数据信息经变换中心加工处理后，再沿逻辑输出路径上的各处理变换成外部形式而离开系统。

事务流类型的数据流程图具有图 4.9(*b*)所示的形状，它的特征是该事务流具有一个明显的事务中心。数据沿输入通路到达事务处理中心的加工 T，事务处理中心根据输入数据

(事务)的类型,在若干个动作序列中选择一个来执行。由图 4.9(b)可以看出,事务流类型的数据流程图呈放射状,事务中心只有一个输入数据流,但有多个输出数据流。

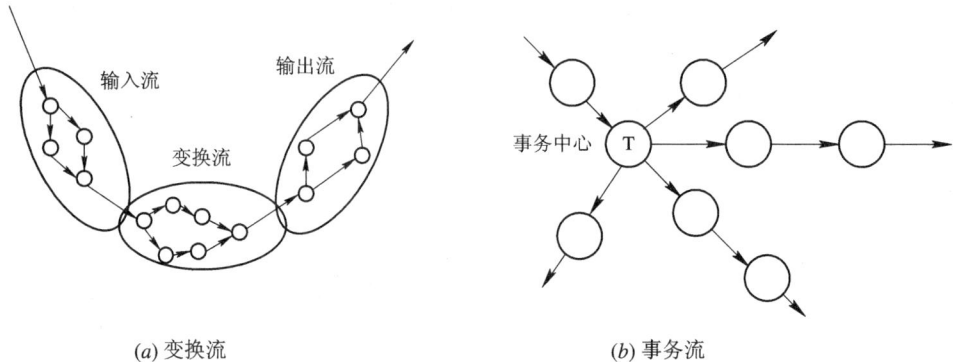

(a) 变换流   (b) 事务流

图 4.9 变换流与事务流数据流程图

3. 基于数据流图的软件结构设计

1) 基本步骤

结构化设计方法将数据流程图转换为软件结构图的基本步骤如下:

第一步:分析数据流程图。设计人员首先必须仔细研究和分析数据流程图,对照数据词典,查看数据流程图的输入、输出数据流和加工是否有遗漏或分解不合理之处。

第二步:确认数据流程图是属于变换流类型还是事务流类型。一般来说,所有的数据流程图都可以看作是变换流。但如果数据流程图具有明显的事务流特征,则采用事务流设计方法更合适。当系统规模较大时,数据流程图可能会很复杂,可能在某些局部具有很明显的事务流类型数据流程图的放射状特征,此时应注意系统的核心功能是否在该放射状特征所在的加工,如果核心功能不在该处,则该处不是整个系统的事务中心。最底层的数据流程图如果很复杂,可适当参照上层的数据流程图来进行判断。

数据流程图的类型确定后,下面要做的就是按照不同类型的方法将数据流程图转换为软件结构图。得到初始的软件结构图之后,还应该对其进行优化。下面首先介绍变换流和事务流类型的数据流程图的转换方法。

2) 变换流类型数据流程图的转换方法

对于变换流类型的数据流程图首先必须找出变换中心、逻辑输入部分和逻辑输出部分,然后按照下面的方法进行转换:

(1) 设计顶层模块。顶层模块反映系统整体功能或主要功能,所以"顶"应在变换中心,应按变换中心整体功能或关键处理来命名顶层模块。顶层模块的作用是协调和控制下层模块并接收和发送数据,所以顶层模块通常称为控制模块,下层特别是底层模块称为功能模块。

(2) 设计第一层模块。设计第一层模块有两种不同的方法,实际上它们基本上是一致的,下面分别介绍这两种方法。

第一种方法是:为每个逻辑输入设计一个输入模块,该模块负责向顶层模块输入该数据流。为变换流设计一个"变换控制模块"以实现所需要的变换功能;为每个逻辑输出设计一个输出模块为顶层模块实现该数据流的输出。图 4.10(a)是一张变换流类型数据流图的示意图。采用第一种方法导出的软件结构图如图 4.10(b)所示,第一层共有四个模块,分别对应两个逻辑输入、变换中心和一个逻辑输出。

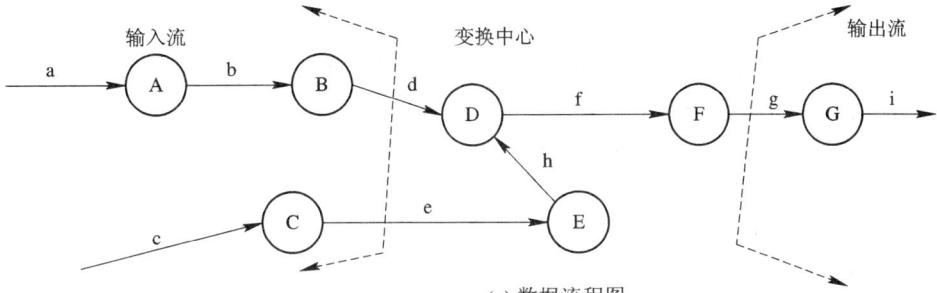

(a) 数据流程图

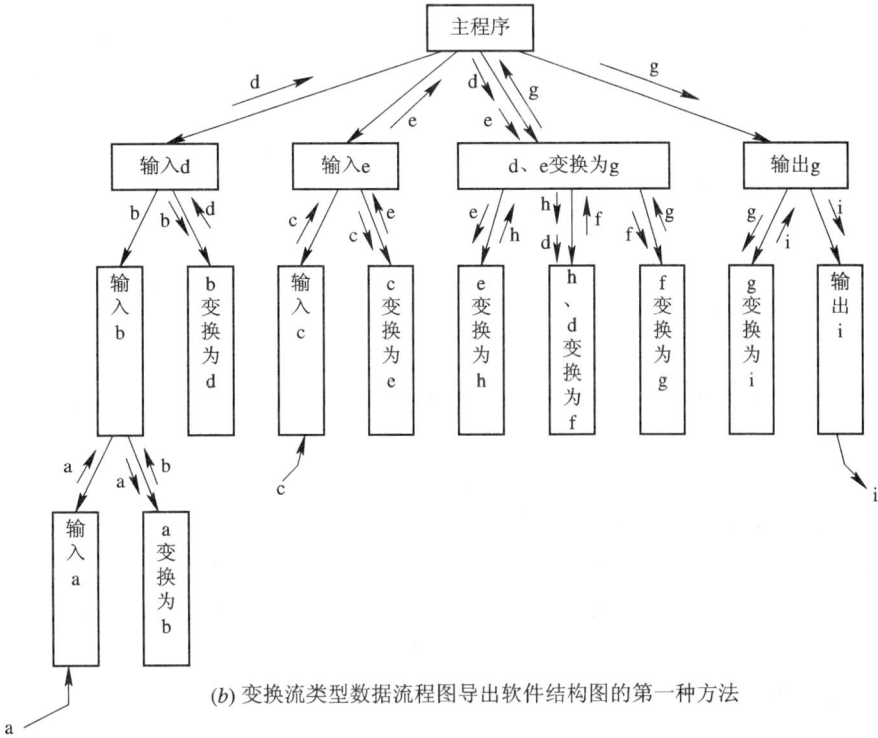

(b) 变换流类型数据流程图导出软件结构图的第一种方法

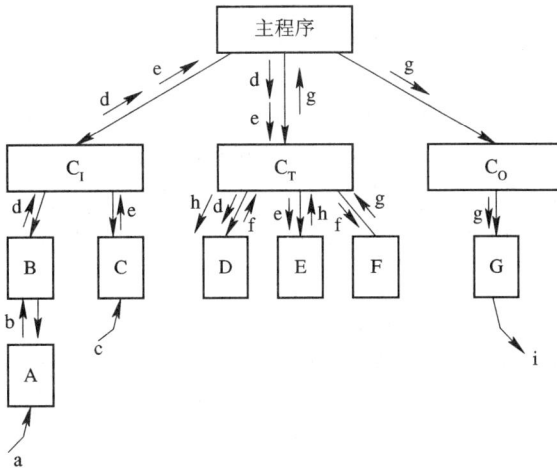

(c) 第二种方法导出的软件结构图

图 4.10　变换流结构设计示意图

第二种方法如图 4.10(c)所示，设计 C_I、C_T、C_O 三个模块。它们的功能分别是：

C_I：输入控制模块，由它协调所有输入数据的接收和预加工，并向顶层模块发送所需的数据，由顶层模块发送给变换中心。

C_T：变换控制模块，负责系统内部数据的变换，把输入数据变换(逻辑输入)为可供输出的数据(逻辑输出)。

C_O：输出控制模块，负责数据的加工和实现物理输出。

上面介绍的第一种方法中，当逻辑输入路径、逻辑输出路径较多时，软件结构的第一层模块数目将很多，顶层主控模块的复杂性较高。第二种方法相对来说更适合这种情况，不管有多少逻辑输入路径和逻辑输出路径，第一层模块的数目是固定的。当逻辑输入输出路径很少时，第一种方法优于第二种方法。

(3) 设计下层模块。设计下层模块的方法随设计第一层模块的方法不同而不同，我们首先看第一种方法。

为每个输入模块设计两个下层模块：一是"输入模块"，用于输入或接受所需的数据；另一个是"变换模块"，将输入的数据变换为所要求的数据。此过程递归重复进行，直到物理输入数据流为止。例如，在图 4.10(b)中我们为第一层模块"输入 d"设计两个下层模块，一个是"输入 b"用于接收数据 b，另一个是"b 变换为 d"。由于数据流 b 还不是物理输入数据流，因此我们按照同样的方法为模块"输入 b"设计了两个下层模块。

对于每个输出模块，我们同样为其设计两个下层模块：一个是"变换模块"，将调用模块提供的数据变换成要求的输出形式；另一个是"输出模块"，向下层的输出模块发送数据。此过程也是递归重复进行，直到物理输出为止。例如，图 4.10(b)中的第一层模块"输出 g"，我们为其设计了两个下层模块，一个是"g 变换为 i"，另一个是"输出 i"。

为变换控制模块设计下层模块没有一定规则可以遵循，应根据数据流程图中处理的具体情况进行。一般来说，应为每一个基本处理设计一个功能模块。图 4.10(b)中即采取了此种方法。

如果设计第一层模块时采取的是第二种方法，则设计下层模块时应按下面的方法进行：

先为数据流程图上的每个基本处理设计一个模块，直接把基本处理映射为模块。从数据流程图中变换中心的边界沿每个逻辑输入路径逆数据流方向向外移动，将逻辑输入路径上的每一个处理映射成软件结构中输入控制模块 C_I 的一个下层模块，直到物理输入为止。再从每一个逻辑输出出发，沿逻辑输出路径顺数据流方向向外移动，将输出路径上的每个处理映射为输出控制模块 C_O 的一个下层模块，直到物理输出为止。最后将变换中心的每个处理映射成控制变换模块 C_T 的一个下层模块。读者可以对照图 4.10(c)中的例子研究一下这里所讲的方法。

3) 事务流类型数据流程图的转换方法

由事务流类型的数据流程图导出软件结构时，首先应设计一个顶层模块或称为总控模块。它有两个功能：一是接受事务数据，二是根据事务类型调度相应的处理模块，以实现处理该事务的动作序列。所以，事务流类型数据流程图导出的软件结构包括两个分支：

(1) 接收分支：负责接收数据，并将其按照事务所要求的格式实现输入数据的变换。接收分支的设计方法，可参照变换流类型数据流程图输入部分的设计方法。

(2) 发送分支：通常包括一个调度模块。调度模块下层按照数据流程图上画出的事务种类数设计相应的处理模块。每个事务处理模块的下层模块，则按照数据流程图上该事务的处理序列所形成的相应的数据流类型映射成相应的结构。

图 4.11 是事务流类型数据流程图导出的软件结构的示意图，图中 T_1、T_2、T_3 的下层模块未给出，可直接按照数据流程图中的处理一一映射。

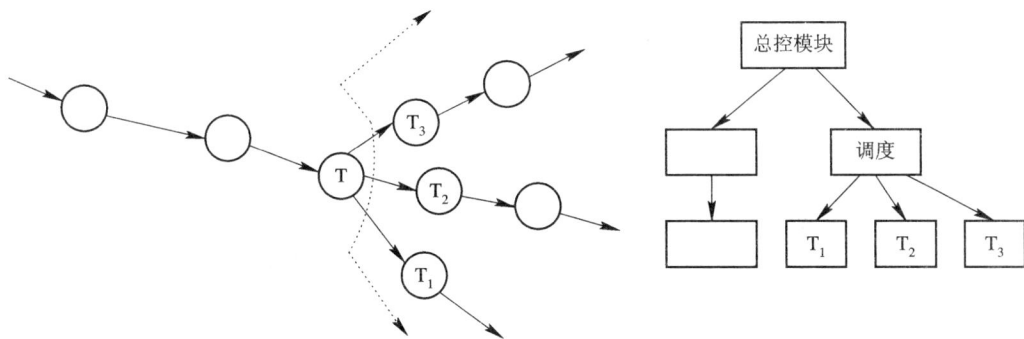

图 4.11　事务流类型数据流程图导出的软件结构

4.1.4　软件结构的优化

从数据流程图导出软件的结构图之后，还需要进一步细化和改进以得到更为合理的软件结构。从数据流程图导出的软件结构图通常称为初始结构图，本节将介绍一些改进优化初始结构图的指导原则及基本方法。

1. 模块规模适中

模块的规模是设计人员比较关心的问题。如果模块的规模过大，则不便于阅读，模块的可理解性降低；如果模块规模过小，系统的模块数目太多，模块之间的相互调用频繁，影响系统的运行效率。

对模块规模的要求没有一个标准的规则，有人建议模块规模最好在 50～150 条语句之间，因为这可以用 1～2 页打印纸打印，便于阅读，而且编码工作也可以在较短的时间内完成。

2. 扇入和扇出适当

在模块调用中，扇入指模块的上级模块数，即共有多少模块需要调用这个模块。扇出是指模块的直接下层模块的数目，即模块调用多少个下层模块。

当两个模块具有一部分相同的功能时，将这部分相同的功能分离出来形成一个单独的模块，可以免除对这一部分内容的重复编码和测试。

图 4.12 是消除模块重复功能的示意图，改进前模块 A、B 中具有部分相同的功能 C，改进后将功能 C 作为一个单独的模块，原来的 A、B 模块中剩下的功能形成新的模块 A'、B'，它们均调用模块 C。

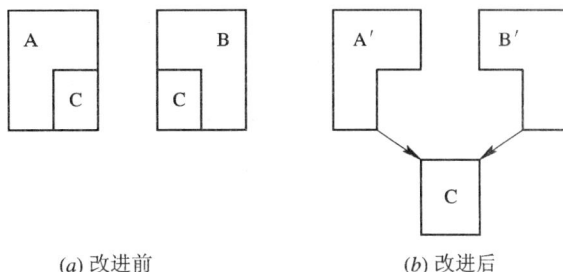

(a) 改进前　　　　　(b) 改进后

图 4.12　消除模块重复功能

    模块的扇入数越高，则共享这一模块的上级模块越多，消除重复功能的效果也越明显。不过如果一个模块的扇入数很高，也应该检查一下该模块是否过于复杂，包含太多的功能。

    模块的扇出数同样应该适中，如果一个模块的扇出数太大，常常会暴露出初始结构图中存在分解过快的缺点。对于这种情况，可采取增加一个中间层次的方法来解决。

    模块的扇出数过低同样也不可取。对扇出数为 1 的模块，应考虑是否与上层模块合并。在实际的系统中，扇出为 1~2 的模块也较常见，不一定非要重新划分。一般来说，模块的扇出数以 3~4 为宜，若扇出数较大，应控制在 5~9。

    一个结构良好的软件结构图通常呈现"清真寺顶"式的形状，即中间逐渐变宽，底层模块扇入数较高。

3. 作用范围与控制范围

    作用范围与控制范围是另外两个在评价软件结构是否合理时常用的概念。

    控制范围包括模块本身及其下属模块(直接调用或间接调用的模块)。例如，图 4.10(c) 中模块 C_1 的控制范围包括 C_1、B、C、A。

    作用范围是与模块中的条件判定相联系的概念。一个模块中判定的作用范围是指该判定所在的模块和以各种方式受该判定影响的模块的集合。所谓受判定影响的模块，包括以下几种情况：

    (1) 如果该模块中含有依赖于这个判定的操作，则该模块就在判定的作用范围之内。

    (2) 如果整个模块是否执行取决于判定的结果，则该模块和它的直接上级调用模块均在该判定的作用范围之内。

    一个良好的软件结构控制范围与模块中判定的作用范围应该满足下面的准则：

    (1) 一个模块内条件判定的作用范围应该在该模块的控制范围之内。

    (2) 判定所在的模块应与受判定影响的模块在层次上尽量靠近。

    图 4.13(a)的软件结构图不满足上面的第一条准则，模块 H 中包含一个判定，该判定的结果影响到模块 I 是否执行。该判定的作用范围包括模块 H、E、I，判定的结果必须上传给模块 F，再由 F 上传给模块 C，再由 C 将判定结果传递给模块 E，由模块 E 根据判定结果决定是否调用模块 I。判定的结果其实对于模块 F、C 并没有任何用途，这种软件结构使得模块之间的数据传递变多，耦合程度提高。

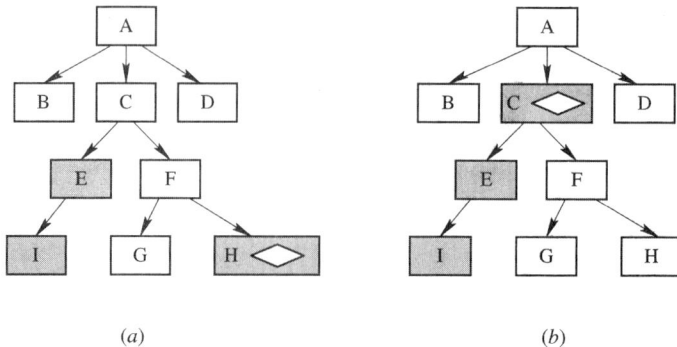

图 4.13   不好的软件结构

    同样，如果判断所在的模块与受影响的模块在层次上较远也是不好的。图 4.13(b)中模块 C 包含一个判定，判定的结果决定模块 I 是否执行，该结构虽然满足上面的第一条准则，但 C 与 I 之间隔了一个层次，判定的结果首先传递给 E，E 根据判定的结果决定是否执行 I，模块 C 与 E 之间为控制耦合，耦合程度较高。判断所在模块与受影响的模块相距的层次越多，模块之间的信息传递也越复杂。

如果在检查初始结构图时，发现有不满足上面两条准则的情况，可采取措施加以改进。例如，可以将进行条件判定的模块与它的调用模块(直接上级模块)合并(如图 4.14 所示)，从而使该判定所处层次升高；或者将判定上移到足够高的层次。

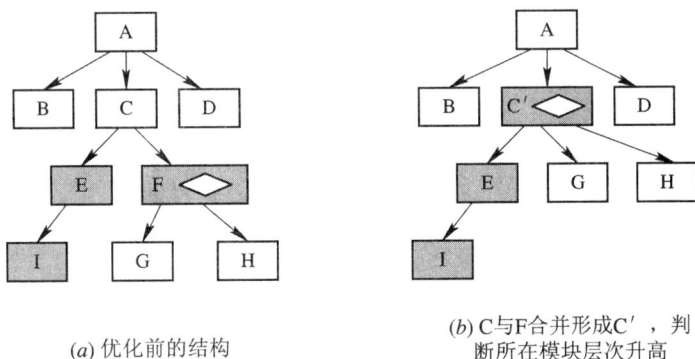

(a) 优化前的结构   *(b)* C 与 F 合并形成 C′，判断所在模块层次升高

图 4.14 软件结构的优化

4.1.5 其他软件结构描述工具简介

用于描述软件结构的工具除了上面介绍的软件结构图之外，还有其他一些工具，在本节中我们介绍一下 IBM 公司 20 世纪 70 年代中期开发的 HIPO 方法。

HIPO 是英文 Hierachy Input Process Output 的缩写，意思是层次的输入处理输出。HIPO 方法是：首先使用一个层次图来表示软件的层次结构，层次图中用一个矩形框代表模块，方框之间的连线表示模块间的调用关系。图 4.15 是一个层次图的示意图。

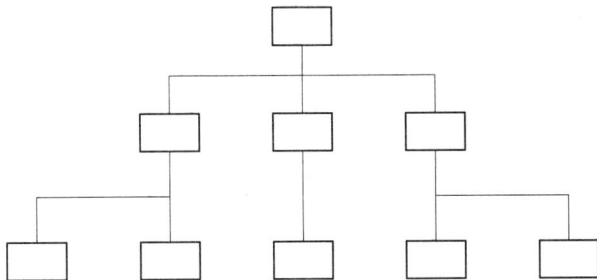

图 4.15 HIPO 方法层次图的示意图

层次图中的顶层模块没有编号，其他所有模块都分别有一个编号。第一层各个模块的编号依次为 1、2、3，编号为 1 的模块的下层模块的编号分别为 1.1、1.2 等，编号方法类似于分层数据流程图中加工的编号方法。

除了层次图外，HIPO 方法还有一套 IPO 图，描述模块的输入数据、主要处理功能、输出数据之间的关系，其形式如图 4.16 所示。在该图的左边框中列出有关的输入数据，中间框中列出主要的处理,右边框中列出产生的输出数据。处理框中列出的处理次序暗示了执行的顺序。图中的箭头指出每个处理与输入和输出数据之间的关系。

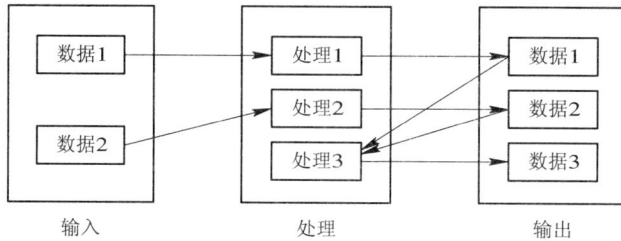

图 4.16 IPO 图的形式

HIPO 要有一整套的 IPO 图,层次图中的每个模块都有对应的一张 IPO 图,每张图应用图号加以标识,图号即为对应的模块层次图中的编号。

4.1.6 软件结构设计举例

前面我们介绍了数据流程图到软件结构图的转换方法,本节介绍一个实际的例子,将第 3 章 3.2.3 节中工资管理系统的数据流程图转换为软件结构图。

该工资管理系统的核心功能为工资的计算与汇总,因此我们可以将该系统的数据流程图划分为图 4.17 所示的三个部分。从该图很容易看出这是一个典型的变换流类型的数据流程图,可以按照变换流导出软件结构的方法进行转换。

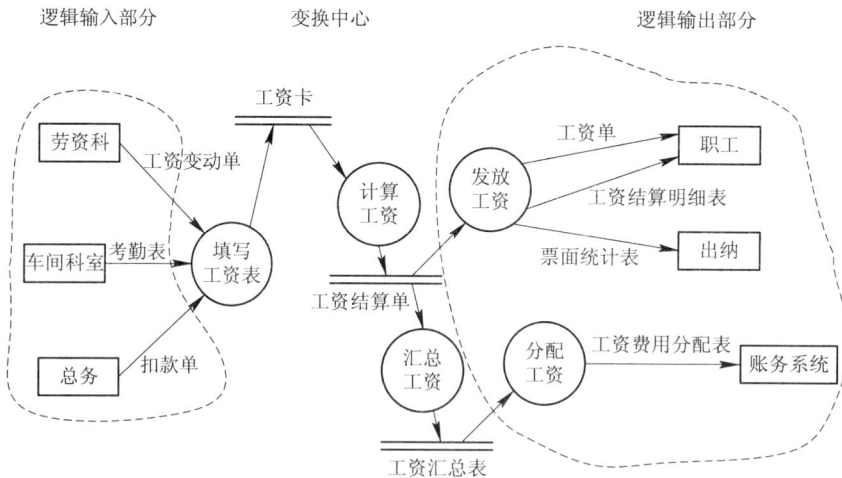

图 4.17 工资管理系统的数据流程图

图 4.18 是采用前面介绍的变换流的第二种转换方法导出的软件结构图,其中模块之间传输的数据分别为

a:工资变动单;

b:考勤表;

c:扣款单;

d:工资单;

e：工资结算明细单；

f：票面统计表；

g：工资费用分配表。

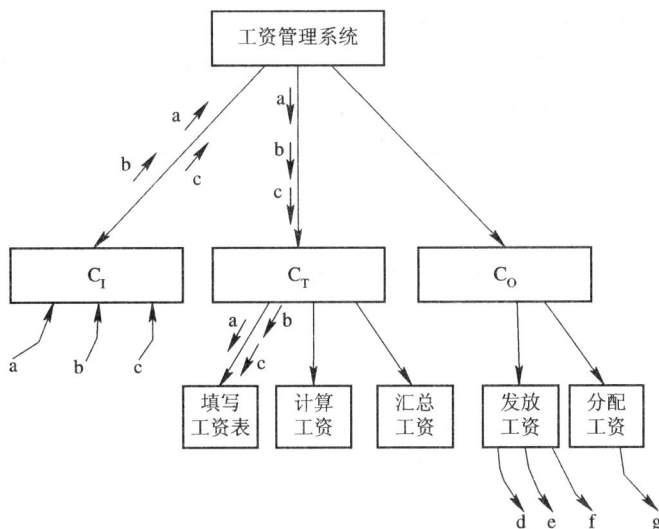

图 4.18 工资管理系统软件结构图

由于原数据流程图分解不充分，因此该图中某些底层模块的功能仍然比较复杂。例如模块"填写工资表"，根据输入数据的不同，其处理方法也不一样，该模块实际上还可以进一步分解为三个模块。类似的模块还有 "发放工资"等。读者可练习对原数据流程图上的加工进行进一步分解后导出该系统的软件结构。

该例数据流程图中一些加工之间通过文件传递数据信息，映射为软件结构后，对应的模块访问共同的数据文件，在上面的结构图中没有明确表示出来。在结构设计阶段，应确定这些模块共同访问的数据文件的结构。

4.1.7 结构设计阶段的其他任务

在结构设计阶段对软件结构进行优化和改进后，还要导出接口描述和全程数据结构，并进行复查和评审工作。

实际上，应在软件结构设计的同时就导出接口描述和全程数据结构，每设置一个新的模块，就应进行接口描述和定义。

按照软件瀑布流开发模型的要求，在完成结构设计后，主要应做的工作是完成总体设计文档，并以此文档作为总体设计质量的评审和复查的依据。

信息系统的结构化开发方法将总体设计和接下来的模块设计作为一个阶段，即系统设计阶段。系统设计阶段要求的文档称为系统设计报告，它包含了总体设计及模块设计的成果。不过我们还是建议按照瀑布流开发模型的要求首先完成总体设计文档，对其评审和复查后，再进行模块的详细设计，以保证软件质量。

总体设计说明书也称为概要设计说明书，它一般包括以下内容：

(1) 软件系统结构描述：用"结构图"或 HIPO 图描述的软件系统结构。

(2) 对每个模块的描述，主要包括：

① 功能：模块完成什么功能；

② 界面：与调用模块之间的接口关系；

③ 算法：用 IPO 图或其他工具(如伪码)简要描述各个模块的算法。

(3) 测试计划：包括测试策略、测试方案、预期的测试结果、测试进度计划等。

(4) 对数据库、文件结构和全程数据的描述。

(5) 需求/设计交叉表：通过表格的形式给出系统的功能需求与程序模块之间的关系。

4.2 网络设计

随着计算机网络技术的发展，信息系统网络化成为必然的趋势。通过计算机网络连接组织机构内的各个部门，使部门之间的信息传递和共享更加方便快捷，充分发挥信息系统在组织内部工作中的作用。而且随着因特网的不断普及，组织机构的内部网络与因特网的连接也将成为信息系统的重要组成部分。因此，系统设计的另一个重要的问题就是网络设计。下面简单介绍一下根据信息系统的需要规划和设计网络时应考虑的几个主要问题，有关网络方面的基础知识可参考其他相关资料。

4.2.1 局域网络的系统结构

在计算机网络的发展过程中，出现了四种不同的系统结构，或称为运行环境。这四种结构是：主机/终端系统、工作站/文件服务器系统、客户/服务器系统和对等网络系统。应用系统在不同的系统结构下，运行的方式有所差别，这将影响到软件结构的设计。下面我们将对这四种系统结构进行简单的介绍。

1. 主机/终端系统

主机/终端系统也叫做主机系统，是 20 世纪 60 年代后期形成的以一台主要机器(大、中、小型机)为中心的多用户系统。在这种体系结构中，用户通过与主机相连的字符终端在主机操作系统的管理下共享主机的内存、外存、中央处理器、输入/输出设备等资源。图 4.19 是主机/终端系统的示意图。

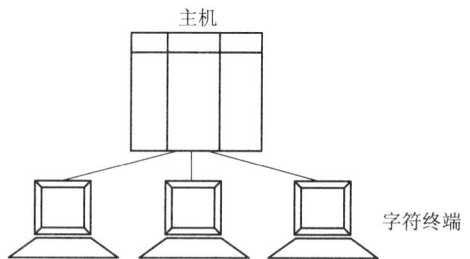

图 4.19 主机/终端系统示意图

传统的主机/终端系统大多采用类 Unix 系统，所有的应用程序均在主机上运行，终端只相当于一个字符显示器和一个键盘。主机系统在一些传统的信息系统中(如金融行业等)使用较多。

近年来，随着图形用户界面的普及，传统的字符终端面临被淘汰的境地。传统的主机系统的终端通过串行通信接口连接到主机，通信速率很低。一种新型的基于 Windows 环境的终端系统目前正被越来越多地使用，主机采用 Windows Server 操作系统软件，终端一般通过以太网连接。与传统的主机/终端系统一样，在基于 Windows 环境的终端系统中，所有的应用程序均在主机上运行。国内实达公司推出的升腾系列终端就属于这一类产品。

主机/终端系统中一般主机负荷较重，需要采用高性能的计算机，但系统的维护则相对简单，所有的软件只需在主机上安装配置，对于基于 Windows 的系统，只需在 Windows NT 服务器上安装应用软件即可。

2. 工作站/文件服务器系统

工作站/文件服务器方式是局域网络的基本工作方式，它将若干台微机工作站与一台或多台文件服务器通过网络设备连接在一起，让各工作站共享文件服务器上的文件和设备。

工作站/文件服务器系统中应用程序的所有功能均在工作站上执行，文件服务器只是工作站存储文件的场所，工作站的用户可以通过磁盘映像，像使用本地磁盘一样使用文件服务器上的存储空间，在网络上传输的是文件的内容。常见的网络系统的基本工作模式都是工作站/文件服务器方式，如 Novell 公司的 Netware、微软公司的 Windows Server 系统等都是如此。工作站/文件服务器系统的硬件环境可以运行工作站/文件服务器系统，也可以运行客户/服务器系统，其区别仅在于工作方式的不同。

3. 客户/服务器(Client/Server)系统

客户/服务器系统简称 C/S 系统，是由工作站/文件服务器系统发展而来的。与工作站/文件服务器系统不同的是，应用系统的处理功能不再全部在工作站上完成，它的一部分任务被分配在应用服务器上完成。当一个用户需要服务时，工作站发出请求，由应用服务器执行相应的功能，并将服务结果返回到工作站。工作站此时变成了应用服务器的客户，应用服务器可以与文件服务器为同一台计算机，也可以是网络上的其他计算机，为客户机提供面向应用的服务。

典型的客户/服务器系统是数据库服务器系统。工作站中运行的应用程序(客户)不再直接访问数据库文件，当客户程序需要操作访问数据库时，向数据库服务器发出请求，由数据库服务器完成实际的操作。例如，客户程序需要从数据库中查询符合某条件的记录，它只需向数据库服务器提交查询请求，数据库服务器接收到查询请求后进行数据库查询，将符合条件的记录返回给工作站。与工作站/文件服务器方式相比，这种方式使得网络上传输的数据量大大减小。工作站/文件服务器方式在网络上传输的是数据库文件的内容，查询由工作站来完成。而客户/服务器方式在网络上传输的只是查询的结果。图 4.20 是客户/服务器方式与工作站文件服务器方式的对比。

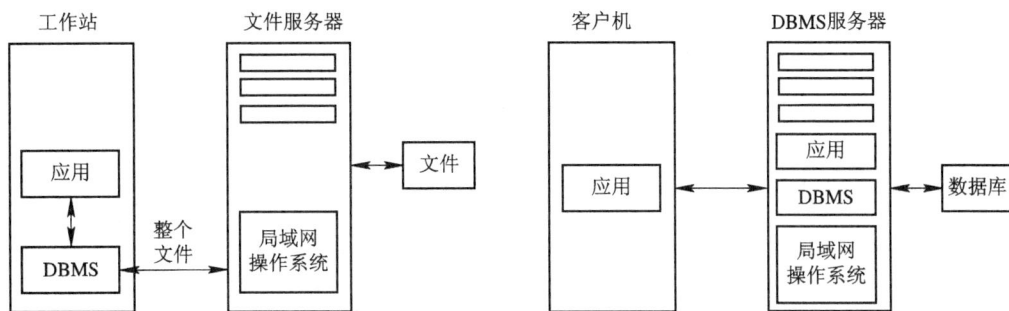

图 4.20　工作站/文件服务器结构与客户/服务器结构的比较

客户/服务器模式将应用系统的部分功能分配给服务器来完成，减轻了工作站的负荷，因此工作站可以采用较低档的计算机。服务器一般采用高性能计算机，可将一些要求较高速度的任务分配给服务器完成。目前，客户/服务器系统已成为一种主流的系统结构。

4. 对等网络系统

对等网络是一种适合于小规模局域网络的系统结构。与工作站/文件服务器系统不同的是，对等网络不存在专门的文件服务器。对等网络中的每个工作站既可起客户机的作用，也可以起服务器的作用，为其他工作站提供服务。

对等网络的优点是系统建设费用低，无需专门的服务器，也无需专门的网络操作系统。常见的桌面操作系统如 Windows 95 就可以作为对等网络操作系统，使用也相对简单。它的缺点是网络的安全性、保密性较差。

4.2.2 数据库访问方式

信息系统一般要进行大量的数据库操作，选择不同的网络系统结构，则其所使用的数据库访问方式(或称为数据库模型)也不相同。常见的数据库模型有独立数据库、文件共享型数据库、客户/服务器数据库、多层数据库和基于 Web 的数据库应用模型。独立数据库一般不适合网络环境的数据库应用，数据库存储在运行应用程序的本地计算机上，由本地应用程序直接访问。下面我们简单介绍一下其他几种适合网络环境的数据库模型。

1. 文件共享型数据库

文件共享型数据库几乎与独立数据库一样，只是被共享的数据库存储在局域网的文件服务器上，可被多个客户通过网络进行访问。这种数据库模型工作在工作站/文件服务器环境下，在设计软件结构时不需要作什么特殊的考虑。文件共享方式在更新数据库之前通常需要锁定数据库，防止多个客户端同时更新数据库造成冲突。文件共享型的数据库应用也称为单层的数据库应用。

2. 客户/服务器数据库

客户/服务器数据库工作于客户/服务器网络系统结构上，当信息系统的数据库容量很大需要较高的访问速度时，可考虑设置专用的数据库服务器。客户/服务器数据库应用被称为两层数据库应用。单层数据库应用与两层数据库应用在软件结构上基本相同，只是在访问数据库时通过一些数据库访问接口(如微软的 ODBC)向数据库服务器提出请求，而不是由应用程序直接访问数据库文件。图 4.21 是 Windows 环境下采用 ODBC 接口的数据库应用程序访问数据库服务器过程的示意图，ODBC 驱动程序访问数据库服务器可以通过网络连接，也可以与数据库服务器在同一计算机中。

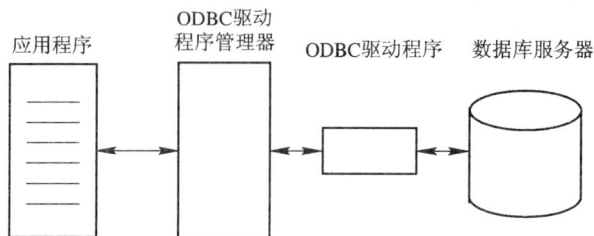

图 4.21　客户/服务器数据库程序示意图

3. 多层数据库

C/S 结构对客户端软硬件要求较高，尤其是随着软件的不断升级，对硬件要求也不断提高，不仅增加了整个系统的成本，也使客户端越来越臃肿，系统维护越来越复杂，升级则更麻烦。如果应用程序要升级，则必须到现场为客户机一一升级，每个客户机上的应用程序都需维护。多层数据库应用系统可以有效地避免这些缺点。

多层数据库应用系统同样工作于客户/服务器系统结构下，一个多层的客户/服务器应用程序在逻辑上划分为几个部分，分别在不同的计算机上运行。这些计算机既可以在一个局域网内，也可以在 Internet 上。

多层体系结构最大的优势可以概括为两点，一是集中化的应用逻辑(或称为商业规则)，另一点是客户程序可以做得很"瘦"。目前较常见的是三层的体系结构，一个完整的系统由客户程序、应用服务器、数据库服务器构成。其中最关键的是应用服务器，它在三层体系结构中起了承上启下的作用，所有的应用逻辑均在应用服务器上完成。客户程序主要为用户界面，并不直接访问数据库。当需要改变系统的逻辑时，只需对应用服务器进行维护，从而使系统维护工作变得相对简单。另外，由于客户端的工作比较简单，也不需要高性能的硬件支持，系统的整体成本下降。

若采用多层体系结构的系统，在进行软件结构设计时，应注意将应用逻辑从用户界面中分离出来，形成不同的模块。

4. 基于 Web 的数据库应用

基于 Web 的数据库应用(或称为 Browser/Server，简称为 B/S)本质上也是客户/服务器或多层数据库体系结构，只是用户界面与传统的应用程序不同，用户只需通过 Internet 浏览器来完成操作。这种形式的应用程序实质上是在 Web 服务器上执行的。它的特点是系统容易维护，因为无需在客户端安装特定的软件，软件更新也只需在 Web 服务器上完成。

B/S 模式的应用系统是目前信息系统发展的一个趋势，它采用的是基于 Internet 的开发技术，易于实现组织内部与 Internet 一体化的应用。

B/S 模式的应用系统开发技术目前有很多种，在划分模块时应注意所选择的开发工具的特点。有关 B/S 模式系统的运行方式本书不再详细介绍，请读者自行参阅有关资料。

B/S 及 C/S 模式是目前使用较多的数据库模式，它们将在一个时期内共存，在一些信息系统中也可以混合采用两种模式。例如，C/S 模式更适合在局域网部署，能够提高数据库访问效率，通常在企业内网采用；而 B/S 模式无需安装专门的客户端，部署升级更方便，更适合在 Internet 上使用，通过 Internet 访问系统的用户建议采用 B/S 模式。

4.2.3　网络总体结构规划

在规划设计一个局域网时，首先必须考虑的一个重要因素就是网络的规模。通常可以从以下几个方面加以考察：

① 网络中结点的数目；

② 结点相互之间的距离；

③ 系统中使用的软件；

④ 对网络其他的一些特殊的要求；

⑤ 建立网络所需费用。

1. 结点的数目

结点的数目在网络设计过程中是一个十分重要的因素。网络是采用对等网络形式还是客户/服务器形式，需要几个服务器等问题通常都由网络中结点的数目确定。当然也不能完全以结点的数目确定网络形式，对一些有特殊要求的网络，可能虽然规模很小，但也会采取客户/服务器的形式而不是使用对等网络。下面介绍一下常见的几种网络结构与结点数量的关系。

1) 对等网络(2～10用户)

对等网络提供计算机之间的基本网络连接功能，但是它没有一个中央计算机作为服务器或者提供安全性保障，数据分布在各个客户机中，没有服务器提供集中存储空间。用户相互连接以共享文件或打印机，传递电子邮件等。

如果网络只有很少的几个用户，并且网络的安全性不是特别重要，可以考虑使用对等网。大部分的操作系统如微软公司的 Windows XP，苹果公司的 Macintosh OS X 等都内置了对等网功能，因此大部分情况下无需另购网络操作系统软件。

对等网可以满足文件、打印机共享、电子邮件等需要，网络建设费用较低，安装简单。它的缺点主要有安全性差，不能实现数据的集中备份，数据组织困难，不适合数据库应用，网络规模小等，一般不能作为信息系统运行的平台。

2) 单服务器网络(10～50用户)

如果网络的用户数不超过 50，则可以使用单个服务器提供集中存储功能。单服务器网络与对等网络相比，安全性更强，管理也更简单。图 4.22 是一个单服务器网络的示意图。

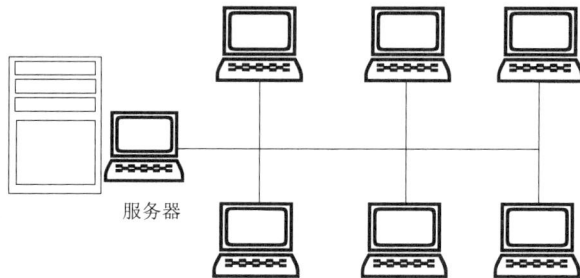

图 4.22 单服务器网络示意图

使用单服务器网络需要另外购买网络操作系统软件，例如微软公司的 Windows Server 2003，IBM、Sun 等公司的 Unix 类系统，也可以选择开源软件 Linux 以降低成本，服务器使用的操作系统与客户机不同。

单服务器网络可以提供集中的文件存储归档服务、网络共享打印、电子邮件、登录保密性等服务，数据组织方便，易于安装，网络管理简单，适合与 Internet 或广域网连接，但是它不适合分布式的或者规模庞大的组织机构。

3) 多服务器网络(50～250用户)

单服务器网络在 50 个以下节点的网络中可以工作得很好，但是当网络规模进一步扩大时，必须使用多服务器网络。图 4.23 是一个多服务器网络的示意图。

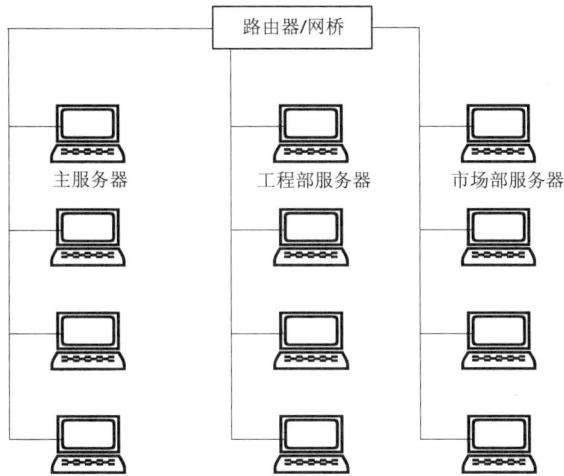

图 4.23 多服务器网络示意图

常见的多服务器网络如图 4.23 所示，按照组织机构的构成，各个部门使用各自的服务器，各部门服务器之间使用网间连接设备(如路由器或网桥等)连接在一起。这样在整个网络节点数目很多时，使用路由器可以减少部门之间节点的数据流量。

多服务器网络结构可能很复杂，在规划时必须加以注意，防止网络传输瓶颈、广播风暴等现象的发生。

多服务器网络适合于集中的文件服务、网络共享打印、电子邮件以及大型的数据库应用等。使用多服务器网络时，信息系统的数据库分布存储在不同的数据库服务器上，在划分子系统时，应注意规划好不同数据库的存储位置，以减少网络上的数据流量。

多服务器网络费用较高，安装也比较困难，数据的组织、网络的管理都比较难。

4) 多服务器高速主干网络(250～1000 用户)

对超过 250 用户的网络结构进行规划是一件较为困难的事，一般这样的网络节点分布的地理范围比较大，不能由单一的中心机房来支持。这样的网络一般采用多服务器主干网络结构，图 4.24 是一个简单的示意图。

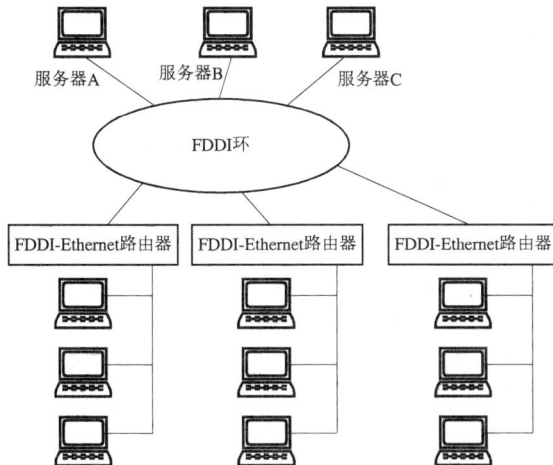

图 4.24 多服务器主干网络示意图

高速主干网络可以提供集中的文件存储、网络共享打印、电子邮件、登录安全等服务，适合客户/服务器数据库应用。其缺点是费用高，安装困难，数据组织较难。

5) 企业级网络(1000 用户以上)

企业级网络规模很大，因此一般不考虑使用单个网络的结构。对于超过 1000 用户以上的局域网络，通常按照自然物理界限(如部门或建筑物)分成若干相对独立的网络，每个网络可以采用上面介绍的结构，然后再将这些网络互连。图 4.25 是一个企业级网络的结构示意图。

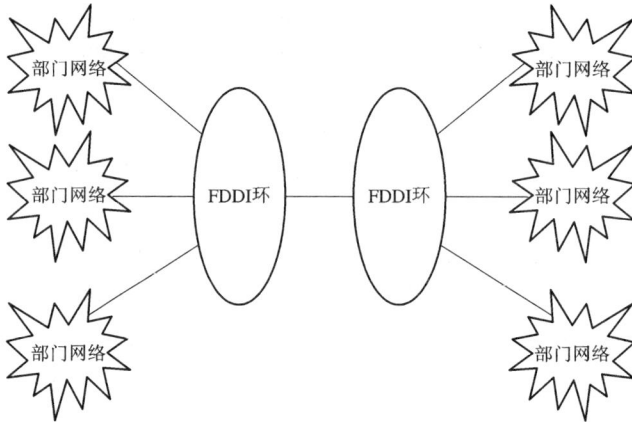

图 4.25　企业级网络结构示意图

企业级网络同样可以提供网络共享打印、电子邮件、登录安全等服务，也适合客户/服务器数据库应用。它的缺点是费用高，安装困难，数据组织较难，不能提供集中的文件服务。

2. 结点之间的距离

在考虑网络结点数目的同时，还应该充分考虑客户机之间的距离，这将影响网络的协议以及传输介质的选择。即使网络规模很小，假设在 50 个用户以下，如果一部分结点和另一部分结点之间的距离很远，这时就不能像前面所介绍的使用单服务器结构的网络。

3. 系统所使用的软件

一个组织机构的内部网络不可能仅仅用来运行信息系统软件，往往还会有其他各种基于网络的应用运行。不同的应用软件对网络上数据流量的影响不同，有些软件会造成网络上的数据流量的急剧增长，而有些软件则影响很小。因此，在规划网络时还应该对网络上所使用的软件以及网络建成后可能会使用的软件加以考虑。

常用的软件如文字处理或电子表格软件一般对网络数据流量影响较小，文件长度一般不太大，而且一次读入后通常在修改后保存时才会再次在网络上传输。

图形图像处理以及一些计算机辅助设计软件对数据流量的影响较大，一般这一类的数据文件都比较大，软件在读入或保存这类文件时，网络负载的增大比较明显。

信息系统中共享的数据库对网络的流量可能有持续的影响，因为这类数据库记录为多个用户共享，一般都保存在文件服务器中，查询或更新数据库记录都需要与服务器进行通信，只有很少的信息存储在客户端。

如果网络中同时运行数据库软件和图形图像处理软件，建议使用高速计算机网络。

另外，规划网络时还应该考虑网络建成后可能增加的一些新的应用软件，例如电子邮件、因特网服务、组件、视频会议等。如果网络中要运行视频会议一类的应用，则必须考虑高速网络，因为这类应用实时性很强，数据量也很大。

4. 其他可能的特殊需要

规划网络有时还必须考虑一些特殊的要求，例如网络的安全性要求。如果网络对安全性要求很高，即使只有很少的节点，也不能使用对等网络。另外，常常考虑的还有是否有少数节点距离你计划放置集线器的位置超过 100 m 以上(这是无屏蔽双绞线段的最大距离)，网络的外部环境中是否有较强的电磁干扰等。

5. 费用

网络建设的费用是必须考虑的一个重要的因素。通常以每个节点的平均费用来进行衡量，在计算时必须将网络接口卡、集线器、电缆以及安装等各个方面的费用全部计算进去。网络设备费用总的趋势是在不断降低的，这里我们不作详细的讨论。

4.2.4　传输介质与数据链路层

网络的数据链路层协议的选择也十分重要，它关系到网络硬件设备的选择安装。常见的数据链路层协议有以太网、快速以太网、令牌环等。下面分别简要介绍一下它们的特点。

选择以太网时意识到以下两点是十分重要的：

(1) 以太网不能保证计算机在重负载下总是能够及时传送数据。

(2) 一台计算机必须等到传输介质空闲时方能发送数据。

因此应该保证每个网段不超过 30 个节点。如果网络中超过 30 个节点，应该分段并使用网桥或其他设备联接这些网段。

以太网能够使用各种传输介质，并且配置网络比较简单，一般情况下我们都可以选择以太网作为数据链路层协议，除非有特殊的要求，对网络带宽要求较高或者现有网络已安装使用了令牌环。

高速以太网近年来发展很快。目前主流的以太网设备以 100 Mb/s 以及 1000 Mb/s 为主，在经费许可的情况下，一般建议选择高速即 1000 Mb/s 的以太网，它可以提供更高的带宽。不过要注意的是，高速以太网对电缆布设要求比较严格。

令牌环网络与以太网不同，它在网络负载很重的情况下网络的性能比较稳定，数据传输延迟稳定。令牌环作为与以太网同时代的网络技术，它的费用要高于以太网，因此其市场占有率远低于以太网。一般不建议选择令牌环产品，除非现有网络已经使用了令牌环产品。

FDDI 通常是高速主干网的选择，主要因为它的传输速度快,不过现在它面临快速以太网以及 ATM 网络的挑战。快速以太网价格比 FDDI 更便宜，它和 ATM 网络都有望达到很高的数据传输速率。

选择了数据链路层协议，通常决定了选择什么样的拓扑结构和传输介质，不过有些数据链路层(如以太网)可以选择多种拓扑结构和传输介质。

早期的以太网使用粗同轴电缆，即粗缆以太网，通常称为 10Base5，每一电缆段的最大长度为 500 m。图 4.26 是粗缆以太网的结构示意图，WS 表示工作站，FS 代表文件服务器。

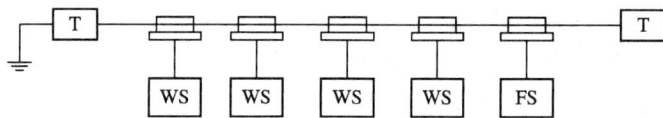

图 4.26 粗缆以太网结构示意图

粗缆以太网一个电缆段允许的节点数最多为 100 个，当节点数超过 100 个或需要段长度超过 500 m 时，可以采用中继器来延长距离。中继器起放大网络信号的作用，使用中继器的以太网结构如图 4.27 所示。使用中继器时最大干线段的数量为 5 个，但是只能有 3 个段有节点。

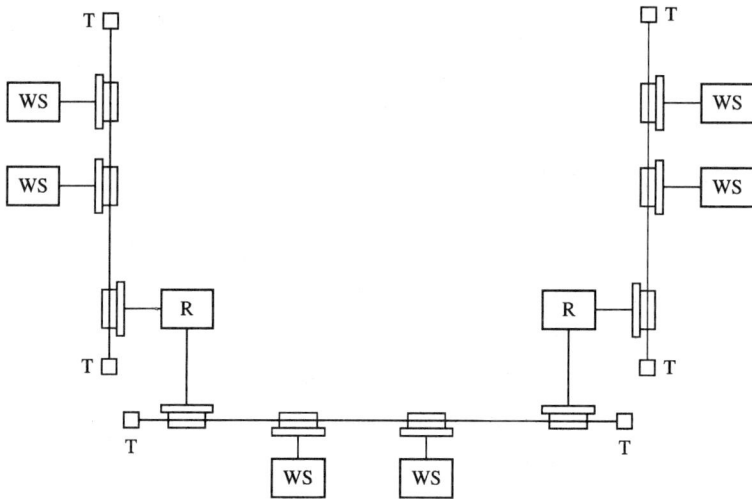

图 4.27 粗缆以太网多个网段连接

采用细同轴电缆作为传输介质的以太网称为便宜的以太网，即 10Base2。它与粗缆网络一样，为 10 Mb/s 基带网络，电缆段的长度最长为 185 m。采用 RG-58A/U 同轴电缆价格便宜。采用细同轴电缆建立网络时，需要采用 T 型接头将两段同轴电缆与网络接口卡连接起来。图 4.28 是细缆以太网结构示意图。

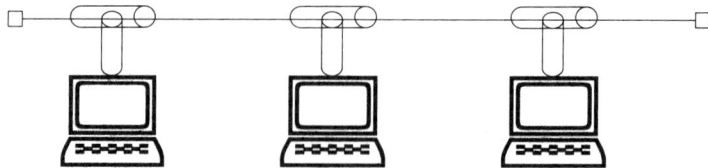

图 4.28 细缆以太网结构示意图

细缆以太网同样可以通过中继器来延长距离，最多为 5 段，最大总长为 925 m，每段中的最大节点数为 30，最多可以由 3 个段连接节点，工作站之间最小距离为 0.5 m，每个段的两端都必须安装一个终端匹配器且一端必须接地。T 型连接器与网卡上的 BNC 接口之间必须直接连接，中间不能再接任何电缆。

细缆以太网价格便宜且连接方便，但它的可靠性较差，T 型接头的连接处因时间长久或接触不良，会出故障而影响效率。另外，由于在 T 型接头与网卡之间直接连接不能有距离，总线必须直接连接到每台计算机所在位置，因此布线不规则也很不方便，每一节点的故障就可能导致整个网络的瘫痪。因此，一般来讲，细缆网络用于规模较小，或节点地理位置相对集中的网络。

10BaseT 是使用无屏蔽双绞线来连接的以太网。与传统以太网不同的是，10BaseT 使用总线和星型结合的结构，星型结构的中心是以太网集线器。以太网集线器内部结构实际上仍然是总线形式的，一般由若干个双绞线连接的端口，把从一个端口接收到的数据转发到其他所有的端口。

大部分以太网集线器除了双绞线端口外，一般还有一个粗缆连接端口或细缆连接端口。通常使用的 10BaseT 网络的拓扑结构一般是将所有的工作站连接到以太网集线器，集线器之间通过同轴电缆总线连接起来。图 4.29 是该结构的示意图。

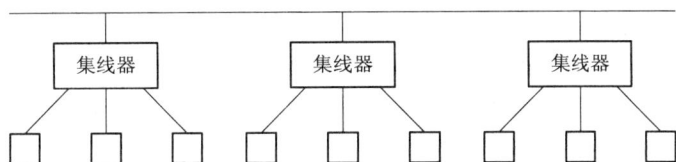

图 4.29　10BaseT 总线星型结构

10BaseT 以太网采用两对无屏蔽双绞线作为传输介质，双绞线与工作站网络接口卡之间采用标准的 RJ45 标准接口；工作站与集线器之间的最大距离为 100 m；集线器与集线器之间也可以使用双绞线互连，一条通路最多可以串联 4 个集线器，任何一条线路不能形成环形；集线器与集线器之间的最大距离为 100 m。

在实际应用中，100 m 的距离限制有时是一个不利的因素，不过大部分用户的工作站是以小组形式集中在几个区域内的，只要合理布置集线器，就可以克服 100 m 的限制。

100 Mb/s 及 1000 Mb/s 高速以太网组网形式与 10BaseT 相似，限于篇幅，本书不作详细介绍。

随着智能手机及平板电脑等移动终端的普及，通过移动终端访问管理信息系统的需求也越来越普遍，移动终端一般采用无线传输介质接入网络。

目前移动终端无线接入技术领域多种标准并存，主要形式包括无线局域网(Wireless Local Area Network，WLAN)、无线城域网(Wireless Metropolitan Area Network，WMAN)、高速无线广域网(Wireless Wide Area Networks，WWAN)以及卫星通信等。国内移动终端产品通常支持无线局域网及高速无线广域网连接。

无线局域网采用无线方式提供传统有线局域网的所有功能，具有极大的灵活性。目前主要的标准包括：IEEE 制定的 IEEE802.11 无线局域网标准(一般称为"Wi-Fi")、欧洲电信标准协会(European Telecommunications Standards Institute，ETSI)制订的 HiperLAN 标准以及由 HomeRF 工作组(HomeRF Working Group，HRFWG)开发的适合家庭区域内的移动设备之间实现无线数字通信的开放性工业标准。目前智能手机及平板电脑大多支持 IEEE802.11 无线局域网的接入。

高速无线广域网技术是基于无线语音通信系统发展起来的。第一代是模拟通信系统，出现于 20 世纪 80 年代，目前已基本淘汰。第二代是数字移动通信系统，包括 20 世纪 90 年代出现在欧洲的全球移动通信系统(Global Systems for Mobile Telecommunications，GSM)、日本的个人数字蜂窝电话(Personal Digital Cellular，PDC)以及美国的窄带(Code Division Multiple Access，CDMA)等，目前都处于即将被淘汰的状态。第三代移动通信系统，即 3G 系统，其目标是采用数字技术实现语音、数据以及多媒体信息的高速传输。其中规定高速移动环境至少达到 144 kb/s，慢速移动环境至少达到 384 kb/s，室内环境至少达到 2 Mb/s 的数据传输速率。主要的 3G 标准包括欧洲的 WCDMA(Wideband CDMA)、美国的 CDMA2000 以及中国开发的时分同步的码分多址技术(Time Division-Synchronous Code Division Multiple Access，TD-SCDMA)。目前电信服务提供商正在着力推广的第四代移动通信系统，传输速率可达到 20 Mb/s，最高甚至可以达到 100 Mb/s。

4.2.5　网络设计举例

现在我们来看看第 2 章例子中 X 工贸公司的网络设计情况。该公司的各个部门主要分布于同一栋大楼的 20、21 两个楼层，另外有一个业务部门位于该大楼的 8 楼。每个业务部门有 1~2 个结点，办公室、总经理室、综合管理部门共有 10 个结点。

1. 网络总体结构

对于 X 工贸公司的情况，网络节点总数在 30 个以下，可以采用单服务器网络，由服务器提供文件共享服务以及保证登录的安全性。当然这种情况也可以采用单服务器网络与对等网络混合的方式，在具有多个结点的部门内部采用对等网的形式实现各个节点之间的相互访问，不过采用这种方式会使网络的安全管理变得比较复杂。

2. 网络拓扑结构与数据链路层

数据链路层可选择 100 Mb/s 以太网络，采用星型与总线的混合结构。由于公司楼层分布范围较小，无需在每个楼层放置集线器，因此可考虑使用两个 16 端口集线器集中放置，各个部门采用双绞线直接连接到集线器即可。位于 8 楼的业务部门虽然距离集线器较远，但未超过 100 m，因此无需特别处理。

3. 数据库模型

数据库访问模式可采取客户/服务器方式，由数据库服务器统一处理对数据库的访问请求。与文件共享方式相比，可靠性更好，不会由于某个客户端的问题而影响整个系统的运行。在系统实施初期，由于系统数据量相对较小，数据库服务器可与文件服务器安装在同一台计算机上。如果系统数据量上升，则数据库服务器可安装在专用计算机上，以提高系统的响应速度。图 4.30 是 X 工贸公司网络系统的示意图。

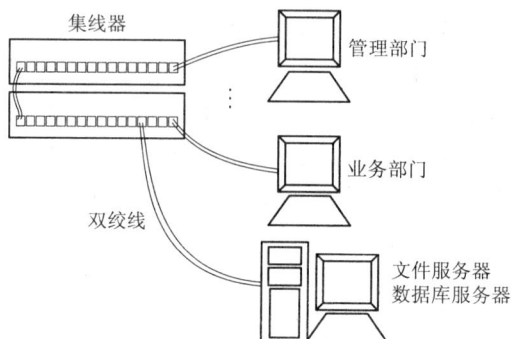

图 4.30　X 工贸公司网络结构示意图

4.3　数据库设计

4.3.1　关系数据库设计原则

　　信息系统通常采用数据库存储和管理大量的数据。所谓数据库，是指按一定的组织方式存储在外存储器中的逻辑相关的数据集合。数据库系统不仅描述数据本身，还采用结构化的模型描述它们之间的联系。常用的数据模型有层次模型、网状模型、关系模型，目前大部分信息系统多采用关系数据库模型。

　　关系数据库采用关系模型，关系模型的数据结构是一种二维表格结构。一个二维表由行和列构成，称为关系数据表。表 4.1 是一个关系数据表的例子。关系数据表的每一行描述一个实体的属性，每一列描述不同实体的同一属性。实体是现实世界中事物的抽象。

表 4.1　关系数据表举例

学号	姓名	性别	入学成绩
990602	张明	男	510
990603	李进	男	502
990604	王霞	女	520

　　一个关系数据库中有多个相互关联的关系数据表，在建立数据库之前必须对关系数据表的数据结构进行规范重组，如消除冗余数据项，保证数据的完整性、一致性等。

　　关系数据库的创始人之一——IBM 公司的科德(E.F.Codd)首先提出了关系数据库的规范化理论。他在 70 年代撰写的一系列论文中提出了一整套数据规范化模式，这些模式已经成为建立关系数据库的基本范式。

　　在规范化理论中，一个二维的关系表应具有下面四个性质：

　　(1) 在表中的任意一列上，数据项应属于同一属性(例如表 4.1 中，每一列都存放着不同学生的同一属性数据)。

　　(2) 表中所有行都是不相同的。

　　(3) 在表中，行的顺序无关紧要(如上面例子中每行存放的都是某一个学生的信息，先放哪一个都没有关系)。

　　(4) 在表中，列的顺序无关紧要，但不能重复。

　　在对表的形式进行了规范化定义后，科德还对数据结构进行了五种规范化定义，并命名为规范化模式，称为"范式"。限于篇幅本书在此不详细介绍这五种范式。

　　在设计关系数据库时，每一个关系数据表必须有一个(而且仅有一个)数据元素为主关键字(Primary Key)，该关键字惟一标识该行，例如表 4.1 中的关系数据表中的学号即为该表的关键字。有时我们在设计数据库时会遇到表中任何一列数据都不惟一的情况。例如，一个表格记录学生的出席情况，如表 4.2 所示，表中三列数据元素均可能重复出现。对于这种情况，一些关系数据库管理系统(如 Access)支持增加一个特殊的字段，该字段在增加记录时由关系数据库管理系统自动给出，用以惟一标识该行。微机上常见的 xBASE 类关系数据库系统(包括 dBASE、FoxBASE、FoxPro 等)不支持此类字段，在编程时需要程序员自行处理此种情况。

表 4.2   无主关键字的数据表

学号	日期	出席情况
990602	99/10/23	迟到
990603	99/10/23	出席
⋮	⋮	⋮
990602	99/11/01	出席
990603	99/11/01	迟到

一个关系数据库中可包含多个相关的表，表之间通过指定的列关联。例如，表 4.2 与表 4.1 中的数据表通过学号关联，此时学号称为表 4.2 的外关键字。

关系数据库结构设计的另一个重要原则是，必须保证数据库的数据完整性。所谓数据库的完整性，是指数据库中数据的正确性和一致性。为了维护数据库中数据的正确性和一致性，在对关系数据库执行插入、删除和修改操作时必须遵循三类完整性规则。

(1) 实体完整性规则：要求主关键字不能为空值，否则主关键字起不到惟一标识表中对象的作用。

(2) 引用完整性规则：不允许引用不存在的对象。例如，如果在表 4.2 中的数据表中插入一条记录，其学号在表 4.1 中不存在，则破坏了引用完整性规则。

(3) 用户定义的完整性规则：这是针对某一具体数据的约束条件，由应用环境决定。

4.3.2   关系数据库结构的建立

数据库设计过程可分为三个步骤，即概念设计、逻辑设计和物理设计。下面我们介绍各个步骤的主要任务。

1. 概念设计

概念设计是指在对用户需求分析的基础上，建立整个系统的数据库概念结构。首先分析系统数据，确定实体和实体的属性，标识出实体属性之间的依赖关系，确定实体之间的依赖关系。

数据库的概念结构通常采用实体(Entity)—联系(Relationship)方法来表示。这种方法简称为 E-R 方法或 E-R 图，有时也称为 E-R 模型。E-R 模型不依赖具体的数据库管理系统，它与前面提到的数据库的层次模型、网状模型和关系模型不同，只描述现实世界中实体之间的联系，不涉及实现的方法。因此，不管系统最终采用什么数据库管理系统，这一步工作都是相同的。

图 4.31 是 E-R 图的基本符号。图 4.31(a)为表示实体的长方形，框内写上实体名。椭圆形或圆形表示实体的属性，圆内标上属性名，用连线将实体和实体的属性连接起来，如图

4.31(b)所示，表示实体 E 的属性包括 a_1、a_2、$\cdots$、a_n。图 4.31(c)中的菱形表示实体之间的联系，在菱形中标上联系名，并用连线将联系分别与有关的实体连接起来，连线旁的 1 与 n 表示这是 1 对多的联系。联系可以是一对一(1:1)、一对多(1:n)或多对多(n:m)的。

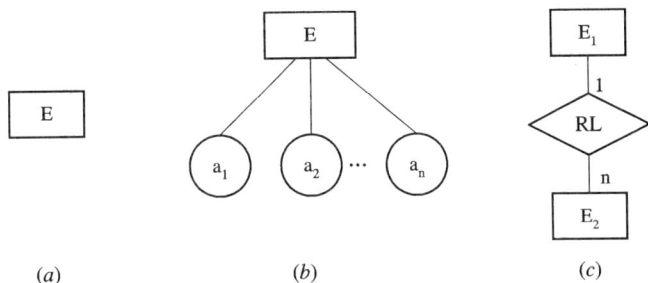

图 4.31　E-R 图的基本符号

为了使 E-R 图简洁、清晰，一般不将实体的属性画在 E-R 图上，而是采用专门的列表来表示。

图 4.32 是一个 E-R 图的例子，该图表示一个教师可以教 m 门课程，一门课程可以有 n 个教师来讲授，同一门课程可以有 k 本教材供选用，这样就形成了一种多对多的复杂关系。采用 E-R 图可以用一种直观形象的方法来表示这种复杂的关系。

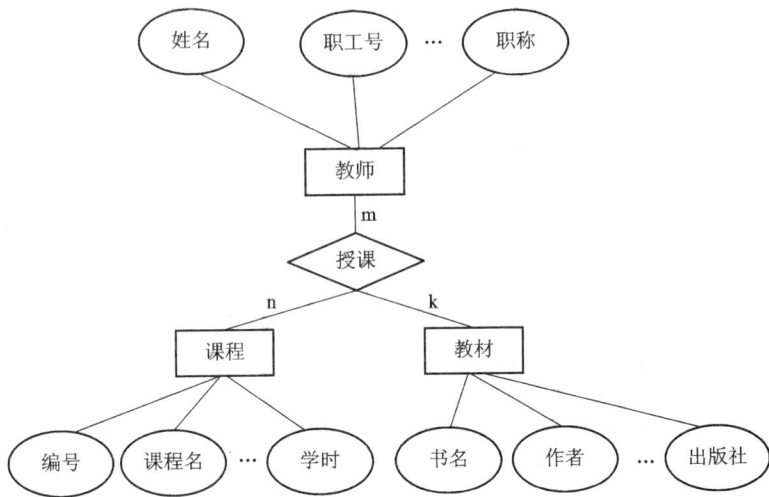

图 4.32　E-R 图的例子

2. 逻辑设计

逻辑设计的主要任务是根据数据库管理系统的特征将概念结构转换为相应的逻辑结构。规范的关系数据表中的实体不应存在多对多的关系，因此如果概念结构存在多对多的联系，必须对概念结构进行简化，转换为一对多的联系。下面我们通过例子介绍简化多对多联系的方法。

图 4.33 是化简多对多关系后的 E-R 图。消除多对多的情况的方法其实很简单，只需在原来的两个数据表之间增加一个数据表，使原来的 m:n 的关系改为 m:1、1:n 的关系。上面的例子通过在教师与课程、教师与教材之间增加一个课程表来化简原来多对多的关系。

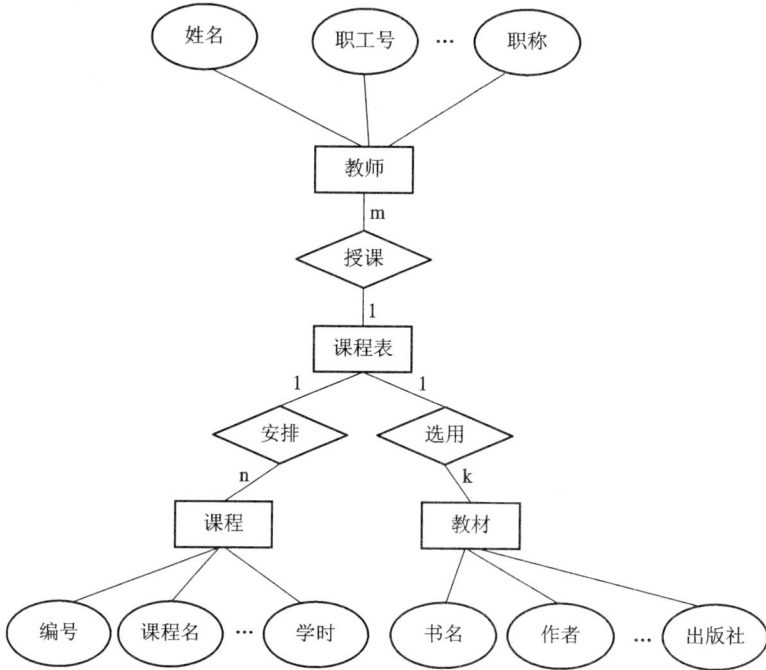

图 4.33　化简多对多的关系后的 E-R 图

下面我们再来看一个简单的例子。图 4.34 列出了两个数据表：项目表和合同表，这两个表中的实体存在多对多的关系，一个大的项目可能会有多个合同，而一个大型合同也可能涉及多个项目。例如，表中的项目 B3985 涉及合同 584372、738284，合同号 858961 涉及项目 D2839 和项目 A4180。

项目号	项目名	……
B3985	******	……
D2839	*******	……
A2239	******	……
C2150	******	……
A4180	******	……
……	……	……

(a) 项目表

合同号	合同名	……
584372	*******	……
858961	*******	……
738284	*******	……
516646	*******	……
867124	*******	……
……	……	……

(b) 合同表

图 4.34　项目表与合同表的结构

为了简化两个数据表间的多对多的关系，我们增加一个中间表即项目合同表(如图 4.35 所示)，列出项目号与合同号之间的对应关系，增加一个新的列"项合号"作为该表的主关键字，则新增加的项目合同表与原有的项目表和合同表之间都是一对多的关系。

项合号	项目号	合同号
XH2001	B3985	584372
XH2002	B3985	738284
XH2003	D2839	858961
XH2004	A4180	858961
……	……	……

图 4.35　增加的中间表

3. 物理设计

物理设计的目的是根据数据管理系统的特征，确定数据库的物理结构(存储结构)。关系数据库的物理设计比较简单，具体的方法不再赘述。对于一般微机关系数据库，物理设计的主要任务有：

(1) 确定所有数据库文件的名称及其所含字段的名称、类型和宽度。

(2) 确定各数据库文件需要建立的索引。

4.4　代码设计

为了便于计算机对信息进行汇总和排序处理，提高录入、处理、存储和传输效率以及有利于安全保密，必须对信息进行统一分类编码，用数据或字符来代表客观存在的实体或属性的符号，称为代码。例如，在一个职工名册数据库中存储每个职工的性别，如果直接使用汉字"男"、"女"来表示需要占用两个字节的存储空间，而如果采用字符"F"、"M"来表示则只需要一个字节。本节我们将介绍代码设计工作中需要注意的一些原则和代码设计的基本方法。

4.4.1　代码设计的原则

代码设计是一项重要的工作，如果代码设计不合适，再修改代码设计方案的话将会引起程序的变化和数据库结构的重建。因此一定要进行全面考虑和仔细推敲、修改，逐步优化，最后确定，切忌草率行事。

一般的现行系统已经存在一套代码系统，但是这种代码不一定适合计算机处理，因此应对系统使用的代码进行调查研究和统一规划，以便重新设计或修订。对重要代码的设计应依据国家有关的编码标准。

优化的代码系统应具有如下特点：

(1) 惟一确定性：每一代码都仅代表惟一的实体或属性。

(2) 标准化与通用性：国家有关编码标准是代码设计的重要依据，另外，系统内部使用的同一种代码应做到统一，使代码的使用范围越广泛越好。

(3) 可扩充性和稳定性：要考虑系统的发展和变化。当增加新的实体或属性时，直接利用原代码加以扩充，而不需要改动代码系统。

(4) 便于识别和记忆：为了同时适合计算机和人工处理使用，代码不仅要具有逻辑含义，而且要便于识别和记忆。

(5) 短小精悍：代码的长度不仅会影响所占据的存储单元和信息处理的速度，而且也会影响代码输入时出错的概率和输入输出的速度。

4.4.2　代码的分类

常见的代码有以下几个主要种类：

(1) 有序码：用连续的数字代表编码对象的码。例如张三的职工号为 0001，黎明的职工号为 0002，……。

(2) 区间码：区间码将数据项分为若干组，每一区间代表一个组。码中的数字(或字符)和位置都代表一定的意义。区间码的每一个区间可以使用有序码或下面的助记码来表示。

区间码使用比较广泛，例如学生的学号一般由入学年份、系、专业、班、班内序号构成。目前大多数图书馆使用的图书分类法也采用区间码，码中的每一位数字代表一类，例如：

500.	自然科学
510.	数学
520.	天文学
530.	物理学
531.	机构
531.1	机械
531.11	杠杆和平衡

(3) 助记码：将编码对象的名称、规格作为代码的一部分。

4.4.3 校验码

为了防止代码出错，在一些系统中往往采取增加校验位的方法来检验输入的代码数据是否有错。例如，我国目前采用的 18 位身份证号编码方案，前 6 位表示地区编码，中间 8 位表示出生年月日，接着的 3 位表示顺序号和其他状态(如性别)，最后是 一个校验位。

校验位也称校验码，它在原有代码的基础上，通过事先规定的数学方法计算出校验码，附加在原代码的后面，使它变成代码的一个组成部分；使用时与原代码一起输入，计算机按照事先规定的数学方法计算出校验位，与输入的校验位进行比较，以检验输入是否有错。校验位通常为 1~2 位。

校验码通常可采用加权取余的方法来获得，它的计算步骤如下：

(1) 对原代码的每一位加权求和。

n 位原代码：$c_1c_2\cdots c_n$

加权因子为：$p_1p_2\cdots p_n$

加权和为：$c_1p_1+c_2p_2+\cdots+c_np_n$

这里加权因子可选自然数 1、2、3、4、5，几何级数 2、4、8、16、32 或其他。最简单的可全为 1，即把原代码的所有位的数字相加得到加权和。

(2) 以模除和得到余数，模可选 10、11 等数。例如以 10 作为模，则得到一个 0~9 之间的余数，该余数即可作为校验码附加在原代码之后。

得到校验码的算法还有其他多种，不同的算法发现错误的能力也各不相同，有兴趣的读者可参阅有关专著获取更多的信息。

4.4.4 代码设计的例子

下面是 X 工贸公司管理信息系统中部分代码设计的例子。

(1) 部门代码：公司各个部门的编码，例如：

总经理办公室	101
综合管理部	102
单证储运部	103
财务部	104
法律室	105
进出口一部	201
进出口二部	202
进出口三部	203
⋮	

这里部门代码实际上分为两个部分，第一位表示部门为管理部门(1)或业务部门(2)，后两位为顺序编号。

(2) 职工编号：每个职工有一个惟一的工号，采用顺序编号，如 0001、0002、0003、……。

(3) 业务立项号：系统为每一项业务设计一个惟一的代码，以便于管理、查询，同时也便于管理人员识别。业务立项号的形式为：×××× –× –×××，例如 1998–A–064 表示1998 年度业务一部的第 64 项业务。前四位代表年度；中间的一位代表业务部门，A 表示业务一部，B 代表业务二部，依次类推；最后三位为顺序号。

4.5　输入输出设计

系统输入输出设计是系统设计中一个重要的环节，它对于保证用户和今后系统使用的方便和安全可靠性来说十分重要。

4.5.1　输入设计

输入设计的目标是：在保证输入信息正确性和满足需要的前提下，应做到输入方法简单、迅速、经济和方便使用。输入设计应使输入量保持在能满足处理要求的最低限度。输入量越少，错误率越小。

常见的输入方式通常有键盘输入、数模/模数转换方式(如条码输入、扫描仪输入、传感器输入等)、网络传送数据和磁盘传送数据等。输入方式的选择应根据总体设计和数据库设计的要求来确定，应尽量利用已有的设备和资源，避免大量的数据重复地从键盘输入。因为键盘输入工作量大，速度慢，而且出错率很高。

输入信息的内容设计包括输入数据项名称、数据类型、精度或位数、数值范围及输入格式等。这些内容大部分根据系统输出数据的要求加以确定，而输入数据的格式主要与数据的组织方式及具体的输入方式有关，同时要考虑输入人员操作的方便。

系统还应尽早对输入数据进行检查，以便及时发现并改正错误。特别是针对数字、金额等字段应有一定的校对措施以保证数据的正确性。常用的校对方式有人工校对、二次键入校对、数据平衡校对等。

人工校对方式即输入数据后再显示或打印出来由人来进行校对。这种方法对于少量的数据或控制字符输入还有效，但对大批量的数据输入就显得太麻烦，效率太低。

二次键入校对是指同一批数据两次键入系统，输入后系统内部再次比较这两批数据的方法。如果两次键入完全一致，则认为数据输入正确；反之，则将不同的部分显示出来进行人工校对。

数据平衡校对方法常用在对财务报表和统计报表等一类数字型的报表的输入校对中。在原始报表每行每列中增加一位数字小计字段，然后在设计新系统的输入时再另设计一个累加值，由计算机将输入的数据累加起来，再与原始报表中的小计进行比较。如果一致，则接收输入数据；反之，则拒绝接受输入数据。

输入设计的另一个重要内容就是用户界面的设计，目前的信息系统普遍采用图形用户界面，我们将在 4.5.3 节中进行讨论。

4.5.2　输出设计

计算机对输入的数据进行加工处理的结果，只有通过输出才能为用户所用，因此输出的内容与格式等是用户十分关心的问题。

输出方式可以简单地分为两类，即中间输出和最终输出。中间输出是指子系统与主系统或另一个子系统之间的数据传送，最终输出则是指通过终端设备(如显示器、打印机等)向用户输出信息的方式。前面介绍输入方式时提到的网络传递、软磁盘传递等都是中间输出的例子，本节我们主要介绍一下最终输出的设计。

最终输出的方式通常有报表输出和图形输出两种，选择何种输出形式应根据系统分析和管理业务的要求而定。一般来说，对于基层或具体事务的管理者，采用报表方式给出详细的记录数据；对于高层领导或宏观、综合管理部门，应使用图形方式给出比例或综合发展趋势的信息。

报表是一般信息系统中用得最多的信息输出工具。通常一个覆盖整个组织的信息系统，输出报表的种类都在百十种上下，对每种报表设计独立的输出程序工作量极大。在实际工作中，在确定了报表的种类和格式之后，通常开发一个通用的报表模块，由它来产生和打印所有的报表。报表模块从指定的文件中读取报表格式，并从指定的数据库中获得报表所需的数据，然后进行输出。

目前很多软件开发系统都附带了类似的报表模块，可以满足一些格式比较简单的报表的输出要求。图 4.36 是 Visual FoxPro 中报表生成器的设计界面。程序员在编码阶段只需根据本阶段设计的报表格式给出报表的各个部分的格式定义，指定报表中数据的来源即可。不过由于这些工具大多为西方人所开发，因而有些报表形式往往不适合中国人的习惯。

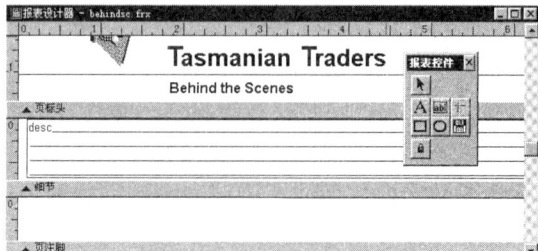

图 4.36　Visual FoxPro 的报表生成器界面

采用图形方式输出系统的各类统计结果也很容易实现。目前大多数开发工具都提供了作图工具或图形函数，例如 C 语言、BASIC 语言等。在 Windows 环境下还可以采用 DDE(动态数据交换)、OLE(对象链接与嵌入)等技术，借用微软公司 Office 系列软件中的 Excel 及其所带的 Microsoft Graph 97 图表程序的功能来实现图形输出。有关技术的具体内容请读者参考有关 Windows 的编程资料。

4.5.3　用户界面设计

用户界面又称为人机接口，它是实现用户与计算机之间通信，以控制计算机或进行用户和计算机之间数据传送的系统部件。用户界面是影响软件质量的一个重要因素。在计算机应用的早期阶段，软件的使用者往往是计算机方面的行家，软件的用户界面十分简单，往往使用很复杂的命令行参数。而信息系统的使用者通常只是普通的计算机操作人员，不可能要求他们记忆很复杂的操作程序或命令行参数，因此，设计一个易于学习和使用的用户界面就显得十分重要。

随着高分辨率的图形显示终端的发展和鼠标器的应用以及计算机图形学技术的发展，出现了许多基于图形的窗口系统。窗口系统的发展，使得从 20 世纪 80 年代中期出现了图形用户界面技术。1984 年，美国 Apple 公司的 Macintosh 系统是第一个商品化的图形用户界面产品，它给出了许多构成图形用户界面的基本思想和构件。目前，PC 机普遍使用的 Windows 系列操作系统的图形界面的基本思想和构件与 Macintosh 基本类似，在信息系统开发中常用的界面形式有菜单、对话框等。

界面设计包括菜单方式、会话方式、操作提示方式以及操作权限管理方式等内容的设计。

菜单是信息系统的功能选择操作最常用的方式。目前，常见的图形界面操作系统下的一些开发工具支持的菜单形式可以是下拉式或弹出式菜单。在 Windows 环境下一般主程序窗口采用下拉式菜单，下拉式菜单的层次不宜超过 3 层，否则用户选择对应功能的操作就显得太繁琐。Windows 环境下通常通过鼠标右键激活弹出式菜单，提供与当前操作相关功能的快速选择操作。

会话设计是用户界面设计的一个重要内容。在所有的用户界面中，几乎毫无例外地会遇到人机会话问题。例如，当用户操作错误时，系统向用户发出提示和警告性的信息。图形用户界面一般采取对话框的形式接受用户的输入，向用户发出提示信息。

同一系统中各个子系统用户界面的风格应该一致，减少用户学习的困难；在设计输入数据的窗口时，应明确提出对输入数据的要求，详细说明可用的选择和边界值；提示信息要准确，含义要确切，以便于用户理解。

Windows 环境下大部分开发工具都可以很方便地设计菜单和对话框，图 4.37 是 Visual FoxPro 的表单(即窗口)设计器，在编码阶段可以很容易地利用表单设计器提供的表单控件来设计出所需要的对话框。在使用这些表单或窗口设计器时，应注意以下几点：

(1) 控件位置的安排要突出重点。大多数的程序界面中并不是所有的元素都具有相同的重要性，应将较重要的元素定位在对用户来说处在一目了然的位置。用户习惯的阅读顺序一般是从左到右，从上到下，用户第一眼看到的应是计算机屏幕的左上部分，最重要的元素应当定位在这里。

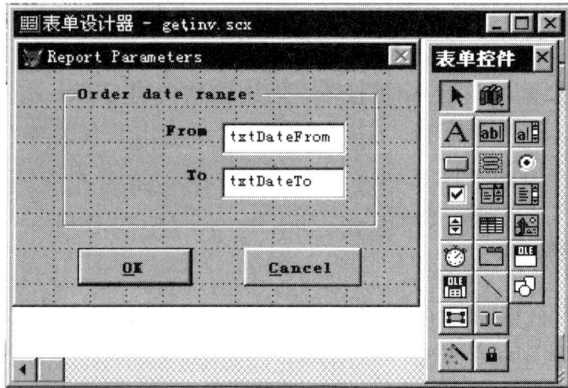

图 4.37　Visual FoxPro 的表单设计器

(2) 合理设置控件的大小以达成一致性。一致的外观将体现应用程序的协调性，如果缺乏一致性就会使界面混乱而无序。

(3) 合理利用空间，保持界面的简洁。合理使用窗体控件之间以及控件四周的空白区域，以免因一个窗体上有太多的控件而导致界面杂乱无章，给寻找字段或者控件带来不便或者困难。在设计中可以通过插入空白空间来突出设计元素，各控件之间采用一致的间隔，垂直与水平方向各元素对齐，形成行距一致、行列整齐的界面，易于用户阅读。大部分开发环境的界面设计工具都提供了自动对齐控件的功能，控件的间距、排列和尺寸的调整非常容易。如果一个界面元素过多，可以使用有标签的界面或几个链接的窗体来显示所有的信息。

(4) 合理利用颜色、图像和显示效果来达成内容与形式的统一。目前大多数计算机系统所配置的显示设备都能够同时显示上万种甚至几十万种颜色，初学者易犯的一个错误就是在界面上大量使用各种颜色，以至界面让人看起来眼花缭乱。管理信息系统一般应当尽量限制应用程序所用颜色的种类，而且色调也应该保持一致，可以采用一些柔和的、更中性化的颜色，少量使用部分突出的颜色显示需要强调的部分。

适当使用图片与图标也可以增加应用程序视觉上的影响，在某些时候不用文本而利用图像就可以更形象地传达信息。工具栏是图形界面应用程序常见的一种界面元素，让用户点击工具栏图标快速启动某些功能，但如果工具栏中的图标不能很容易地识别，反而会事与愿违。因此在设计工具栏图标时，应查看一下其它的应用程序，以了解已经创建了的普遍的大众可认可的标准。在设计自己的图标与图像时，应尽量使它们简单。

B/S 模式的应用系统基于 Web 浏览器展示用户界面，交互性不及传统的图形用户界面的桌面应用系统。近些年引入的 AJAX 等技术在一定程度上提高了 B/S 模式的交互性，但其交互性仍然无法与桌面应用系统相比，在界面设计时需要考虑浏览器的特点。界面设计应该简洁明确，尽量减少浏览层次，用户能够以最少的点击次数找到具体的内容，并且有明确的导航设计。

运行于移动终端的应用程序在界面设计时应考虑到移动终端的特点，不能简单地将其看作是缩小版的桌面系统用户界面。由于移动设备资源的限制，移动界面不同于桌面系统用户界面，界面设计应简单直观。

上面提到，移动界面设计要简单得多，但另外，在移动界面设计中，也不要默认为移动端用户已熟悉桌面计算机系统的操作,因此他们同样能够熟悉移动设备系统的操作。实际上,手机等移动设备的用户数量远远大于计算机的用户,很大一部分手机用户并不使用计算机,他们很可能是在旅途中使用移动应用,往往希望移动应用能够按照自己所熟悉的操作方式来工作。因此,移动界面的设计应当尽可能地简单、直观,易于检索,避免嵌套过深的多级菜单,缩减不必要的功能,以满足用户的目标需求为准,尽量减少用户进行信息访问时所要采取的步骤,同时避免不必要的文本输入。

4.5.4 输入输出设计举例

本节我们给出前面章节中工资管理系统的输入输出设计的部分内容。

1. 输入设计

输入模块是工资管理系统中使用较频繁的模块,在设计时应尽量使操作方便、安全,尽可能减少输入量。图 4.38 是该系统不经常变化的固定数据的输入界面。

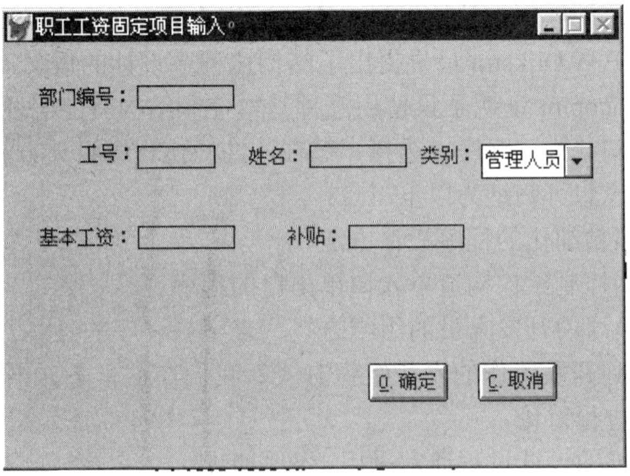

图 4.38　工资管理系统固定数据输入界面

2. 输出设计

为了适应日常管理的需要和提供对内和对外的报告,系统提供三种形式的输出:屏幕输出、打印输出和磁盘输出。

屏幕输出主要是为了满足日常管理的需要,用于显示查询结果。磁盘输出主要是为了保存数据。打印输出应满足工资发放、工资分配的要求,因此打印输出的内容有工资明细表、个人工资条、部门汇总表和工资费用分配表等。表 4.3 是部门汇总表的输出格式。

表 4.3　工资管理系统《部门汇总表》的输出格式

部门编号	部门名	基本工资	奖金	补贴	应发工资	扣款	实发工资

4.6 模 块 设 计

4.6.1 结构化程序设计方法

　　模块设计是系统设计的最后一步，瀑布流开发模型又将它称之为详细设计，它的任务是设计模块内部逻辑结构，要求得到可直接用于编程的逻辑结构的描述。结构化系统开发方法模块设计阶段所采用的设计方法称为结构化程序设计方法(SP)。本节我们首先介绍结构化程序设计的基本思想和基本方法。

　　早期的程序员将程序设计看成是一种艺术创作，刻意追求程序效率和强烈地表现个人设计技巧的高超，使得程序具有浓重的个人色彩。设计出来的程序逻辑结构杂乱无章，难以理解，无法阅读。这种程序设计技术显然不能适应大规模的软件生产的需要。1965 年，著名的计算机科学家 E.W.Dijkstra 最早提出了结构化程序设计的概念，主张取消 goto 语句。1966 年，Bohem 和 Jacopim 证明了只使用三种基本控制结构就能实现任何单入口单出口的程序，这三种基本控制结构即顺序、选择、循环。结构化程序设计方法发展至今已有 30 多年的历史，它的基本思想可归纳为以下三点：

　　(1) 由顶向下逐步精细化的程序设计方法。

　　(2) 使用三种基本控制结构构造单入口单出口的程序。

　　(3) 采用主程序员组的开发人员的组织方式，来实施程序的具体开发。

　　上述第三点涉及到开发工作的人员组织方式，我们在这里不详细介绍。下面就针对前两点通过一个例子来进行讨论。

　　自顶向下逐步精细的设计过程通常采用下面的步骤：

　　(1) 在高度抽象的顶层一级，首先将程序分解成几个具有黑盒子特性(先不关心黑盒子的内部实现细节)的部分，并用云形图记号表示黑盒子。用三种基本控制结构和黑盒子构成顶级抽象程序。

　　(2) 对每一个黑盒子进行进一步的分解，逐步精细化。对于黑盒子分解所产生的子成分，若：

　　① 各成分具有顺序关系，则形成图 4.39(*a*)的模式。

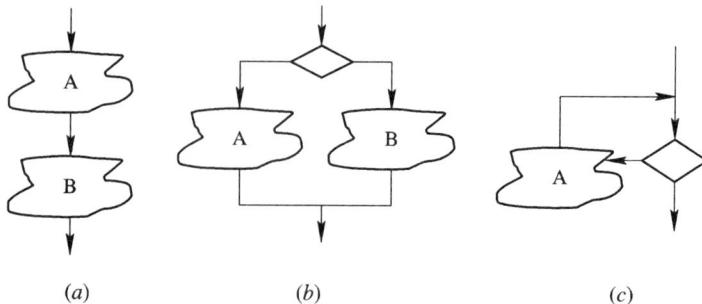

　　　(*a*)　　　　　　　　　(*b*)　　　　　　　　　(*c*)

图 4.39　三种分解模式

② 各成分具有选择关系，则形成图 4.39(b)的模式。

③ 各成分具有循环关系，则形成图 4.39(c)的模式。

(3) 重复精细化，直到每个部分的内容都十分简单，很容易翻译为程序设计语言语句时，不再用云形图表示，而用矩形框表示。

现在我们来看一个例子：某商店对每天的售货记录清单形成一个"售货记录文件"，该文件中的每一条记录是一张售货清单。每张售货单上可以有 20 个销售项目，每一个售货项目由"货号"和"销售数量"两个数据项构成。要求对所有的销售记录做统计，汇总每种货物的销售总数。

按照上面的步骤可以做如下的分解：

(1) 顶层的第一级分解如图 4.40 所示。

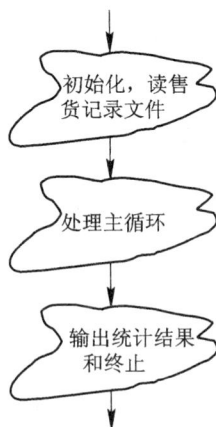

图 4.40　第一层分解

大部分程序在第一级分解中都可抽象为三个成分：输入和初始化、处理主体、输出和终止。本例中处理主体很显然需要循环处理每一张清单，因而称为处理主循环。

(2) 对顶级分解中的三个黑盒子分别进行进一步分解，如图 4.41 所示。图 4.41(a)为图 4.40 中的第一个云形图的分解图，图 4.41(b)为图 4.40 中的第二个云形图的分解图，图 4.41(c)为图 4.40 中的第三个云形图的分解图。

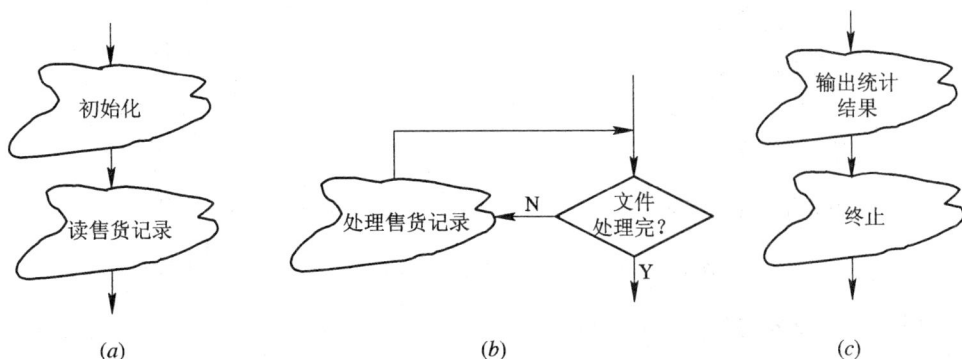

图 4.41　第二层分解

(3) 进行第三次精细化，分解结果如图 4.42 所示。其中，EOF 为真(True)表示"文件处理完"，为假(False)表示"文件尚未处理完"；EOR 为真表示"一张销售清单中的项目已全部处理"。图 4.42(a)为图 4-41(a)精细化的结果，图 4.42(b)为图 4.41(c)精细化的结果，图 4.42(c)为图 4.41(b)中处理销售记录的精细化结果。

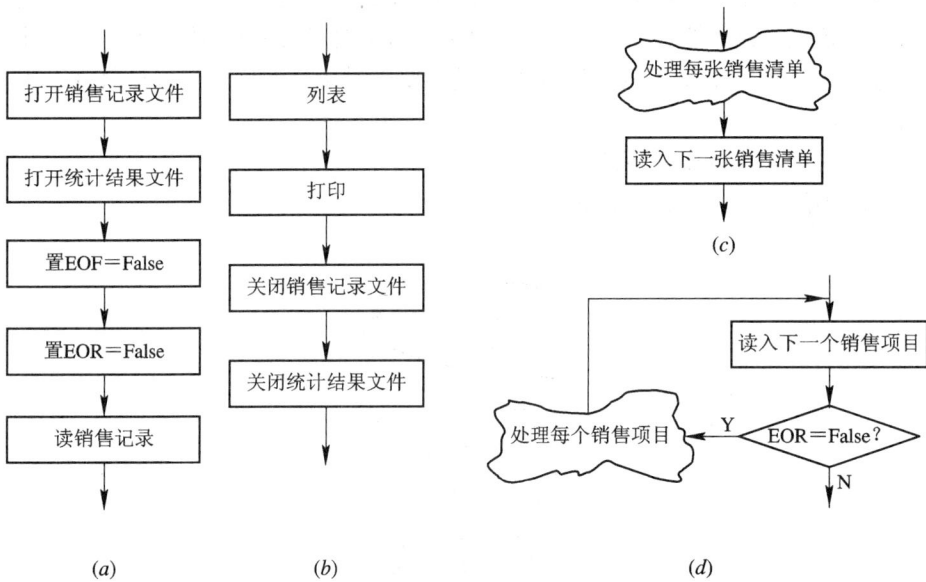

图 4.42　第三级与第四级分解

(4) 第三级分解中只剩下一个云形图"处理每张销售清单"，图 4.42(d)是这"处理每张销售清单"精细化的结果。

(5) 第五级精细化的结果见图 4.43(a)，"累加销售数或插入销售项目"进一步精细化的结果见图 4.43(b)。

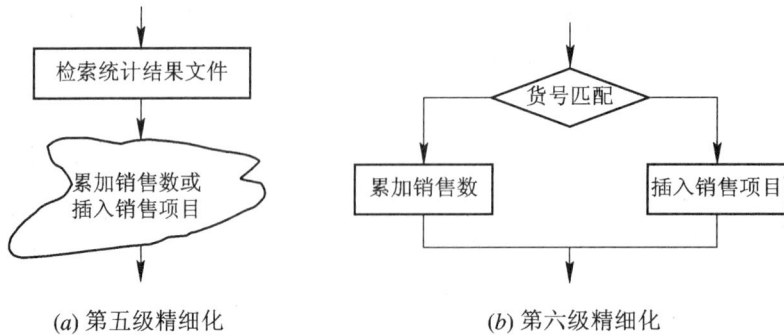

图 4.43　"处理每个订数项目"的精细化结果

(6) 现在所有成分均分解为矩形框，将各部分组合在一起得到程序完整的流程图，如图 4.44 所示。

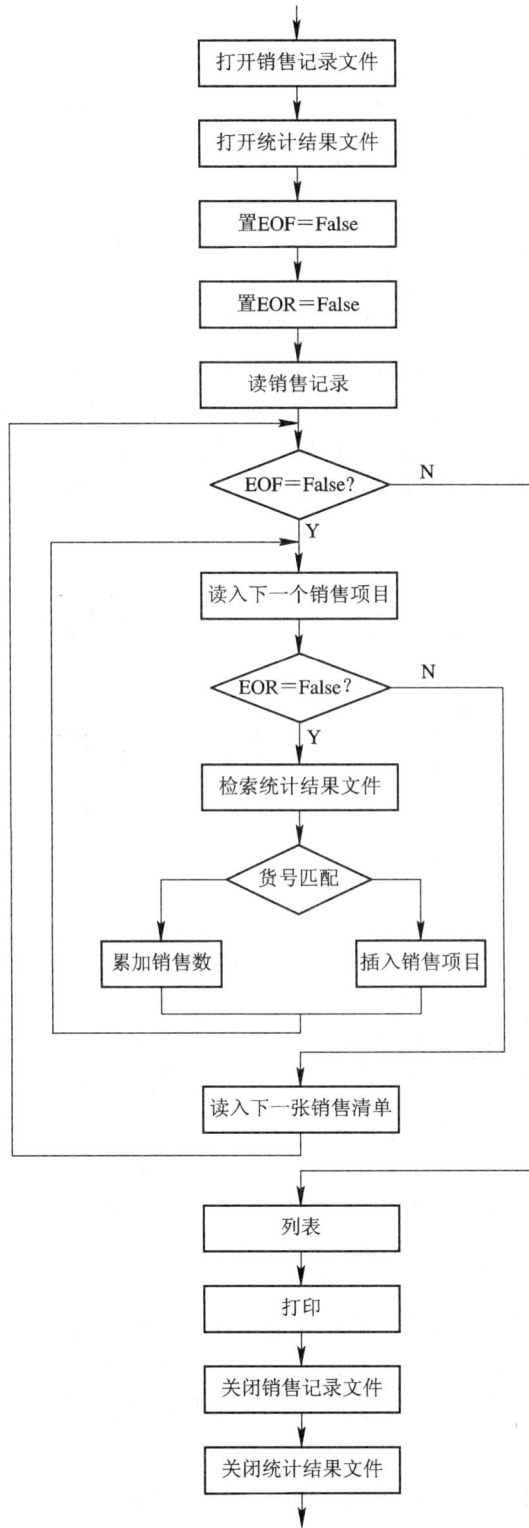

图 4.44　完整的程序流程图

4.6.2 常用描述工具

描述模块内部的逻辑结构有多种方法，上一小节例子中采用的是传统的程序流程图。除此之外，常用的描述工具还有 N-S 盒图、问题分析图以及过程设计语言等。

1. 程序流程图

程序流程图是最古老的程序逻辑结构的描述工具，也称为程序框图。图 4.45 是结构化程序设计要求使用的三种基本控制结构的流程图表示方法。从图中可以看到，程序流程图的三种基本符号分别是：表示基本成分的矩形、表示判断的菱形符号和表示控制流的箭头。

图 4.45(*a*)为顺序结构的程序流程图；图 4.45(*b*)和 4.45(*c*)为选择结构的表示方法，选择结构可以分为单分支、多分支两种形式；图 4.45(*d*)和 4.45(*e*)为循环结构的两种形式，分别相当于 C 语言中的 while 结构和 do-while 结构，不过 C 语言中的 do-while 结构为条件满足继续循环，而直到型循环正好相反，当指定的条件为"真"时退出循环。

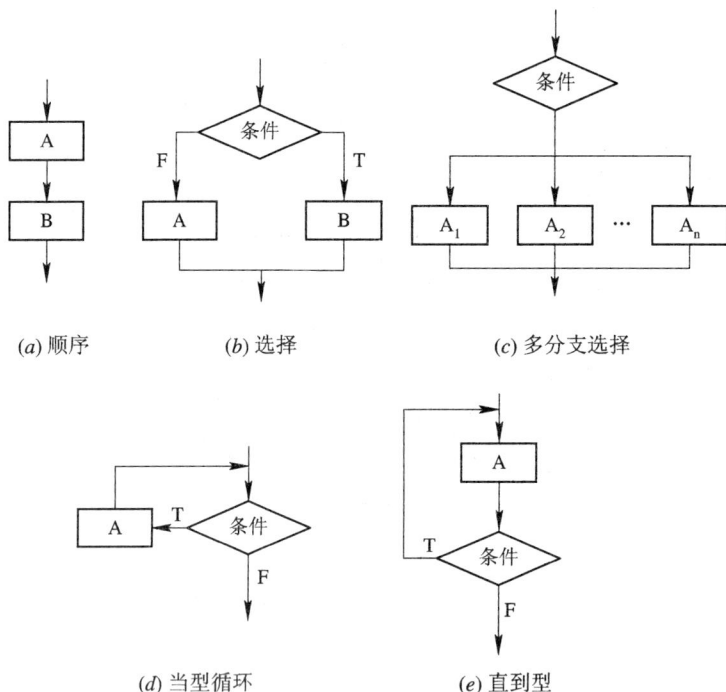

(*a*) 顺序　　　　(*b*) 选择　　　　(*c*) 多分支选择

(*d*) 当型循环　　　　(*e*) 直到型

图 4.45　程序流程图表示的三种基本结构

程序流程图的主要优点是对程序的控制流描述很直观，便于初学者掌握。不过它也有很多缺点，目前使用的人越来越少。它的一个突出的缺点就是程序流程图可以不受约束地画带有箭头的控制流线，使用不当就会造成非结构化的程序设计。

2. N-S 盒图

传统的程序流程图不能强迫程序员使用三种基本控制结构规范地设计程序，因而它不是支持结构化程序设计的理想工具。在结构化程序思想提出后，支持结构化程序设计的描述工具相继问世，盒图就是其中影响较大的一种。

盒图是由 Nassi 和 Shneiderman 两人于 1973 年提出来的，因此又称为 N-S 盒图。盒图描述三种基本控制结构的方法如图 4.46 所示。

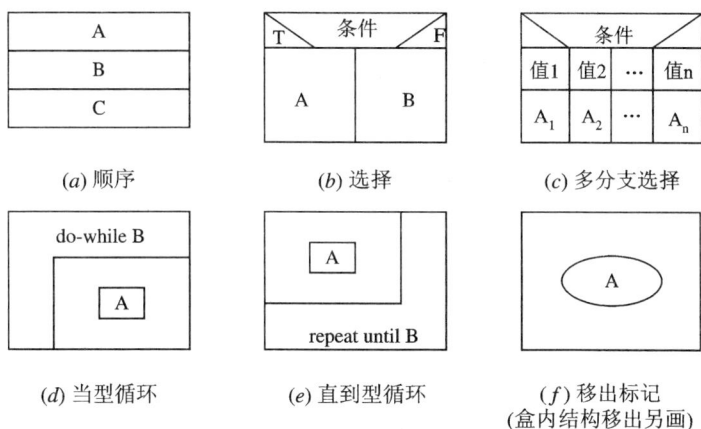

(a) 顺序　　　　　　(b) 选择　　　　　　(c) 多分支选择

(d) 当型循环　　　　(e) 直到型循环　　　(f) 移出标记
　　　　　　　　　　　　　　　　　　　　(盒内结构移出另画)

图 4.46　N-S 盒图的基本结构

在盒图中每个"程序的子成分"用盒子来表示。这里所说的子成分可以是语句、语句序列和模块。盒子中可以嵌套另一个盒子，嵌套深度没有限制。对模块的调用只能从盒子上部进入(单入口)，从盒子下部出去(单出口)。盒图不提供任何随意转移控制的手段，可以保证程序只使用三种基本控制结构来构造单入口和单出口的程序。

盒图与传统的程序流程图相比，具有很多优点，例如：

(1) 功能域可以从图中很明显地看出；

(2) 很容易确定局部数据与全局数据的作用域；

(3) 很容易表示嵌套关系，程序的层次清晰；

(4) 不能随意转移控制，迫使程序员设计出规范并具有良好风格的程序。

3. 问题分析图

问题分析图(Problem Analysis Diagram)是由日本日立公司于 1979 年提出的一种二维展开的图形描述工具，它所表示的程序逻辑具有很强的结构化特征，而且 PAD 的图形描述又方便计算机化，因而被广泛采用。图 4.47 是 PAD 图的基本图符。

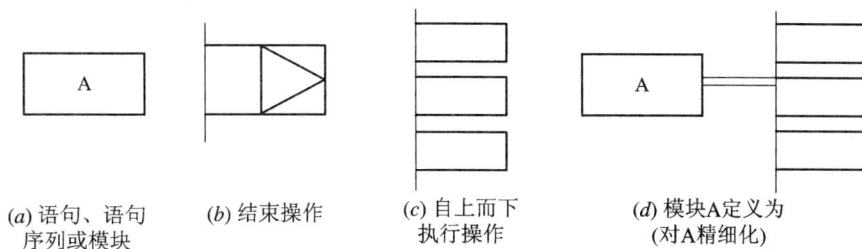

(a) 语句、语句　　(b) 结束操作　　(c) 自上而下　　(d) 模块A定义为
序列或模块　　　　　　　　　　　执行操作　　　　(对A精细化)

图 4.47　PAD 图的基本图符

PAD 图的基本控制结构如图 4.48 所示。

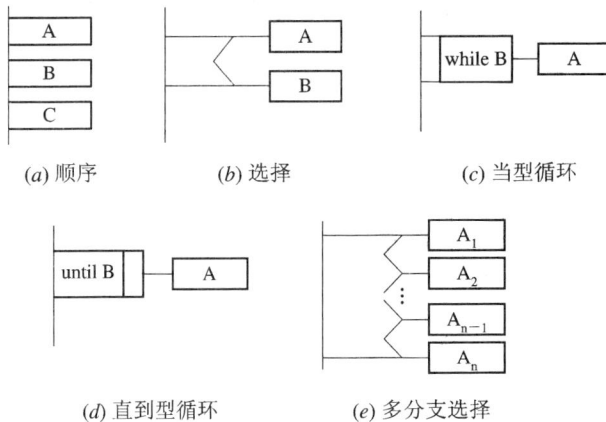

(a) 顺序   (b) 选择   (c) 当型循环

(d) 直到型循环   (e) 多分支选择

图 4.48　PAD 图表示的三种基本结构

由于 PAD 图是二维展开的，因此其结构类似于一棵树。如果对 PAD 图充分精细化，使树叶一级是语句级，则可以很容易地将 PAD 图转换为相应语言的程序。

与程序流程图相比，PAD 图逻辑结构清晰，图形标准规范。它强制程序员设计结构化的程序，并且易于使用计算机来辅助模块设计工作。

4. 过程设计语言

除了图形描述工具之外，程序的逻辑结构还可以采用语言来描述。过程设计语言(PDL)就是一种常用的描述工具，它是一种介于自然语言与形式化语言之间的语言，又称为伪码。过程设计语言的形式化程度要高于前面介绍的结构化语言，一般采用某些程序设计语言的语法作为其框架，来定义控制结构和数据结构。用灵活的自然语言作为其内层语法，使用自然语言中有确切含义的词汇和自然语言的语法来描述实际的操作和条件。

下面介绍一种基于 PASCAL 语言的 PDL 语言的基本语法。

1) 数据说明

　　　　declare <数据名> as　限定词

数据说明语句能够对简单或复杂的数据组织给出确切的描述，数据名为变量或常量名表，限定词为 scalar(标量)、array(数组)、list(表)、char(字符)、structure(结构)等。

2) 子程序结构

　　　　procedure <子程序名>

　　　　interface <参数表>

　　　　begin

　　　　　　<语句或分程序的序列>

　　　　　　return

　　　　end <子程序名>

子程序调用语句：　call <子程序名>

3) 分程序结构(顺序结构)

　　　　begin <分程序名>

　　　　　　<语句序列>

end <分程序名>

4) 选择结构

　　• if <条件> then

　　　　<语句>

　　　else

　　　　<语句>

　　　endif

　　• case <case 变量名> of

　　　　<值 1>：<case 变量=值 1 的执行部分>

　　　　<值 2>：<case 变量=值 2 的执行部分>

　　　　　⋮

　　　　<值 n>：<case 变量=值 n 的执行部分>

　　　end case

5) 循环结构

(1) 当型循环：

　　while <条件> do

　　　　<语句或分程序的序列>

　　end while

(2) 直到型循环：

　　repeat until <条件>

　　　　<语句或分程序的序列>

　　endrep

6) 输入输出

　　print

　　read

　　write

　　上面是 PDL 的基本语法，其他一些语句如常量说明、类型定义等可采用 PASCAL 语言的同类语句，这里不再详细列出。PDL 描述的总体结构同一般程序完全相同，外层语法一致，只是在给出语法格式中"条件描述"和"语句和语句序列"中可以使用自然语言。与图形描述方法相比，PDL 有以下优点：

　　(1) 由于内层语言是自然语言，因此便于描述各种应用中千差万别的实际操作和条件，并且便于理解。

　　(2) 由于外层语法是严格的某种形式语言的语法，因此易于被计算机处理。用普通的正文编辑程序和文字处理系统就可以方便地完成 PDL 的书写和编辑工作。

　　现在已经有多个形式化的 PDL 自动处理程序，可以由 PDL 自动生成程序代码。

4.6.3 模块开发卷宗

　　模块开发卷宗是设计和实现阶段的主要文档之一，它是在模块开发过程中逐步编写出来的，每完成一个模块或一组密切相关的模块的复审时编写一份，并把所有的模块开发卷宗汇集在一起。编写的目的是记录和汇总低层次开发的进度和结果，以便于对整个模块开发工作的管理和复审，并为将来的维护提供非常有用的技术信息。

模块开发卷宗封面列出的主要内容有模块名、调用格式、程序员的姓名和单位、审核者的名字和单位、开始日期和完成日期、修改日期、测试的开始和完成日期、源程序行数、模块的简要描述、设计语言等信息。内部的内容主要有模块的功能说明、设计说明、源代码清单、测试说明等。

表 4.4 是我国国家标准中模块开发卷宗编写提纲的主要内容。

表 4.4　模块开发卷宗编写提纲

1.标题

2.模块开发情况表(见下表)

模块标识符				
模块的描述性名称				
代码设计	计划开始日期			
	实际开始日期			
	计划完成日期			
	实际完成日期			
模块测试	计划开始日期			
	实际开始日期			
	计划完成日期			
	实际完成日期			
组装测试	计划开始日期			
	实际开始日期			
	计划完成日期			
	实际完成日期			
代码复查日期/签字				
源代码行数	预计			
	实际			
目标模块大小	预计			
	实际			
模块标识符				
项目负责人批准日期/签字				

3.功能说明

4.设计说明

5.源代码清单

6.测试说明

7.复审的结论

4.7 系统设计报告

系统设计阶段的最终结果是系统设计报告(也称为系统设计说明书),它是系统设计阶段的重要文档之一,是下一步系统实施的基础。系统设计报告的主要内容包括:

(1) 系统总体结构图:包括总体结构图、子系统结构图等。

(2) 系统设备配置图:包括计算机系统设备配置图、设备在各部门的分布图、网络结构及网络设备的分布。

(3) 系统分类的编码方案。

(4) 数据库结构图:数据表的结构、数据表之间的关系方式。

(5) 输入输出设计方案。

(6) 软件结构图或 HIPO 图描述的软件结构。

(7) 系统详细设计方案说明书。

表 4.5 是编写系统设计报告的参考提纲。

表 4.5 系统设计报告的参考提纲

1.引言
1.1 摘要:说明所设计系统的名称、目标和功能。
1.2 背景
1.3 工作条件与限制
1.4 参考资料
1.5 专门术语定义
2.系统总体设计技术方案
2.1 总体结构图
2.2 软件结构图
2.3 模块设计说明
2.4 代码设计
2.5 输入设计
2.6 输出设计
2.7 数据库设计说明
2.8 网络设计
2.9 安全保密设计
3.方案实施说明

4.8 案例——在线辅助教学系统

4.8.1 学生模块结构设计

根据需求分析阶段对系统的分析,首先将在线教学辅助系统分为三个相对独立的模块,即学生模块、教师模块和管理员模块,三个模块之间通过外部数据库文件关联。

对于学生模块、教师模块和管理员模块，根据它们的数据流图，可以分别导出它们的软件结构图。

图 4.49 是学生模块的软件结构图，图 4.50 是学习模块进一步的分解，从图中可以看出结构图中模块与数据流图中处理之间的对应关系。

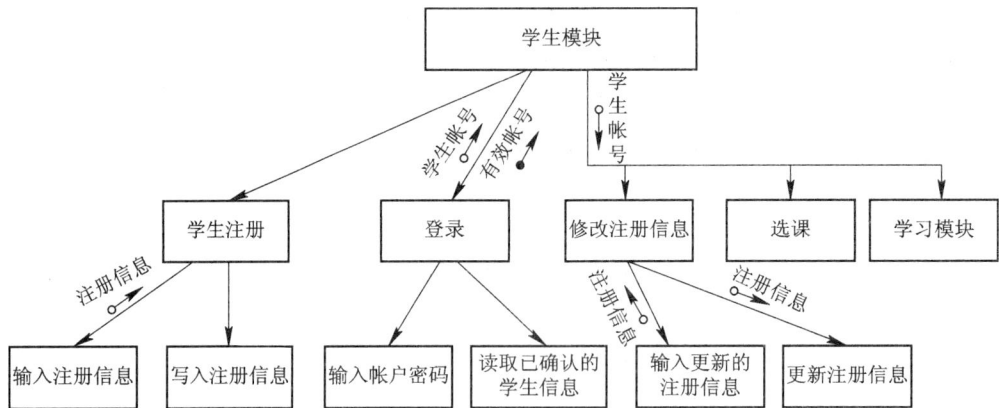

图 4.49　学生模块的软件结构图

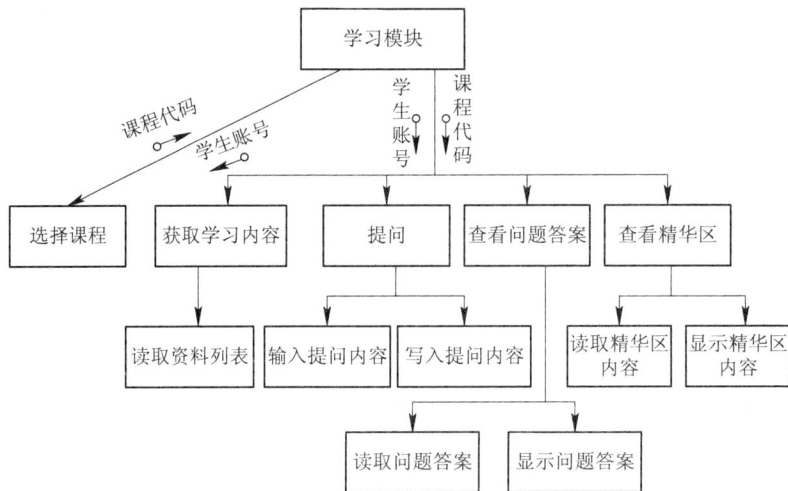

图 4.50　学习模块的进一步分解

为了不使结构图过于繁琐，该图中底层模块与中间层次模块间的数据流和控制流没有标识出来，但从相关模块的功能可以很容易知道模块间传递的数据。例如，模块"输入提问内容"向模块"提问"传递提问内容，"提问"模块传递给模块"写入提问内容"的数据流包括学生账号、课程代码及提问内容。

4.8.2　数据库访问方式

根据系统功能的要求，本系统选择 Browser/Server 方式，采用该方式用户只需使用浏览器来完成操作，无需在客户端安装专门的软件。图 4.51 是客户服务器模式的结构示意图。

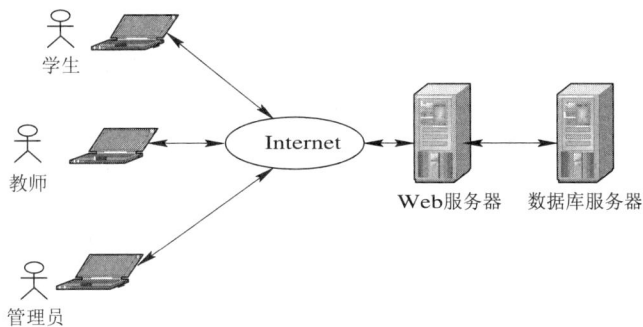

图 4.51　客户服务器结构示意图

4.8.3　数据库设计

在对用户需求分析的基础上，首先分析系统数据，确定实体和实体之间的依赖关系。本系统主要的实体包括学生、课程、教师以及课程资料、提问内容、精华区内容等，图 4.52 是它们之间关系的示意图。

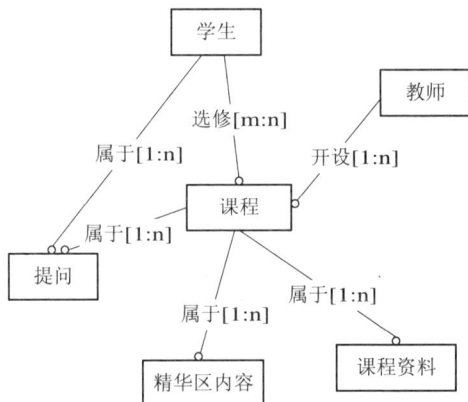

图 4.52　实体之间的依赖关系

本系统中学生与教师之间不直接关联，而是通过选修教师开设的课程产生联系。一个学生可以选修多门课程，一门课程也可以被多个学生选修，所以学生与课程之间的关系是多对多的关系。

学校实际的教学工作中，一个教师可以开设多门课程，一门课程也可以有多个教师开设，但本系统作为课堂教学的辅助系统，简化了教师与课程之间的关系，将不同教师开设的同名课程看成是不同的课程，由管理员赋予不同的课程编码，因此图 4.52 中教师与课程的关系简化为一对多的关系。

课程与课程资料及精华区内容之间的关系以及学生和课程与提问内容之间的关系都是简单的一对多关系，这里不再赘述。

规范的关系数据表中的实体不应存在多对多的关系，因此如果概念结构存在多对多的联系，必须进行简化，转换为一对多的联系。从图 4.52 的实体关系图可以看出，本系统中实体间只有学生与课程之间存在多对多的关系，需要进行简化。通过增加一个中间选课表可以简化该关系。图 4.53 是本系统数据库的逻辑结构，该图使用 Microsoft Visio 绘制，图中 PK 表示主键，FK 表示外键。

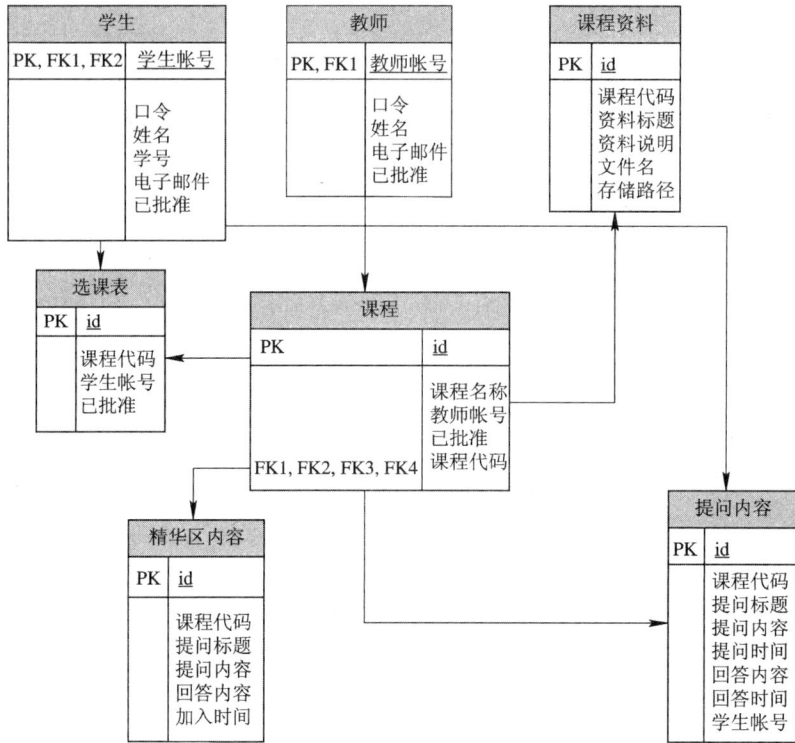

图 4.53　数据库逻辑设计

表"学生"的主键为"学生账号"属性，学生在注册时提供一个不重复的账号，该账号惟一表示该学生用户，该属性为表"选课表"、"提问内容"的外键，学生与"选课表"、"提问内容"均为一对多的关系。

表"教师"的主键为"教师账号"属性，与学生类似，教师在注册时提供一个不重复的账号，惟一表示该教师用户，该属性为表"课程"的外键，教师与开设的课程为一对多的关系。

表"课程"的主键为"课程代码"，但是考虑到"课程代码"属性在开课申请得到管理员的批准之前为空，而一般的关系数据库系统不允许主键为空，因此设置一个 id 字段(自动计数类型)作为主键。"课程代码"属性作为表"选课表"、"课程资料"、"提问内容"、"精华区内容"的外键，对这几个表的操作必须在管理员批准开设该课程之后，此时"课程代码"属性已被赋予惟一的值，不会引起问题。

表"选课表"、"提问内容"、"精华区内容"、"课程资料"均没有单一属性可作为主键，在实现时均考虑使用一个自动计数类型的字段作为主键。

实　验　三

1. 实验目的

本章主要介绍了系统设计阶段的主要任务和使用的方法，安排本次实验的主要目的为：

(1) 熟悉系统设计阶段的主要任务;

(2) 掌握模块独立性的概念;

(3) 能够熟练阅读软件结构图和用程序流程图、N-S 盒图以及问题分析图和伪码描述的模块逻辑结构;

(4) 掌握结构化程序设计的方法,熟练使用三种基本控制结构构造单入口单出口的模块,并能够使用程序流程图、N-S 盒图以及问题分析图和伪码描述模块的逻辑结构;

(5) 了解概要设计、模块设计阶段文档的基本格式;

(6) 熟练使用绘图工具软件绘制软件结构图、程序流程图等图形。

2．实验内容

(1) 使用 Microsoft Visio 2010 绘制软件结构图和程序流程图。

软件结构图和程序流程图均可以使用 Microsoft Visio 2010 的程序结构模板来绘制,其基本符号如图 4.54 所示,读者可很容易看出这些符号与前面介绍的软件结构图、程序流程图基本符号的对应关系,这里不再详细介绍。

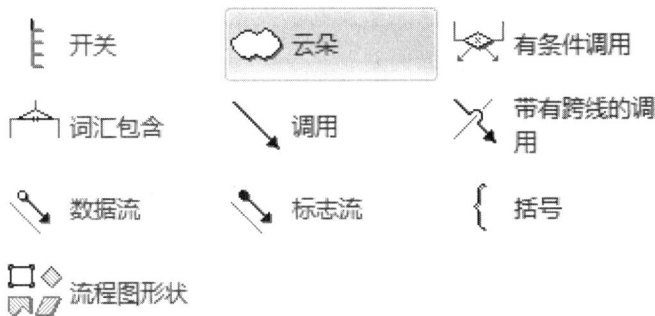

图 4.54　Microsoft Visio 2010 程序结构图的基本符号

(2) 按照实验二中选定的项目,分析数据流程图的特点,然后按照相应类型的数据流程图的转换方法导出目标系统软件的结构图,并进行优化。然后根据模块的划分情况,小组成员分别对不同的模块进行详细设计,导出模块的逻辑结构。

(3) 使用 Microsoft Visio 2010 绘制数据库结构图。

在 Visio 2010 中绘制 4.8.3 节 E-R 图及数据库逻辑设计图。Visio 2010 没有提供专门的E-R 图模板,绘制图 4.52 时,可创建一"空白绘图",E-R 所需的符号可以在左侧形状面板中通过"更多形状"找到。矩形、椭圆在"常规"→"基本形状"中,菱形符号可在"流程图"→"基本流程图形状"中找到,而连接线符号位于"其它 visio 方案"→"连接符"中。绘制图 4.53 时选择"软件和数据库"下的数据库模型图模板。

(4) 用户界面设计。使用支持可视化界面设计的开发环境进行用户界面的设计。

3．实验步骤

本次实验按照以下步骤进行:

(1) 分析数据流程图的类型;

(2) 导出软件结构图;

(3) 定义模块之间的接口;

(4) 分析系统中的数据文件的结构及相互之间的关系，设计系统数据库结构；

(5) 按照概要设计说明书的编写提纲编写概要设计说明书；

(6) 模块的详细设计；

(7) 编写模块设计说明书。

习　题

一、问答题

1. 总体设计的基本任务是什么？

2. 什么是模块的独立性？如何衡量模块的独立性？

3. 什么是模块间的耦合性？常见的耦合方式有哪些？哪种耦合方式更好？

4. 什么是模块的内聚性？常见的内聚方式有哪些？

5. 什么是信息隐藏原则？符合信息隐藏原则的系统有什么优点？

6. 网络设计通常要考虑哪些方面的问题？

7. 网络系统结构主要有哪几种？各有什么特点？

8. 常见的数据库访问模式有哪几种？分别适合什么样的系统？

9. 详细设计的目标和任务是什么？它采用什么方法进行设计？

10. 目前流行的程序逻辑结构描述方法有哪几类？

11. 结构化程序设计方法包括哪几方面内容？

12. 用自顶向下逐步精细方法，设计并使用程序流程图、N-S 盒图和 PAD 图描述下述问题的逻辑结构：

(1) 在数组 K 中求最大和次大数。

(2) 输入三个整数作为边长，判断该三角形为直角、等腰或一般三角形。

13. 图 4.55 中的程序流程图是一个非结构化的程序，请为它设计一个等价的结构化程序。

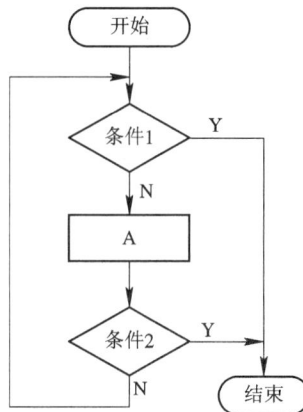

图 4.55　非结构化程序

二、选择题

1. 软件的_____设计又称为总体结构设计，其主要任务是建立软件系统的总体结构。

　　A) 概要　　　　　　B) 抽象　　　　　　C) 逻辑　　　　　　D) 规划

2. 模块本身的内聚是模块独立性的重要度量因素之一。在七类内聚中，具有最强内聚的一类是_____。

　　A) 顺序性内聚　　B) 过程性内聚　　C) 逻辑性内聚　　D) 功能性内聚

3. 结构化程序设计思想的核心是要求程序只由顺序、循环和_____三种结构组成。

　　A) 分支　　　　　　B) 单入口　　　　　C) 单出口　　　　　D) 有规则 GOTO

4. 数据库设计的概念设计阶段，表示概念结构的常用方法和描述工具是_____。

　　A) 层次分析法和层次结构图　　　　B) 数据流程分析法和数据流程图
　　C) 结构分析法和模块结构图　　　　D) 实体联系法和实体联系图

5. 在关系数据库设计中，设计关系模式是数据库设计中_____阶段的任务。

　　A) 需求分析阶段　　　　　　　　　B) 概念设计阶段
　　C) 逻辑设计阶段　　　　　　　　　D) 物理设计阶段

6. 数据库应用系统开发一般包括两个方面的内容，就是_____。

　　A) 需求分析和维护　　　　　　　　B) 概念结构设计和逻辑结构设计
　　B) 功能设计和测试设计　　　　　　D) 结构特性设计和行为特性设计

7. 结构化设计方法采用变换分析和事务分析技术实现_____。

　　A) 从数据结构导出程序结构　　　　B) 从数据流图导出初始结构图
　　C) 从模块结构导出数据结构　　　　D) 从模块结构导出程序结构

8. 设一模块的内部处理动作为：成分 A 的输出是成分 B 的输入，则该模块的聚合性称为_____。

　　A) 顺序聚合　　　B) 功能聚合　　　C) 过程聚合　　　D) 通信聚合

9. 某个模块的作用域是指_____。

　　A) 被该模块调用的所有模块　　　　B) 调用该模块的所有模块
　　C) 与该模块相关联的所有模块　　　D) 受该模块内的判定所影响的所有模块

三、填空题

1. 软件模块独立性的两个定性度量标准是_____和_____。

2. 在结构化程序设计模块调用中，_____是指模块的上级模块数。

3. 如果两模块之间的通信信息是若干参数，而每个参数是单一的数据项，则称这种耦合性为_____耦合。

4. 结构化程序从理论上可以不使用_____语句。

5. 结构化程序设计以程序易读、易理解为目的，它使用_____、_____、_____三种基本控制结构来编制程序。

第 5 章　　程 序 设 计

模块设计工作完成后，接下来的工作就是根据模块设计阶段给出的模块逻辑结构，选择合适的开发工具，按照编程规范编写出高质量的程序代码。早期的开发工具比较简单，往往就是程序设计语言编译器，随着软件开发技术的发展，开发工具的功能越来越强大，不再仅仅是单一的编译器，例如 Windows 环境下一些可视化的开发工具可以为程序员提供完成大量用户界面的实现代码。

本章首先介绍目前常见的软件开发工具以及选择开发工具时应遵循的基本原则，然后讨论如何编写风格良好的程序代码。

5.1　开发工具的选择

5.1.1　常用开发工具简介

目前市场上可供选择的开发工具很多，不同的开发工具有各自的特点，且适合开发不同的应用系统，在使用时应根据需要选择。下面简单介绍一些常见的软件开发工具。

1. 高级程序设计语言

常用的程序设计语言有汇编语言和高级语言。汇编语言面向特定的计算机，可移植性差，与机器指令一一对应，程序编写工作量很大，十分繁琐。但是汇编语言编写的程序一般效率较高，而且可以直接对计算机底层设备进行操作，在一些对效率要求较高或工业控制的开发项目中经常会用到，而管理信息系统中一般较少使用。

高级语言在 20 世纪 60 年代投入使用，是使用最广泛的程序设计语言，不同的高级语言适用的领域也不尽相同。例如，早期的高级语言 FORTRAN 主要用于科学计算；有些高级语言为商业数据处理而设计，例如 COBOL 语言。

随着面向对象技术的发展，传统的面向过程的高级语言大多引入了面向对象的语言成分，如 C 发展成为 C++语言及 Objective C、Pascal 发展为 Object Pascal(Embarcadero 公司的 Delphi 开发环境使用该语言)，同时又产生了一些新的完全的面向对象的程序设计语言，如 C#、Java 等。面向对象的程序设计语言是一类很有潜力的开发工具，支持面向对象的程序设计思想。

高级语言与汇编语言不同，它不依赖于特定的计算机，使用高级语言编写的程序可以在不同类型的计算机上使用，只要这种类型的计算机有该语言的编译程序，因此高级语言具有较好的可移植性。使用高级语言编写的程序，一条语句往往对应多条机器指令，因此编程工作量大为减少。高级语言形式上更接近自然语言，与汇编语言相比，程序的可读性和可理解性也更好。

传统的高级程序设计语言虽然功能强大，但其数据库操作能力很弱，直接使用高级语言实现数据库管理功能工作量很大。开发管理信息系统可以使用一些第三方数据库软件包。不过，目前大部分高级语言编译器供应商提供的已不是单一的编译器，而是完整的开发环境，例如微软公司的 Visual Studio、Embarcadero 公司的 Delphi 等，它们已具备强大的数据库连接功能，且已成为信息系统常用的开发工具。

2. 第四代语言

高级语言通常被称为第三代程序设计语言，是一种过程化的语言。编写程序时需要详细描述问题求解的过程，告诉计算机每一步应该怎么做。为了把程序员从繁重的编码中解放出来，出现了第四代程序设计语言 4GL。

4GL 一般是非过程化的，具有以下一些特征：

(1) 具有强大的数据管理能力，能对数据库进行有效的存取、查询和其他相关操作。

(2) 能提供一组高效的、非过程化的命令，组成语言的基本语句。编程时用户只需用这些命令说明做什么，不必描述实现的细节。

(3) 能满足多功能、一体化的要求。为此，语言中除了必须含有控制程序逻辑与实现数据库操作的语句外，还应包含生成与处理报表、图形，以及实现数据运算和分析统计功能的各种语句，共同构成一个一体化的语言，以适应多种应用开发的需要。

最早的第四代语言是关系数据库的结构化查询语言 SQL，它是 ORACLE、DB2 等数据库系统实现的基本语言，具有较强的数据操作能力。SQL 语言在系统开发中一般不独立使用，而是嵌入在其他语言的程序中使用，帮助完成数据库的操作。

目前常用的一些开发工具如 Visual FoxPro、Power Builder 等都具有第四代语言的很多特点。另一类与第四代语言相似的开发工具，如 Visual C++、Visual Basic、Delphi 等，虽然使用传统的程序设计语言，但是它们提供了帮助用户生成各种程序框架的能力，可快速生成数据库应用程序。

4GL 可以提高软件生产率，但选用 4GL 也存在一些潜在的危险。许多 4GL 的一个设计目标是端用户编程(End-User Programming)，即由使用产品的人编程。如果允许用户使用 4GL 编写访问数据库的程序，可能会造成整个数据库的混乱。例如 Visual FoxPro 一类的开发工具，在我国很多非计算机专业人员都经过一些培训，他们能够直接使用 Visual FoxPro 打开数据库文件修改数据。使用这一类开发工具时应该慎重。

3. 数据库软件工具

管理信息系统开发中常使用的另一类开发工具是数据库软件工具产品。目前常见的数据库软件产品有两类：一类是文件型数据库管理系统，如 Visual Foxpro、Access，另一类是大型数据库服务器。

文件型数据库系统一般对异种数据库的访问以及网络环境的支持较差，不适宜开发客户/服务器模式的系统。

大型数据库服务器是指规模较大、功能较齐全的大型数据系统。目前较典型的系统有 ORACLE、SYBASE、INGRES、INFOMIX、DB2、SQL Server 等。这类系统功能齐全，容量巨大，适合于大型综合类数据库系统的开发。这些数据库服务器一般在后台运行，完成数据库的管理，前台应用程序通过 SQL 语言向其提交数据库操作请求。这类系统一般配有专门的接口语言，可以允许各类常用的程序设计语言(称为宿主语言)如 C 语言等访问数据库内的数据。

4. 客户/服务器与浏览器/Web 服务器应用开发工具

根据开发工具所支持的应用程序运行模式的不同，可以将开发工具分为传统开发工具类、客户/服务器工具类、浏览器/Web 服务器类等。

当前大部分开发工具均支持客户/服务器应用系统的开发，例如微软 Visual Studio 系列开发工具、开源的集成开发环境 Eclipse 等，可以根据需要选择。这一类开发工具大部分不仅仅是程序设计语言的编译器，而且是一个完整的开发平台。特别是目前常用的 Windows 环境下的开发工具，提供了良好的可视化开发环境，可以方便地构造图形用户界面、连接各种类型的数据库，减少应用系统开发的工作量。不过当前这一类开发工具大部分与操作系统关系密切，系统可移植性较差。

浏览器/Web 服务器模式的应用系统是随着 Internet 技术特别是万维网(WWW，World Wide Web)技术的发展而发展起来的，由于其前台直接使用 Web 浏览器，无需安装特殊的软件，使应用系统的维护工作变得十分简单，因而应用范围越来越广。当前开发浏览器/Web 服务器模式应用系统的技术有多种，如传统的 CGI 技术、Windows 操作系统下的 ASP.net、Linux 环境下的 PHP、基于 Java 技术的 JSP 等。

5. 可视化开发技术

可视化开发是 20 世纪 90 年代软件界最大的热点之一。随着图形用户界面的兴起，用户界面在软件系统中所占的比例也越来越大，有的甚至高达 60%～70%。产生这一问题的原因是图形界面元素的生成很不方便。为此 Windows 提供了应用程序设计接口(API，Application Programming Interface)，它包含了 600 多个函数，极大地方便了图形用户界面的开发。但是在这批函数中，大量的函数参数和数量更多的有关常量使基于 Windows API 的开发变得相当困难。为此，一些软件开发工具厂商开发了一批可视化开发工具。

可视化开发就是在可视化开发工具提供的图形用户界面上，通过操作界面元素，诸如菜单、按钮、对话框、编辑框、单选框、复选框、列表框和滚动条等，由可视化开发工具自动生成应用软件。

这类应用软件的工作方式是事件驱动。对每一事件，由系统产生相应的消息，再传递给相应的消息响应函数。这些消息响应函数是由可视化开发工具在生成软件时自动装入的。

可视化开发工具可以帮助程序员生成图形用户界面及相关的消息响应函数。通常的方法是先生成基本窗口，并在它的外面以图标形式列出所有其他的界面元素，让开发人员挑选后放入窗口指定位置。在逐一安排界面元素的同时，还可以用鼠标拖动，以使窗口的布局更趋合理。图 5.1 是微软公司 Visual Studio 提供的可视化开发界面。

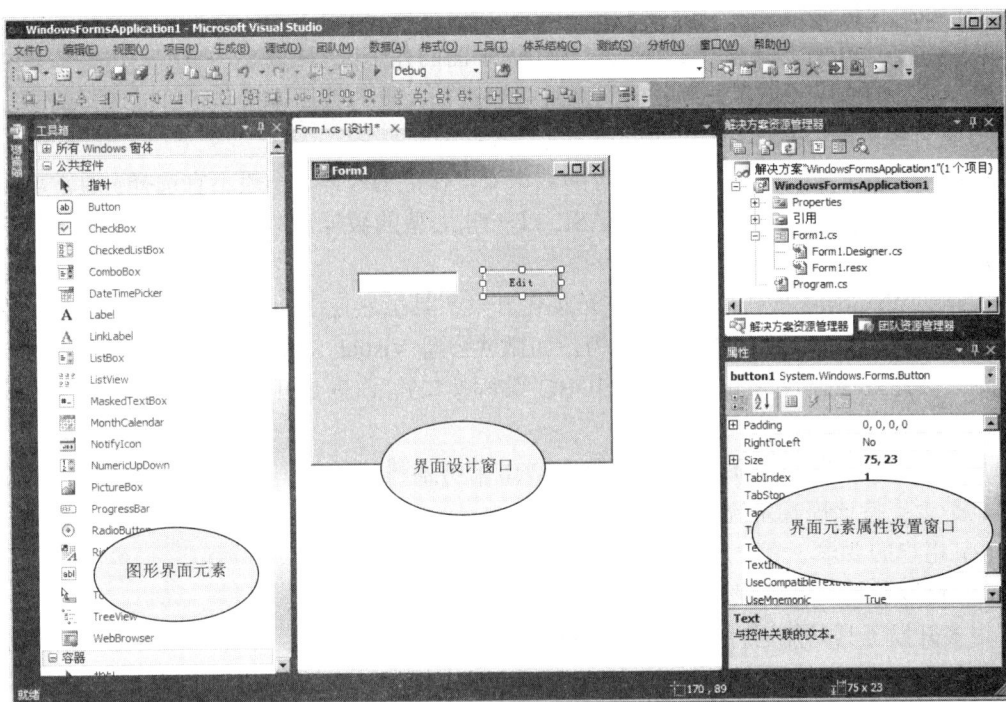

图 5.1 可视化开发界面

由于要生成与各种应用相关的消息响应函数，因此可视化开发只能用于相当成熟的应用领域，如目前流行的可视化开发工具基本上用于关系数据库的开发。对一般的应用，目前的可视化开发工具只能提供用户界面的可视化开发。至于消息响应函数(或称脚本)，则仍需用通常的高级语言编写。只有在数据库领域才提供 4GL，使消息响应函数的开发大大简化。

可视化开发是软件开发方式上的一场革命，它使软件开发从专业人员的手中解放出来，对缓解 20 世纪 80 年代中后期爆发的应用软件危机有重大作用。目前，Windows 操作系统下常见的开发工具如 Visual Basic、Visual FoxPro、Visual C++、Delphi、C++Builder 等都提供可视化的开发环境。

5.1.2 选择开发工具的原则

选择合适的开发工具首先应该考虑所选择的开发工具所适用的领域，除此之外一般还应该遵守下面的基本原则：

(1) 最少工作量原则：使用最小代价让系统工作。

(2) 最少技巧性原则：最好无需培训或很少培训就能编制程序。

(3) 最少错误原则：对常用的高级语言来说，要提供结构化控制结构、类型检查、数据结构描述、易于检验测试等机制。

(4) 最少维护原则：对一般的高级语言来说，提供软件包结构和独立编译能力。独立编译意味着可分别编译各个程序单元，无需因为修改了一个程序单元而重新编译所有的程序。

(5) 减少记忆原则。

在系统开发中选择开发工具时应具体考虑下面的几个因素：

(1) 项目的应用领域。大部分信息系统需要进行大量的数据库操作，所以选择的开发工具应该具有强大的数据库操作能力。

传统的高级语言如 C、PASCAL 等的数据库操作能力较差，一般不宜选择。通常可选择一些数据库系统开发工具，如 FoxBASE 或一些大型的数据库系统工具，如 ORACLE、SYBASE 等。

目前，Windows 操作系统下一些可视化开发工具虽然使用的是一些传统的程序设计语言，但也提供了强大的数据库操作能力，如微软公司 Visual Studio 系列的 Visual Basic 和 Visual C++，Java(通过 JDK 提供的 JDBC 编程接口)等，也是开发数据库应用程序的较好选择。

另外，开发客户/服务器模式或浏览器/Web 服务器模式的应用程序应该注意所选择的开发工具是否支持该模式系统的开发。

(2) 用户的要求。有时用户要求使用它们熟悉的语言。

(3) 可以使用的编译程序或开发环境。

很多开发工具只能运行于特定的软硬件环境，例如 Windows 环境下一些可视化的开发工具只能在 Windows 环境下使用。如果选择一般的高级语言，则必须有运行于目标系统运行环境的编译程序。

(4) 程序员的经验和知识。如果条件允许，则应尽量选择程序员熟悉的开发工具。

(5) 软件可移植性要求。如果目标系统需要运行于不同的环境，则应选择可移植性较好的程序设计语言。Java 是一种跨平台特性较好的语言，如果希望应用程序可以同时在多种平台运行，可以选择 Java，但其运行效率较低。

5.2 程序设计风格

5.2.1 什么是程序设计风格

程序设计风格又叫编码风格或编程风格。随着软件规模和复杂性的加大，程序不仅仅要被计算机编译执行，还要经常被人阅读。例如，在设计测试用例、查找错误、改正错误时，程序都要由程序作者或其他人员阅读，因此程序的可读性变得非常重要。程序设计风格指的是在编程时应该遵守的一些原则。遵守这些原则可以使程序更容易被阅读和修改。一个具有良好风格的程序在能工作的前提下，应具有如下特点：

(1) 易于测试和维护。

(2) 易于修改。

(3) 设计简单。为了使程序易于理解、测试和维护，最好的办法是使程序设计简单。坚决摒弃炫耀编程技巧以及把程序设计复杂化的任何想法和做法。

（4）高效。对程序中效率要求较高的模块通过改进算法、数据结构和程序的逻辑结构来提高程序的效率。

一个逻辑正确但杂乱无章的程序是没有什么价值的，因为它无法供人阅读，难于测试、维护。因此，我们应该养成良好的编程风格。

5.2.2　程序的内部文档

一个程序模块不仅要有外部文档(如模块开发卷宗)，而且程序内部也应该有完整的文档。完整一致的内部文档是帮助读者理解程序的重要手段。程序的内部文档包括程序的注解和程序的书写格式两个方面。

1. 程序的注解

几乎所有的程序设计语言都提供了注解语句，允许程序员对程序进行说明。程序注解主要有两种类型：序言性注解和功能性注解。

序言性注解出现在模块的开始位置，一般包括：

（1）模块的全名；

（2）模块的功能和性能；

（3）调用格式；

（4）界面描述，包括上级调用模块、本模块调用的下级模块、输入输出参数的含义和类型以及该模块所引用的全局变量等；

（5）开发历史，如作者、审查者、日期、修改的日期和修改的描述等内容。

如果一个模块规模较大，其中包含多个函数或子程序，则可以在模块的开始增加目录性注解，说明模块中的函数或子程序的位置和功能。

功能性注解是指在程序中每个具有独立功能的程序段之前说明该程序段功能的注解。书写功能性注解时应该注意以下几个方面：

（1）应描述独立功能的程序块，而不是对每个语句加以说明。

（2）注解不应是程序语句的重复，而应起补充说明作用。

（3）应使用注解符和空行，以便与程序段区分。

（4）注解应与代码一致。修改程序时应相应修改程序中对应程序段的注解，因为与程序功能不一致的注解在其他人阅读程序时会引起误解。

2. 程序的书写格式

程序的书写格式对于程序的可读性也有很多的影响。不同的程序设计语言对程序的书写格式要求不一，一些程序设计语言对程序书写格式要求较严格，而有一些程序设计语言书写格式比较随意。例如 C 语言程序语句的书写格式比 FORTRAN 语言随意得多。格式凌乱的程序的可读性将大大降低。通常在项目开发过程中应该对程序的书写格式进行规范，以便程序员之间相互协作交流。

程序书写格式应有助于读者理解程序，一般要注意以下几点：

（1）不要一行书写多条语句，这样会掩盖程序的逻辑结构。虽然现代大部分的程序设计语言都允许在一行中书写多条语句，但这样使程序的结构变得不清楚。代码行最大长度宜控制在 70～80 个字符以内。代码行不要过长，否则眼睛看不过来，也不便于打印。

（2）用缩排格式限定语句群的边界。缩排格式要显示程序的逻辑结构。常见的一些控制结构都应该使用缩排格式，例如循环语句、条件语句等控制结构的内层语句，应退格书写。下面是 C 语言中的 for 语句的例子：

```
for(i=0;i<100;i++)
{
    sum+=i;
}
```

条件语句 if 可按照下面的格式书写：

```
if(条件表达式)
{
    语句序列 1
}
else
{
    语句序列 2
}
```

if、for、while、do 等语句自占一行，执行语句不得紧跟其后。不论执行语句有多少都要加{}，这样可以防止书写失误。

（3）在程序段之间，程序段与注解之间用空行和注解符来分割。在 C++程序中，每个类声明之后以及每个函数定义结束之后都要加空行。例如：

```
// 空行
void Function1(…)
{
…
}
// 空行
void Function2(…)
{
…
}
// 空行
void Function3(… )
{
…
}
```

在一个函数体内，逻辑上密切相关的语句之间不加空行，其他地方应加空行分隔。例如：

```
// 空行
while (condition)
{
```

```
statement1;
// 空行
if (condition)
{
statement2;
}
else
{
statement3;
}
// 空行
statement4;
}
```

有时也可以借助于一些自动工具来实现一致的程序格式。常见的一些格式化工具通常可以对程序中的注解以及控制语句的缩排形式进行规范。

5.2.3　标识符命名的风格

标识符的命名是程序风格的重要内容。标识符包括变量名、函数名、子程序名、文件名等。标识符的选择不应该仅仅满足程序设计语言的语法限制，好的标识符对程序的可读性有很大的影响。变量是程序设计中用得最多的标识符之一，下面我们主要讨论变量命名的风格。

1. 变量命名的一般原则

初学程序设计语言的人往往习惯使用一些比较随意的变量名，如 x、y、x1 等。当程序规模较大时，这一类变量看起来很混乱，从变量名上难以判断变量的类型和作用，而且往往会出现很多相似的变量名，使程序的可读性降低。软件开发规范要求变量命名应该做到以下几点：

(1) 使用有意义的变量名。变量命名应能反映变量的意义和含义，以使它能正确地提示该程序对象所代表的实体，并能帮助读者理解和记忆。例如：

d=s*t;

就不如

distance=speed*time;

(2) 使用不易混淆的变量名。过于相似的变量名，容易引起输入错误和误解。

(3) 同一变量名不要具有多种含义。这种情况使读者在阅读程序时易于误解，也不便于修改。

(4) 显式说明一切变量。为了易于理解和避免出错，所有变量都应该显式说明后再使用。有些程序设计语言允许对变量名不进行说明就直接使用，例如 FORTRAN 语言、BASIC 语言等。在使用这些语言编程时应特别注意，由于变量可以不定义直接使用，在输入源程序时如果变量名输入错误，编译器也不能检测。其他一些高级语言如 C、PASCAL 等程序设计语言不允许使用未定义的变量，在编程时可避免这一类错误。

(5) 对变量名作出注解说明其含义。

2. 匈牙利命名规则

近年来影响较大的标识符命名规则是匈牙利命名规则，它是由匈牙利人 Charles Simonyi 于 1972 年发明的一种给变量取名字的方式。最初这种命名规则并没有得到足够的重视，自从微软公司在 Windows 中使用了该命名规则之后，才得到广泛的应用。下面是 Windows API 中函数 CreateWindow 的原型说明：

> HWND CreateWindow(LPCTSTR lpClassName, LPCTSTR lpWindowName,
>   DWORD dwStyle, int x, int y, int nWidth, int nHeight,
>   HWND hWndParent, HMENU hMenu, HANDLE hInstance, LPVOID lpParam);

这里函数的形式参数的名称使用了匈牙利命名规则，例如第一个参数 lpClassName 由两部分构成，lp 表示该参数的数据类型，ClassName 表示该参数的含义。

一般来讲，匈牙利命名规则中变量名的构成如下：

> 变量名= <类型><限定词>

其中"类型"为变量的数据类型，"类型"使用小写的英文字母表示，如上面的 lp(Large Pointer)。"限定词"表示变量的含义，区分同一类型的不同变量。限定词的命名应符合上面所讲软件开发规范的要求。限定词的第一个字母必须是大写英文字母。

类型和限定词之间没有任何分割符，就用限定词的第一个大写字母来标定边界。例如，上面函数中形式参数 hMenu，h 是类型(表示句柄 handle)，Menu 是限定词(表示菜单)。

匈牙利命名规则中的"类型"类似于传统程序设计语言中的数据类型(如 C 语言的 int、float)，但其概念更广，一般可分为图 5.2 中所示的三种。

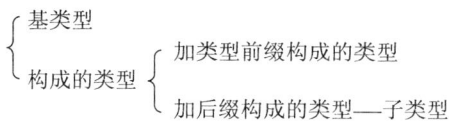

图 5.2　类型构成

(1) 基类型：最基本的类型称为基类型。基类型的名称定义为其描述的缩写，通常为 1～2 个字符。有些常用的基类型有约定的用法，如：

n：整型数据，如 C 语言中的 int；

sz：以零结束的字符串(C 语言中以 '\0' 结束的字符串)；

f：标志(flag)。

(2) 加类型前缀构成的类型：在基类型前加上类型前缀就构成一个新的类型。常用的类型前缀有：

p：指针，例如 pc 表示指向字符型数据的指针类型；

c：计数(count)；

i：数组下标；

d：偏移量。

(3) 加后缀构成新类型——子类型：在基类型后面加上一个或两个小写英文字母作为对

基类型的进一步规定。例如：x 表示坐标类型，xi 表示以英寸计的坐标类型。

如果通过加上类型前缀或后缀的方法所构成的类型表达式变得很长，则应该定义一个新的基类型。

匈牙利命名规则中的限定词可以使用完整的英文单词。必要时也可以使用英文单词的缩写或者将多个英文单词连起来使用(每个单词的第一个字母采用大写)。例如上面例子中的 hWndParent，其中 Wnd 为英文 Window 的缩写。常用的一些缩写限定词如：

Temp(或 Tmp、T) 表示临时变量
Prev(或 Prv)   前一个(Previous)
Next   下一个
Dest   目标
Src   源

限定词也可以使用数字，有时也可以是空白。

选择限定词应该遵循以下几条原则：

(1) 对于布尔变量，限定词应描述其值为"真"时的情形，以便于阅读程序。例如，fOpen 表示文件打开是否成功，则下面的程序片断在阅读时更易于理解：

```
if(fOpen){
    …/*文件打开成功执行的操作*/
}
else{
    …/*文件打开失败执行的操作*/
}
```

换一个相反的限定词 Fail，读者可以体会一下其中的区别。

(2) 对于枚举集合中的值，逐一描述其元素。例如一个表示颜色的枚举类型，用 co 表示类型，该类型的常量元素可以命名为 coRed、coGreen 等。微软公司在 Windows 中，常量一般采用大写英文字母表示。例如 Windows 消息常量，均以 WM_开始(Windows Message 的缩写)，后面跟表示该常量含义的限定词，如 WM_ACTIVATE 表示窗口被激活的消息，WM_CHAR 表示键盘输入消息。

(3) 在与其他类型有关的情况下，也可以用该"其他类型"作为限定词，此时要将其第一个字母大写。

在使用匈牙利命名规则时应注意的是，有些程序设计语言允许的标识符长度较短，此时限定词应注意采用缩写。特别要注意的是，有些程序设计语言，如 FoxBASE 等，当变量名长度超出规定的长度时，将超出部分截断而不给出任何警告信息，往往会将不同的变量名当作同一个变量。

子程序或函数的命名方法可以参照变量命名方法。函数名可由三个部分构成：

函数名=<类型><作用><参数>

以上三个部分每一部分均可为空，每一部分的每一个单词均以大写字母开头。完整列出三个部分往往会使函数名或子程序名变得很长，造成使用上的不便。如果参数个数很多，可列出主要的一个或多个参数。微软公司的 Windows API 函数名称通常只有<作用>部分，例如上面例子中的 CreateWindow。目前常用的高级语言如 C++、PASCAL 对函数的调用形

♋ *122* ♋ 信息系统分析与设计
式的检查一般比较严格，参数或类型使用错误大部分可由编译器检查出来，特别是目前一些开发工具，如 Delphi、Visual C++ 等还可以在源程序输入时实时给出函数原型的提示，因此在函数名中包含类型或参数信息意义不大。

5.2.4　语句构造

模块设计阶段确定了模块内部的逻辑结构，编码阶段则根据程序的逻辑结构构造语句。构造语句应该遵守以下原则：

(1) 语句应该简单而直接，不要为了提高效率而使程序变得复杂或难以理解。早期的计算机存储空间和机时往往十分昂贵，程序员往往为了减少程序运行时所占用的存储空间和运行时间而使用一些编程技巧，使程序变得难以理解。请看下面的 C 程序片断：

  a=a–b;
  b=a+b;
  a=b–a;

上面三行 C 语言程序实现了变量 a、b 值的交换，省去了使用中间变量，程序的功能变得很不直观，难以理解。通常交换变量可采用中间变量实现：

  c=a;
  a=b;
  b=c;

随着计算机硬件价格的下降，效率的重要性在很多时候不再是第一位，而随着软件规模的扩大，程序的可读性成为衡量软件质量的一个极其重要的因素。对程序效率的追求，主要依靠好的设计和优秀的算法来达到，而不能希望从语句的改进方面获得很大的提高。

(2) 不要为了节省空间而将多条语句写成一行。将多条语句放在一行并不能使软件的可执行代码减小，反而会降低程序的可读性。

(3) 尽量避免复杂的条件测试。复杂的条件表达式不仅影响程序的可读性，而且不易测试，难以保证其正确性。

(4) 尽量减少“非”条件的测试。“非”条件的测试往往会引起阅读上的困难。在使用“非”条件测试时应注意条件表达式中变量或函数名限定词的选择应遵守 5.2.3 节中布尔变量限定词的命名原则。下面是 C 语言中的一个条件语句的例子：

  if(!strcmp(s1, s2))

这种写法在 C 语言中代码效率较高，因而在一定的范围内流行很广，可是它的风格很差。如果两个字符串相等，那么返回真。但是“!”的使用则表明不相等的时候才执行 if 后面的语句。这个问题可以通过宏定义来解决：

  #define Streq(s1,s2) (strcmp((s1), (s2)) == 0)

现在上面的条件语句可改写为

  if(Streq(s1,s2))

虽然程序代码的效率较低，但程序变得易于阅读理解。

(5) 避免大量使用循环嵌套和条件嵌套。大量的嵌套使程序的逻辑变得很复杂，不易理解。另外要注意在使用嵌套时应使用 begin…end(Pascal 语言)、花括号(C 语言)等将同一层次的语句标识出来，防止二义性。例如，下面的 C 语言程序结构片断：

```
if(条件表达式 1)
{
    if(条件表达式 2)
        语句 1
}
else
    语句 2
```

在多重循环中，如果有可能，应当将最长的循环放在最内层，最短的循环放在最外层，以减少 CPU 跨切循环层的次数。例如下面两个 C 程序片段，程序 1 长循环在最外层，效率低，而程序 2 长循环在最内层，效率较高。

程序 1：
```
for (row=0; row<100; row++)
{
    for ( col=0; col<5; col++ )
    {
        sum = sum + a[row][col];
    }
}
```

程序 2：
```
for (col=0; col<5; col++ )
{
    for (row=0; row<100; row++)
    {
        sum = sum + a[row][col];
    }
}
```

(6) 利用括号使逻辑表达式和算术表达式的运算次序直观清晰。一些程序设计语言运算符的结合性和优先性很复杂，难以记忆，即使你能够保证它的正确性，也应该使用括号使运算顺序更直观清晰。这样做不仅可以使程序更易于他人阅读，而且可以杜绝错误。

(7) 不要为追求效率而使用中间变量。有时可以使用中间变量来暂存某些运算结果，减少程序运算的次数，提高程序运行的效率，但中间变量的含义不明确，在阅读时不易理解。例如，下面的程序运算 $a=(b-c^2)^2$：

```
a1=(b-c*c);
a=a1*a1;
```

这里引进了中间变量 a1 暂存 $b-c^2$ 的值，减少了运算的次数，但破坏了原来直接了当的表达式，而且分成了两条语句，使程序的易理解性受到了影响。

(8) 不要用浮点数作相等比较。浮点数在计算机内部表示方法与整型数据不同，它是不精确的。使用浮点数进行相等比较往往不能得到预期的结果。请看下面的 C 语言程序：

```
main( )
{
float i=567,k;
k=i/1000;
printf("%f",k*1000);
}
```

使用 Turbo C 2.0 编译运行上面的程序，输出结果并不是 567.000 000，而是 566.999 972。

因此在使用有些程序设计语言中的多分支语句时，应注意不能使用浮点型的表达式。例如 C 语言中的 switch 语句，虽然 C 语言语法允许其后的表达式为浮点类型，但往往不能得到预期的结果。

实 验 四

1．实验目的

本章主要介绍了常见的应用软件开发工具和编程风格，安排本次实验的主要目的是要培养良好的编程风格，主要包括以下几个方面的要求：

(1) 养成在程序中书写注解的习惯；

(2) 程序的书写格式要规范，熟练使用缩排格式；

(3) 使用匈牙利命名规则；

(4) 构造简明易懂的程序语句。

2．实验内容

选择一种熟悉的程序设计语言或开发工具，编制实验三中各模块的程序代码，也可以另外选择其他的一些程序设计题进行练习。在编写程序时应注意程序设计的风格，然后分别调试各个模块的程序。

3．实验步骤

本次实验分为以下三步：

(1) 根据实验三所选择的项目，以及小组内其他成员所设计的模块的逻辑结构编写程序；

(2) 编译调试程序；

(3) 书写实验报告，谈谈按照开发规范编写程序代码的优点。

习 题

一、问答题

1. 非过程化语言与过程化语言的区别是什么？

2. 选择语言有哪些原则？在项目开发时对语言选择应考虑哪些方面的问题？

3. 程序的注解有几种？如何使用程序的注解？

4. 变量命名应遵循哪些原则？

5. 研究下面一段程序的功能，并将它改写成具有良好风格的程序。

```
if(x<y)
      goto   L30;
if(y<z)
      goto L50;
small=z;
goto L70;
L30:
if(x<z)
      goto L60;
      samll=z;
      goto L70;
L50:
      small=y;
goto L70;
L60:
      small=x;
L70:
```

二、选择题

1. 源程序的版面文档要求应有变量说明、适当注释和_____。

　　A) 框图　　　　　　B) 统一书写格式　　　C) 修改记录　　　D) 编程日期

2. 在下列计算机语言中，_____依赖于具体的机器。

　　Ⅰ 高级语言　　　　　Ⅱ 机器语言　　　　Ⅲ 汇编语言

　　A) 只有Ⅰ　　　　　B) 只有Ⅱ　　　　　C) Ⅱ和Ⅲ　　　　D) Ⅰ，Ⅱ和Ⅲ

3. 解释程序与编译程序同属于语言处理程序，下列关于它们的叙述中_____是正确的。

　　A) 解释程序产生目标程序　　　　　　　　B) 编译程序产生目标程序

　　C) 两者均产生目标程序　　　　　　　　　D) 两者均不产生目标程序

第 6 章   系统测试、实施与维护

系统设计完成后，首要的工作就是对系统进行测试，然后将新系统付诸使用。任何产品都需要经过测试，确保其符合质量要求，并能满足用户的需求。信息系统自然也不能例外。软件是信息系统的重要组成部分，由于其自身的一些特点，给测试工作带来了巨大的困难。本章首先介绍软件测试的概念和测试的基本原则，然后着重介绍常用的测试方法和测试步骤，最后简要讨论系统的实施和维护阶段的主要工作。

6.1 软 件 测 试

6.1.1 测试的基本概念

软件测试是对软件计划、软件设计、软件编码进行查错和纠错的活动。测试的目的是为了找出软件开发过程中各个阶段的错误，以便分析错误的性质和确定错误的位置，并纠正错误。

软件测试伴随着程序设计的出现而出现，随着软件技术的发展，人们对软件测试的认识也在不断加深。通常人们认为"软件测试是为了证明软件是正确的"。实际上这种认识是错误的。1983 年，IEEE 提出的软件工程标准术语中软件测试的定义是："使用人工或自动手段来运行或测定某个系统的过程，其目的在于检验它是否满足规定的需求，或弄清预期结果与实际结果之间的差别"。G.J.Myers 则认为"程序测试是为了发现错误而执行程序的过程"。

上面的两种定义有不同的强调方面，关于软件测试的概念，我们要注意以下两点：

(1) 软件测试是为了发现程序中的错误而不是证明程序的正确性。按照 Myers 的观点，"成功的测试是发现了至今尚未发现的错误的测试"。当然测试的目的不仅仅是发现错误，还包含检验、评价等。

(2) 软件测试方法不仅仅是执行程序，也包括人工方法。事实上，人工测试在某些测试阶段可以发现大部分的错误。

6.1.2 测试的基本原则

要高质量地完成测试工作，找出软件中的错误，应该遵守下面的一些基本原则：

(1) 测试队伍与开发队伍应分别建立。

开发和测试工作两者在思想和方法上都是不一样的，为了保证测试的质量，应分别建立开发和测试队伍。开发工作是建设性的，而在测试阶段，人们设计出一系列的输入数据

(称为测试用例)，目的是为了"破坏"已经建造好的软件。就像给硬件产品做高低温试验、震动试验、破坏性试验一样。而且一般程序编写者往往认为自己编写的程序是正确的，要他们找出自己程序中的错误是十分困难的。

(2) 设计测试用例时，要给出测试的预期结果。

一个测试用例应由两部分组成：

① 对程序进行测试的一组输入数据的描述；

② 由这一组输入数据所产生的程序的预期输出结果的描述。

预期输出结果不一定是精确的输出结果，对于一些复杂的计算，人工计算结果可能需要很大的工作量，可以给出一个对输出结果有效范围的描述。

(3) 设计测试用例时，应包括对有效的和期望的输入条件的测试，也应包括对无效的和非期望的输入条件的测试。

一个程序不仅当输入合法时能正确运行，而且当有非法输入时，应该能够拒绝这些非法输入，并给出适当的提示信息。

(4) 在程序修改之后，要进行回归测试。

对程序的任何修改都有可能引入新的错误，所以必须进行回归测试，即将以前的所有测试用例再次输入测试，而不是仅仅测试以前结果不正确的测试用例。回归测试有助于发现由于修改程序而引入的新错误。

(5) 对发现错误较多的程序段，应进行深入的测试。

如果发现某个程序段错误较多，则表明这个程序段质量很低，有可能隐藏有更多的错误，应该进行深入的测试。

6.1.3　测试方法

软件测试方法有多种，这些测试方法具有不同的思路和出发点。总的来说，测试方法可分为静态测试方法和动态测试方法两大类。

所谓静态测试方法，是指不在计算机上运行被测试程序，而是采用其他手段达到对程序进行检测目的的测试方法。静态测试方法包括人工测试方法和计算机辅助静态分析方法。

所谓动态测试方法，是指在计算机上运行被测试程序，并用所设计的测试用例对程序进行检测的方法。动态测试方法根据设计测试用例的思想不同可分为白盒测试、黑盒测试以及穷举测试等。

下面分别介绍各种测试方法。

1. 人工测试方法

人工测试方法是指依靠人而不是计算机来对程序进行检测的方法。人工测试可以找出计算机测试不容易发现的错误，可以减少系统测试的总工作量。根据统计，人工测试能有效地发现 30%～70%的逻辑设计和编码错误。

人工测试可以采用人工运行和代码审查的方式。代码审查可以由程序编写者本人非正式地进行，也可以由审查小组正式进行。代码审查主要是对照常见程序错误清单对程序代码进行分析审查，并将发现的错误记录下来。

表 6.1 是由 Myers 提供的常见程序错误清单，该表主要针对 FORTRAN 一类的程序设计语言所编写的程序，其他的程序设计语言编写的程序也可参照该清单。表中的参数相当于 C

语言中函数的形式参数，而变元相当于 C 语言中函数调用时的实际参数。

表 6.1　Myers 提供的常见程序错误清单

一、模块接口检查表
1.模块接收的输入参数个数与模块的变元个数是否一致？
2.参数与变元的属性是否匹配？
3.参数与变元所用的单位是否一致？
4.传送给被调用模块的变元的数目是否等于那个模块的参数的数目？
5.传送给被调用模块的变元属性和参数的属性是否一致？
6.传送给被调用模块的变元的单位和参数的单位是否一致？
7.传送给内部函数的变元属性、数目和次序是否正确？
8.是否修改了只是作为输入用的变元？
9.全程变量的定义在各个模块中是否一致？
10.有没有把常数当作变量来传送？

二、完成外部输入/输出时的检查表
1.文件属性是否正确？
2.打开文件语句是否正确？
3.格式说明与输入输出语句给出的信息是否一致？
4.缓冲区大小与记录大小是否匹配？
5.是否所有文件在使用前都已打开了？
6.对文件结束条件的判断和处理是否正确？
7.对输入输出错误的处理是否正确？
8.输出信息中有没有正文错误？

三、模块局部数据结构的检查表
1.有没有不正确或不一致的说明？
2.有没有不正确的初始化和缺省值？
3.有没有错误的变量名？
4.有没有不相容的数据类型？
5.有没有下溢、上溢或地址错误？

四、计算错误检查表
1.对运算优先次序的错误理解或错误处理。
2.发生了混合运算(运算对象的类型不相容)。
3.初始化错误。
4.计算精度不够。
5.表达式的符号表示错误。

五、比较错误的检查表
1.不同数据类型的数据进行比较。
2.逻辑运算符或其优先次序用错。
3.本应相等的数据，由于精度原因而不相等。
4.变量本身有错或比较有错。
5.循环终止不正确或循环不止。
6.“差 1”错(多一次或少一次循环)。
7.当遇到发散的迭代不能摆脱出来。
8.循环控制变量修改有错。

六、出错处理的检查表
1.对错误的描述难以理解。
2.指明的错误并非实际遇到的错误。
3.出错后尚未进行错误处理，错误条件已引起了系统干预。
4.对错误的处理不正确。
5.提供的错误信息不足，以致无法找到出错的原因。

人工测试还可以采用软件审查的方式，它可以用于系统开发的各个阶段，对产品的质量进行评审。限于篇幅，本书不再详细介绍。

2. 计算机辅助静态分析方法

计算机辅助静态分析方法是利用计算机测试工具对被测程序的特性进行分析方法的总称。

静态分析工具主要有下面几种形式：

(1) 静态确认工具：对程序进行静态分析和确认，收集一些程序中的信息，以查找程序中的各种缺陷和可疑的程序构造。例如，使用了一个尚未赋值的变量，或者赋了值的变量一直没有使用等。

(2) 符号执行工具：以符号值作为程序的输入，使程序符号执行，对程序的运算规律加以检验。

(3) 程序验证工具：交互式程序验证系统是证明程序正确性的一种工具。它通过系统内部基于符号的逻辑变换和结构归纳，提取程序的语义和结构的要点来分析证明程序的正确性。

3. 黑盒测试

黑盒测试又称功能测试，即不管程序内部是如何编制的，只考虑程序输入和输出之间的关系，或只考虑程序的功能。因此，测试者必须根据软件的规格说明书来确定和设计测试用例。黑盒测试也被称为数据驱动测试或基于规格说明书的测试。

黑盒测试适合于对内部结构未知的软件进行测试，例如对于外购的软件包，只能根据软件包的功能说明书进行测试。另外，用户对系统的验收测试也使用黑盒测试方法，因为用户关心的是软件能否实现所需的功能。也可以说，黑盒测试是从用户观点进行的测试。

4. 白盒测试

白盒测试也称为结构测试，它是根据被测试程序的逻辑结构设计测试用例。使用白盒测试方法需要了解程序的内部结构，对程序的不同逻辑路径进行测试。由于采用不同方法设计测试用例对程序的逻辑路径覆盖的程度不一，因此白盒测试又被称为基于"覆盖"的测试。覆盖率越高，测试越充分。

5. 穷举测试

软件测试的主要目的是查找软件中存在的错误，而不能证明软件的正确性。实际上采用一般的测试方法根本无法证明软件的正确性。有人主张通过白盒或黑盒测试方法对所有可能的情况进行测试，如果所有的情况都是正确的，则可证明程序是正确的。这种方法被称为穷举测试，实际上除了一些简单的程序外，它是无法实现的。

使用黑盒测试进行穷举测试，必须穷举所有可能的输入数据。举一个简单的例子，假设输入三个无符号整数作为三角形的三条边长，判断该三角形是否为直角三角形。C语言中无符号整数的范围为 $0 \sim 2^{16}-1$，如果要穷举所有的输入数据，则测试用例数为 $2^{16}*2^{16}*2^{16} \approx 3*10^{14}$，假定程序每执行一次需要 1 ms，则需要一万年。

白盒测试要实现穷举测试同样难以实现，当程序中包含有较复杂的循环和条件语句嵌套时，可能的执行路径数目同样很多，测试用例要覆盖所有的执行路径是根本不可能的。

6.1.4　设计测试用例

使用白盒测试和黑盒测试都需要设计测试用例，上一节中已经提到要将所有可能的情况穷举出来是不可能的，因此在设计测试用例时必须依据一定的原则，以保证既能对程序进行充分的测试，而测试用例的数目又不能太大。本节将介绍常用的白盒和黑盒测试用例设计的方法。

1. 白盒测试

白盒测试根据模块设计阶段对模块内部逻辑结构的描述设计测试用例。根据测试用例对模块所有可能执行路径的覆盖程度，可将其分为语句覆盖、判定覆盖、条件覆盖、判定条件覆盖、条件组合覆盖和路径覆盖。

1) 语句覆盖

语句覆盖要求所设计的用例使程序中的每一条语句至少执行一次，这是覆盖程度很低的一种覆盖标准。下面是一个简单的例子。

假设程序的流程图如图 6.1 所示，对应的 C 语言源程序片段如下：

```
X=0;
if(A>1||B>2)
        X=A+B;
printf("%d", X);
```

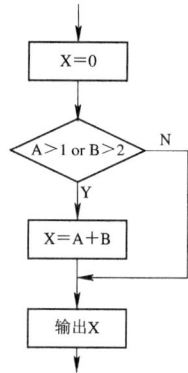

图 6.1 被测试程序的流程图

现在按语句覆盖标准设计测试用例，只需设计一组测试用例使条件"A>1 or B>2"成立即可，例如：

输入数据：A=2，B=0；输出数据：X=2。

这组测试用例虽然覆盖了所有的语句，但对条件语句的分支测试不充分，只测试了条件为真的分支。如果条件表达式中的第一个条件表达式 A>1 误写为 A=1(C 语言中该表达式值为真)，则这组测试用例无法检测该错误。同样，如果条件表达式中的第二个条件表达式 B>2 写错，则这组测试用例也不能检测出程序的错误。

2) 判定覆盖

判定覆盖要求对程序中所有判定的分支都必须能够执行到。对于上面的例子，可设计两组测试用例。

第一组输入数据：A=2，B=0；输出数据：X=2；

第二组输入数据：A=1，B=0；输出数据：X=0。

这两组测试用例分别使条件语句中的条件表达式取"真"和"假"，很显然也是语句覆盖，但对程序的测试比语句覆盖更充分。

判定覆盖也是一种较弱的覆盖，这里的例子对条件表达式中 B>2 的测试很不充分，没有测试该表达式为真的情况。

3) 条件覆盖

条件覆盖是指设计的测试用例能使程序中判定的每一个条件的可能取值都满足一次。

对于上面的例子，判定中有两个条件，每个条件的可能取值为：

条件 1：A>1　　　真　　　　　记为 T1
　　　　　　　　　假(A≤1)　　　记为 F1
条件 2：B>2　　　真　　　　　记为 T2
　　　　　　　　　假(B≤2)　　　记为 F2

可以设计两组测试用例：

第一组输入数据：A=2，B=3；　输出数据：X=2；　满足 T1、T2；

第二组输入数据：A=1，B=0；　输出数据：X=0；　满足 F1、F2。

在大部分情况下，条件覆盖比判定覆盖强，因为它使判定表达式中每个条件都取得了可能的值，而判定覆盖只关心整个判定的取值。读者可以很容易地看出，这里的两组测试用例也满足判定覆盖的要求。但条件覆盖并不一定总是满足判定覆盖的要求，对上面的例子，我们看下面的两组测试用例：

第一组输入数据：A=2，B=0；　输出数据：X=2；满足 T1、F2；

第二组输入数据：A=1，B=3；　输出数据：X=4；满足 F1、T2。

这两组测试用例虽然满足条件覆盖的要求，但它不满足判定覆盖的要求。

4) 判定/条件覆盖

判定/条件覆盖是指设计足够的测试用例，使其既满足条件覆盖的要求，又满足判定覆盖的要求。要求判定中每一个条件所有的取值都能满足一次，而且保证判定的每个分支都能执行到一次。很显然，判定/条件覆盖比前面的几种覆盖标准更强。

判定/条件覆盖仍然有一定的不足，表面看起来它测试了所有条件的所有可能取值，但实际上往往有某些条件掩盖了另一些条件。假设判定由两个条件构成，例如"x and y"，如果 x 取值为"假"，则不管此时 y 的取值为"真"还是为"假"，整个判定的值均为"假"。

5) 条件组合覆盖

条件组合覆盖是指设计足够的测试用例，使得判定中各种条件可能的取值组合都能满足一次。

对上面例子中的程序，判定中共有两个条件表达式，每个条件都有两种取值，因此共有四种取值组合，它们是：

(1) A>1, B>2；

(2) A>1, B≤2；

(3) A≤1, B>2；

(4) A≤1, B≤2。

请读者自行设计四组输入数据分别满足不同的取值组合，本书不再赘述。

很显然，条件组合覆盖的测试用例必定满足判定/条件覆盖、条件覆盖和判定覆盖的要求。

6) 路径覆盖

路径覆盖是指设计足够的测试用例，使其覆盖程序中所有可能的路径。

前面在介绍穷举测试时，我们提到对于一些含有复杂条件和循环嵌套的程序，其可能路径的数目很大，路径覆盖是无法实现的。对于一些简单的程序，路径覆盖还是可以实现的，我们看图 6.2 所示的程序流程示意图。

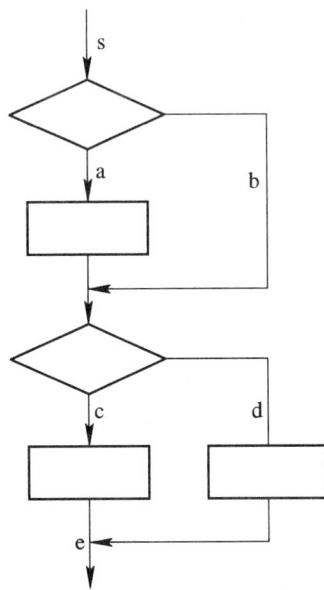

图 6.2　被测程序的流程图

该流程图中共有两个判定，程序执行的所有可能的路径共有 4 种：sace、sade、sbce 和 sbde。

对于一些含有循环及条件嵌套的程序，由于其可能的执行路径数目巨大，要实行真正的路径覆盖是不可能的。对于这样一些程序，可以采取一些方法来简化测试用例的设计，例如通常可以将循环简化为进入循环和不进入循环的分支操作，则执行路径的数目将大大减少。

2. 黑盒测试

黑盒测试是根据功能说明书进行的测试，测试者只知道程序的输入和输出之间的关系或程序的功能。测试者必须仔细地研究程序的功能说明，找出程序的功能信息或输入和输出之间的关系，然后设计测试用例并推断测试结果的正确性。常用的黑盒测试方法有等价类划分、边界值分析等。

1）等价类划分

等价类划分是黑盒测试常用的一种方法。它的基本思想是：将所有可能的输入情况划分为若干个等价类，然后为每一个等价类设计一个测试用例，如果这个测试用例程序的输出结果是正确的，则认为对该类的所有数据该程序都能得到正确的输出结果。

等价类划分方法测试的质量取决于等价类划分是否合理，这往往依赖于测试人员的经验。下面是等价类划分经常采用的一些规则：

(1) 如果规定了输入值的范围或值的个数，则取一个有效等价类、两个无效等价类。例如，功能说明书规定"项数为 1～10"，则取一个有效等价类"项数在 1～10 之间"，两个无效等价类"项数<1"和"项数>10"。

(2) 如果输入项规定了值的集合，则取一个有效等价类和一个无效等价类。例如规定电话号码"以数字开头"，则取一个有效等价类"以数字开头"，一个无效等价类"以字母或其他字符开头"。

(3) 如果规定了输入数据的一组值，而且程序对不同输入值进行不同处理，则每个允许的输入值分别是一个有效等价类，此外还有一个无效等价类。

(4) 如果规定了输入数据的规则，则取符合规则的一个有效等价类和若干不符合规则的无效等价类。

(5) 如果规定了输入数据是整形，则可以划分出负整数、零、正整数三个等价类。

以上只是一些可供参考的规则，实际工作中应仔细分析程序输入数据的要求，划分出有代表性的有效等价类和无效等价类。

在确定输入数据的等价类时，常常还需要分析输出数据的等价类，以便根据输出数据等价类导出输入数据的等价类。例如，输入三角形的三条边长，判断三角形是普通三角形、等腰三角形还是等边三角形，在设计等价类时显然应根据输出结果进行等价类的划分。

在划分有效等价类之后，按照等价类设计测试用例时应该注意：

(1) 设计一个测试用例，使其覆盖尽可能多的尚未覆盖的有效等价类。

(2) 设计一个测试用例，使其只覆盖一个无效等价类。

之所以如此要求，是因为经验表明，程序员往往更注意有效输入，而忽视对无效输入数据的处理。

现在来看一个简单的例子。假设程序要求输入某城市的电话号码，电话号码由三个部分构成。这三个部分的名称与内容分别是：

地区码：空白或三位数字；

前缀：非"0"或"1"开头的三位数字；

后缀：四位数字。

假定被测试的程序接收符合上述规则的所有号码，拒绝所有不符合规则的号码。现在使用等价类划分法来对其进行测试。

第一步，划分等价类。划分的等价类以表格形式(表 6.2)给出，并给每个等价类一个惟一的编号。

表 6.2　电话号码的等价类划分

输入条件	有效等价类	无效等价类
地区码	空白(1)，3 位数字(2)	有非数字字符(5)，少于 3 位数字(6)，多于 3 位数字(7)
前　缀	从 200 到 999 之间的数字(3)	有非数字字符(8)，起始位为'0'(9)，起始位为"1"(10)位数字(11)，多于 3 位数字(12)
后　缀	4 位数字(4)	有非数字字符(13)，少于 4 位数字(14)，多于 4 位数字(15)

第二步，确定测试用例。表中有四个有效等价类，可使用下面两个测试用例：

测试数据	测试范围	期望结果
(　　)276-2345	等价类(1)(3)(4)	有效
(635)805-9321	等价类(2)(3)(4)	有效

对于 11 个无效等价类，应选择 11 个测试用例。限于篇幅，这里不再一一给出。

2) 边界值分析法

在等价类划分法中，代表一个等价类的测试数据可以在这个类的允许值范围内任意选择。假设输入数据 x 的有效范围为[1.0, 10.0]，则设计测试用例时，有效等价类的输入数据可为 1～10 之间的任意数据，例如 2.0。如果程序员将 x>=1.0 错写为 x>1.0，则所选定的测试用例将不能检测到这类错误。如果选择有效范围的边界上的测试用例，则对这类错误的测试效果将很好，这就是边界值分析的基本思想。

各种资料和经验也表明，程序员在程序设计过程中往往对输入输出数据有效范围的边界不够重视，在处理边界情况时，程序最容易发生错误。使用边界值分析方法设计测试用例，暴露程序错误的可能性将更大。

在对边界值进行分析，进行测试用例设计时，可参考下面的一些规则：

(1) 如果输入条件规定了取值范围，则应对该范围的边界内附近、恰好在边界上和边界外附近设计测试用例。

例如，规定输入值的有效范围为[1.0, 10.0]，则应对 0.9、1.0、1.1、9.9、10.0、10.1 设计测试用例。

(2) 如果输入条件规定了数据的个数，则应对最小个数、最大个数、比最小个数少 1、比最大个数多 1 等情况设计测试用例。

(3) 对软件规格说明中的每一个输出条件仿照前面对输入条件使用的(1)、(2)原则设计测试用例。

边界值分析法通常不作为一种独立的测试方法，而是作为其他测试方法的一种补充。例如，使用等价类划分法设计测试用例后，再使用边界值分析法补充部分测试用例对边界情况进行测试。

黑盒测试方法除了上面介绍的两种之外，常见的还有因果图、错误推测法和判定表驱动测试等。本书在此不进行详细介绍。

6.1.5　测试过程与步骤

软件测试的过程如图 6.3 所示。

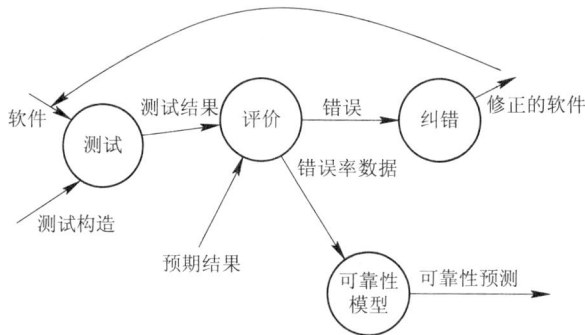

图 6.3　软件测试的过程

图 6.3 中的输入有两类，即：

(1) 软件，即待测试的软件，包括设计阶段相关的文档和源程序清单等。

(2) 测试构造，包括测试计划、测试用例及预期的测试结果。

将得到的测试结果与预期结果比较，如果不符，则意味着错误，需要纠正，经过纠错后的软件需要再进行回归测试，如此反复地进行；如果相符，则根据测试过程中错误发生的情况建立可靠性模型，作为系统付诸实施后的维护工作的依据。这一点正如前面所讲的，测试的目的并不是证明软件的正确性，测试通过的软件仍然可能含有错误。

大型软件的测试工作一般分为模块测试、集成测试、确认测试和系统测试四个阶段。下面我们对每个阶段的主要内容和方法进行简单的介绍。

6.1.6　模块测试

程序模块是构成信息系统中软件部分的基本单位，模块的测试是信息系统软件测试的第一步。模块测试又叫单元测试，经验表明模块测试发现的错误占错误总数的 65%，其重要性显而易见。一个模块具有以下属性：

(1) 名字；

(2) 应完成的功能；

(3) 实现功能所应采用的算法；

(4) 内部使用的数据结构；

(5) 模块接口。

一个模块可被其他模块调用，因此要接收输入参数，并在该模块执行完成后给调用模块返回输出参数。该模块在执行过程中也可能调用其他模块，因此需要输出数据作为被调用模块的输入参数，并接收被调用模块返回的输入数据。

1．模块测试的内容

模块测试针对模块的各项属性进行检验测试，主要内容有：

1）模块接口测试

在测试模块的其他属性之前，首先应对穿过模块接口的数据进行测试。如果数据不能正确地在模块之间传递，其他的动态测试将不能正常进行。

在对模块接口进行测试和检验时，应着重参照 Myers 提供的常见程序错误清单中的"模块接口检查表"和"完成外部输入/输出时的检查表"来逐项检查。

2）局部数据结构

对于一个模块来说，局部数据结构通常是错误的发源地，应该设计相应的测试用例，以便发现下列类型的错误：

(1) 不一致或不正确的说明；

(2) 错误的初始化或错误的缺省值；

(3) 不相容的数据类型；

(4) 上溢、下溢和地址异常。

除了局部数据结构外，如有可能，在模块测试期间也应检查全局数据对模块的影响。

3）覆盖条件和路径测试

在单元测试期间，必须对重要模块的基本路径进行测试。应设计测试用例，用来发现由于不正确的计算、比较或不适当的控制流而造成的错误。

计算中常见的错误有：

(1) 算术运算优先次序不正确或误解了运算次序；

(2) 运算方式不正确；

(3) 初始化不正确；

(4) 精度不够；

(5) 表达式的符号表示不正确。

程序中的比较运算和控制流向关系密切，通常在比较之后发生控制流的变化。测试用例应发现下述错误：

(1) 不同数据类型的数据进行比较；

(2) 逻辑运算符不正确或优先次序不正确；

(3) 因为精度问题造成期待相等的数据不相等；

(4) 循环终止条件不正确；

(5) 不正确地修改循环变量。

4）错误处理

良好的程序设计应能预先估计到运算中可能发生的错误和异常，例如误操作或不正确的输入数据，并给出相应的处理措施。在模块测试时，应有意地进行不合理输入，检查程序的错误处理能力。主要注意检查如下几种情况：

(1) 输出的出错信息难以理解；

(2) 输出的出错信息与实际不符；

(3) 错误处理不正确；

(4) 在错误处理之前，错误已引起系统干预。操作系统一般都具有一定的错误捕获能力，但是它给出的错误信息一般比较笼统，应用程序应在操作系统捕获错误之前，对错误进行处理。

5) 边界测试

对输入输出数据的各种等价类边界，以及分支条件和循环条件的边界，都应测试模块能否正确工作。

2. 模块测试的步骤与方法

单元测试常被当作编码的附属步骤，当编码完成后，程序员首先进行初步检查，然后可由专门的测试人员或采用码审查会的形式来进行测试。在确认没有语法错误之后，可针对每个模块单独地进行测试工作。

模块的动态测试采取白盒测试的方法，根据模块设计阶段得到的模块的逻辑结构设计测试用例。

由于模块不是完整独立的程序，往往不能独立地运行，在整个系统中既可能被别的模块调用，也可能调用其他的模块。要进行动态测试，必须要模拟这两类关系以建立一个独立的测试环境。在单元测试过程中，需要设计两类辅助测试模块来模拟这两类关系。用以模拟被测模块的上级调用模块称为驱动模块；模拟被测模块运行过程中所调用的模块称为桩模块。

驱动模块的作用是：在单元测试中从外部接受测试数据；把测试数据转发给被测模块，运行被测模块；接受被测模块的测试结果数据；输出结果数据。驱动模块一般包含三种语句：输入语句、仿照其上级模块调用格式的调用语句、输出语句。

桩模块用来代替被测模块所调用的模块。一般只需打印接口数据并返回，以便于检测被测模块与其下级模块之间的接口，有时也需要用最简单的方法来模拟它所替代的模块的动作。

驱动模块和桩模块只是为测试而编写的，一般都很简单，测试工作结束后它们就没有用处了。

模块测试阶段如果发现程序有错，错误一般发生在编码和模块设计阶段，应对编码和模块设计阶段的工作进行检查，改正错误后重新测试，直至模块能完成规定的功能。

6.1.7 集成测试

模块测试完成后，每个模块能正常完成规定的工作。进一步的工作就是将所有模块组装起来构成一个完整的系统。

1. 集成测试的基本方法

实践表明，单个模块能正常工作，并不能保证组装后也能正常工作。常见的原因有：

(1) 模块间的接口未经过严格测试，可能存在错误；

(2) 一个模块可能会破坏另一个模块的功能；

(3) 把子功能组合起来不能产生预期的主功能；

(4) 单个模块可以接受的误差在组装后累计放大，超出可接受的程度。

鉴于以上的原因，在模块的组装过程中必须进行测试，称为集成测试或组装测试。集成测试的主要目的是发现与接口有关的错误。

如果集成测试阶段发现错误，则可能是在总体设计阶段设计软件结构时模块之间接口定义有误。

集成测试主要有非渐增式测试和渐增式测试两种方法。

(1) 非渐增式测试的过程是：先对每个模块进行测试，再将所有模块按系统软件结构组装，然后进行测试。一般用黑盒测试法设计测试用例。

(2) 渐增式测试的过程是：逐个将未经测试的模块组装到已经测试过的模块上，然后进行集成测试。它不严格区分模块测试和集成测试阶段。每加入一个新模块都进行一次测试，重复此过程直到系统组装完成。

渐增式测试模块组装的顺序可分为自顶向下结合和自底向上结合两种方法。

1) 自顶向下结合

自顶向下结合的方法是：按照软件结构图自顶向下进行结合，首先测试顶层模块，然后逐步加入下层模块。可采取先广度后深度逐层安装，或者先深度后广度进行模块结合。自顶向下结合方法不需要编写驱动模块，因为模块被组装进来时，它的上层模块已安装好。

图 6.4 所示的软件结构图采用先广度后深度逐层安装时，模块的安装顺序为 A→B→C→D→E→F→G；若采用先深度后广度结合方法，模块的安装顺序则为 A→B→E→C→F→D→G。

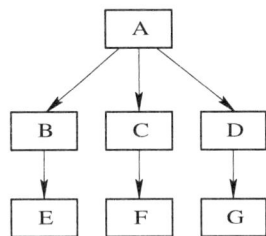

图 6.4　软件结构图

2) 自底向上结合

自底向上结合的方法是：按照软件结构图自底向上，逐步安装与测试，直到测试结束。图 6.4 的软件结构测试过程如图 6.5 所示，分三步组装测试(图中 di 表示驱动模块)。自底向上的结合方式只需要驱动模块，不需要桩模块。

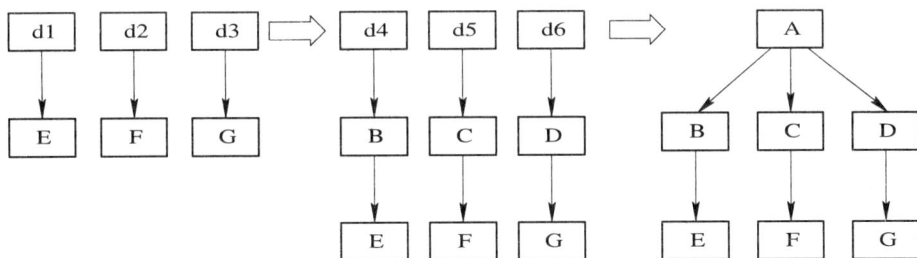

图 6.5　自底向上结合

对于复杂的软件结构，在底层进行模块结合时一般按照子功能进行结合，把接近底层的模块分为若干族，为每一族分别编写驱动程序进行测试。

2. 不同测试方法的比较

非渐增式测试方法单元测试阶段使用的辅助模块较多，适合于较小规模的系统。而且如果系统规模很大，则测试中若发现错误，错误的定位将非常困难。

渐增式测试逐步组装系统，很容易发现错误发生在哪个模块，适合于大规模的系统。

采用自顶向下结合可在程序测试的早期实现并验证系统的主要功能，及早发现上层的接口错误，但对底层关键模块中的错误发现较晚。采用自顶向下结合不能多个测试小组同时工作，测试周期较长。

采用自底向上测试的优缺点与自顶向下相反，可以及早发现底层关键模块中的错误，但到测试的后期才能看到系统的全貌。采用自底向上结合可以多个测试小组同时展开工作，测试不同的子系统。

在实际测试工作中可以采取混合的测试策略，自底向上和自顶向下测试同时展开，对系统的上层采用自顶向下的组装方法，而对系统的中、下层模块采用自底向上组装测试的方法。

6.1.8　确认测试

确认测试，也称为验收测试。在集成测试之后，软件已组装完成，接口错误也已改正，下一步应该验证软件的有效性，由用户参与测试，检验软件功能是否与用户的要求一致。

确认测试通过黑盒测试法来证实软件的功能与用户要求是否一致。测试计划和测试过程的目标是：检查功能、性能要求是否达到，文档资料是否正确完整以及其他要求如可移植性、错误恢复能力和易维护性等是否满足。

确认测试如果发现功能或性能与用户要求有差距，通常与需求分析阶段的差错有关。因涉及面较广，通常需要与用户协商来妥善解决。

确认测试由用户试运行系统进行验收，在测试前应对用户进行培训。信息系统试运行前的培训工作的内容请参考 6.3 节。

对于一些通用的软件，要求所有客户进行验收确认是不可能的。这类软件确认测试一般分为两个阶段，称为 Alpha(α)测试和 Beta(β)测试。Alpha 测试在开发者的场所由用户在开发者关注和控制的环境下进行。Beta 测试则是在一个或多个客户自己的场所由最终用户进行，开发者不到场。客户记录下测试中遇到的所有问题，试运行一个阶段后把这些问题报告给开发者。

6.1.9　系统测试

软件经过确认测试后，最终还要与系统中的其他部分配套运行。系统测试的任务就是测试软件与系统其他部分是否能正常配套工作。系统测试通常有以下几类测试：

(1) 恢复测试：通过人工干预使软件出错，检查在故障状态下系统的修复能力。

(2) 安全测试：设计测试用例，突破软件安全保护机构的安全保密措施，检验系统是否有安全保密的漏洞。

(3) 强度测试：检验系统负荷能力的最高限度。进行强度测试时，让系统的运行处于资源的异常数量、异常频率、异常批量的条件下。

(4) 性能测试：检验安装在系统内的软件的运行性能，一般与强度测试结合进行。

对于专为某个特定的组织机构开发的信息系统，一般在集成测试后即进入试运行，让它实际地运行一段时间，对系统的功能和性能进行验收测试。有关试运行阶段的工作将在 6.3 节中介绍。

6.1.10　测试阶段的主要文档

测试阶段的主要文档包括测试计划和测试分析报告。单元测试作为编码阶段的附带步骤，一般没有独立的文档，这里讲的测试主要是指整个程序系统的组装测试和确认测试。

1. 测试计划

测试计划包括每项测试活动的内容、进度安排、设计考虑、测试数据的整理方法及评价准则。表 6.3 为测试计划的编写提纲。

表 6.3　测试计划的编写提纲

1.引言
1.1 编写目的
1.2 背景
1.3 定义
1.4 参考资料
2.计划
2.1 软件说明
2.2 测试内容
2.3 测试 1(标识符)
2.3.1 进度安排
2.3.2 条件
2.3.3 测试资料
2.3.4 测试培训
2.4 测试 2(标识符)
⋮
3.测试设计说明
3.1 测试 1(标识符)
3.1.1 控制
3.1.2 输入
3.1.3 输出
3.1.4 过程
3.2 测试 2(标识符)
⋮
4.评价准则
4.1 范围
4.2 数据整理
4.3 尺度

2. 测试分析报告

测试分析报告的编写是为了把组装测试和确认测试的结果、发现及分析写成文件加以记载，具体的内容要求如表 6.4 所示。

表 6.4　测试分析报告编写提纲

1.引言
1.1 编写目的
1.2 背景
1.3 定义
1.4 参考资料
2.测试概要
3.测试结果及发现
3.1 测试 1(标识符)
3.2 测试 2(标识符)
⋮
4.对软件功能的结论
4.1 功能 1(标识符)
4.1.1 能力
4.1.2 限制
4.2 功能 2(标识符)
5.分析摘要
5.1 能力
5.2 缺陷和限制
5.3 建议
5.4 评价
6.测试资源消耗

6.2　调　　试

6.2.1　调试方法

软件测试的目的是发现程序中是否有错误，错误在什么位置以及错误的原因。发现错误后应进行调试。调试工作包含两个方面：一是查找错误的位置和原因，二是改正错误。

查找错误的位置和原因是调试工作的重点，本节着重介绍如何确定错误的位置。

测试中发现程序的运行结果与预期结果不符，仅从运行结果往往无法判断，因此在调试程序时一般都会采取一些方法以获得更多的信息。常用的一些调试方法有：

1) 输出存储器内容

这种方法一般在调试汇编语言编写的程序时使用。通过输出存储器的内容获取程序运行出现错误的现场，然后进行分析研究，判断出错的原因。这种方法由于输出信息量极大，而且输出的是某一时刻状态，不能动态反映程序的执行情况，往往很难从中查找出错误的原因。

2) 打印语句

在程序中插入打印语句输出关键变量在程序运行过程中的动态值，可以检验在某个事件后，变量是否按预期的要求发生变化。这种方法需要修改源程序插入打印语句，可用于模块测试或小型程序的调试。

3) 自动调试工具

利用调试工具来分析程序的动态行为。目前大部分的开发环境都提供一定的调试功能，也可以选择一些独立的调试工具软件。

一般调试工具提供的调试功能主要有：变量值观察与修改、单步跟踪、设置断点等。可以在执行过程中观察变量的动态变化。

6.2.2　调试策略

在使用上面介绍的几种常用调试方法调试程序时还需注意调试策略。例如，如何确定在程序中什么位置打印变量的值或设置断点。常见的调试策略如下。

1) 试探法

分析测试结果，猜想错误发生的大致位置，再用前面介绍的调试方法确定出错位置。这种方法效率一般很低。

2) 回溯法

这是一种对小型程序很有效的调试方法。从错误发生征兆的位置开始，人工往回追溯源程序代码，直到征兆消失为止，进而找出错误的原因。

3) 归纳法

从一些线索(错误的迹象可能存在于一种或多种测试用例的结果中)着手，分析寻找它们之间的联系，提出对错误原因的假设，然后再证明或否认假设。归纳法的工作过程如图 6.6 所示。

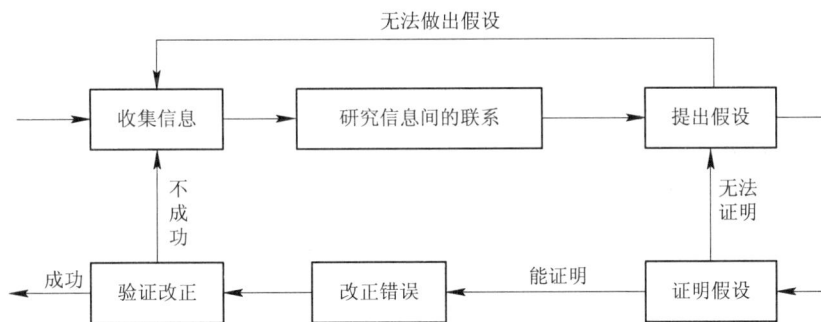

图 6.6　归纳法调试过程

4) 演绎法

演绎法与归纳法过程相反，它首先列举出一些可能的原因和假设，然后根据测试结果对列出的错误原因进行排除，分析余下的错误原因，不能确定就留下继续分析，可确定就排除错误。对剩余不可确定的原因，再增加测试数据，重复测试过程，直到故障排除。图 6.7 是演绎法实施的过程。

```
┌─────────┐      ┌─────────┐  剩余错因  ┌─────────┐       ┌─────────┐  能证明   ┌──────┐
│ 列出可能 │─────→│ 排除不正 │─────────→│ 分析余下的│──────→│ 确定原因 │────────→│  纠错 │
│ 的原因  │      │ 确的原因 │          │ 错误原因 │       │         │         │      │
└─────────┘      └─────────┘          └─────────┘       └─────────┘         └──────┘
     ↑               │                                        │ 不
     │               ↓                                        │ 能
     │          ┌─────────┐                                   │ 证
     │          │ 收集更多 │←──────────────────────────────────┘ 明
     └──────────│ 测试数据 │
                └─────────┘
```

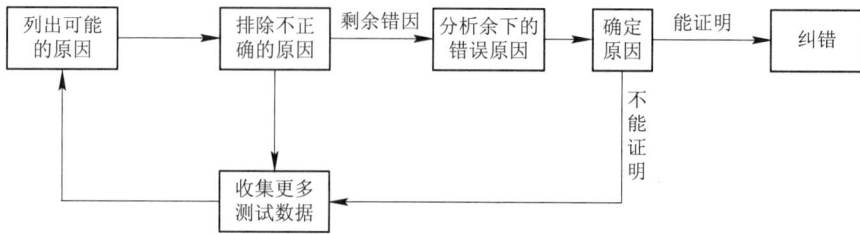

图 6.7 　演绎法调试过程

6.3 系 统 实 施

6.3.1 人员及岗位培训

　　系统实施是系统开发的最后一个阶段，将系统设计阶段的结果在计算机上实现。系统实施阶段的主要任务除了前面章节中已介绍的程序设计与调试外，还包括计算机硬件设备的购置和安装调试、操作人员的培训和系统切换及试运行。

　　为用户单位培训系统操作、维护、运行管理人员是信息系统开发过程中不可缺少的重要环节。对人员的培训工作应该尽早进行，一方面是因为系统开发的各个阶段都必须有用户参加，尽早培训可以更好地使系统分析人员与用户进行沟通；另一方面，系统集成测试之后将投入试运行和实际运行，用户接受培训后可以更好地配合开发人员进行系统测试。一般对操作人员的培训与编程和调试工作同时进行，培训的主要内容包括：

　　(1) 系统整体结构，系统概貌；

　　(2) 系统分析设计思想和每一步考虑；

　　(3) 系统输入方式和操作方式的培训；

　　(4) 可能出现的故障以及故障的排除；

　　(5) 系统文档资料的分类以及检索方式；

　　(6) 数据的收集、统计渠道、统计口径等；

　　(7) 运行操作注意事项等。

　　如果系统用户对计算机技术不甚了解，对信息系统缺乏基本的认识，则在系统开发早期还应对用户进行 MIS 及计算机基本知识的培训，在系统试运行前还应对计算机系统的基本操作、汉字输入方法等进行培训。

6.3.2 试运行和系统转换

　　系统实施的最后一个阶段就是新系统的试运行和新老系统的转换。系统试运行阶段的主要工作包括：

　　(1) 系统的初始化，输入原始数据记录；

　　(2) 记录系统的运行数据和运行状况；

　　(3) 核对新系统和老系统(人工或计算机系统)的输出结果；

(4) 对实际系统的输入方式进行考查(是否方便、效率如何、安全可靠性、误操作保护等);

(5) 对系统实际运行、响应速度(包括运算速度、传递速度、查询速度、输出速度等)进行实际测试。

为特定用户开发的专用信息系统一般在系统组装完成后即进入试运行,试运行阶段的工作包含了对系统进行确认测试和系统测试的任务。

新系统开发完成后最终要代替老系统,完成系统的切换。系统切换有如下三种方式。

1) 直接切换

在确定新系统运行准确无误时,立刻启用新系统,终止老系统的运行。这种方式节省人员和设备费用,适用于一些处理过程不太复杂、数据不很重要的场合。

2) 并行切换

新老系统并行工作一段时间,经过一段时间的考验后,新系统正式替代老系统。对于较复杂的大型系统,这种方法提供了一个与旧系统运行结果进行比较的机会,可以对新旧两个系统的时间要求、出错次数和工作效率给以公正的评价。由于与旧系统并行工作,用户消除了尚未认识新系统之前的惊慌与不安。这种方式的主要特点是安全、可靠,但费用和工作量都很大。

3) 分段切换

这种切换方式是上面两种方式的结合。在新系统正式运行前,一部分一部分地替代老系统。切换过程中没有正式运行的那一部分,可以在一个模拟环境中进行考验。这种方式既保证了可靠性,又不至于费用太大。但是这种分段切换对系统的设计和实现都有一定的要求,否则无法实现这种分段切换。

图 6.8 是上面三种方式的示意图。

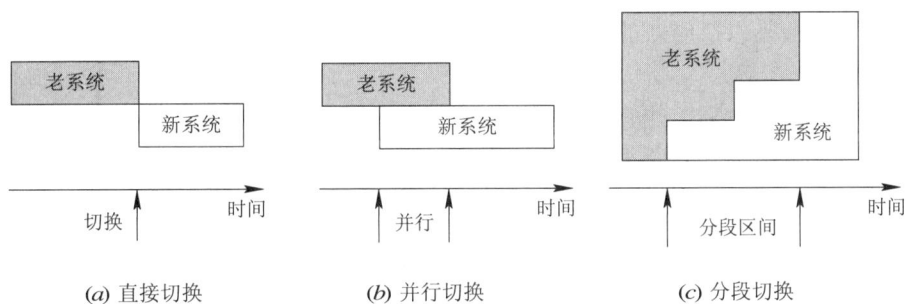

(a) 直接切换　　　　　　*(b)* 并行切换　　　　　　*(c)* 分段切换

图 6.8 系统切换的三种方式

6.4 系 统 维 护

6.4.1 维护的内容

信息系统实施之后,由于各种因素的影响,例如系统运行环境的变化或者程序中存在未检测到的错误等，为了保证系统的正常工作，要求系统不断地完善并能适应各种变化，还需要进行系统的维护工作。

系统维护的工作内容大致包括：

(1) 软件的维护：运行中发现软件测试阶段未发现的错误，或者用户对系统的功能要求发生变化，以及业务量的急剧增长等都有可能需要对软件进行修改。

(2) 数据文件及代码的维护：随着系统的变化，原有的数据文件或代码不能适应新的需要，需要维护数据文件或修改旧的代码系统。

(3) 硬件的维护：包括计算机、网络及相关设备的日常管理和维护工作。一旦硬件发生故障，必须由专门的人员进行修理。

(4) 机构和人员的变动：机构和人员的变动有时也会对信息系统的流程和对设备及程序的维护工作产生影响。

6.4.2　软件维护的分类

软件维护是信息系统维护的主要工作，软件工程学科将软件维护定义为"对现有运行软件进行修改而同时保留其主要功能不变的过程"。通常软件维护工作可分为如下四类。

1) 改正性维护

软件测试不可能将所有潜在的错误都查找出来，设计再好的测试用例也难免存在遗漏。运行中必然会发现软件错误，需要维护人员进行调试并改正错误。这类维护工作称为改正性维护或纠错性维护。

2) 适应性维护

计算机系统硬件及操作系统的更新换代频繁，而一个大型的信息系统软件开发常常需要耗费巨资，因为系统运行环境的改变而废弃不用是很不合算的。因此要求维护人员对原来的软件进行修改，以适应新的软硬件运行环境的要求。这类维护活动称为适应性维护。

3) 完善性维护

当系统投入使用之后，用户会提出增加新功能，修改已有的功能以及一般的改进和建议。为了满足和部分满足这类要求，所进行的维护活动称为完善性维护。完善性维护占软件维护工作的大部分。

4) 预防性维护

为了给未来的改进奠定更好的基础而修改软件的维护活动称为预防性维护。这类维护活动相对较少。

完善性维护占据了维护工作量的大部分，是最主要的维护活动。图 6.9 是 1987 年由 Roger S. Pressman 统计的四种维护活动的分布情况。

维护工作的多少和难易程度取决于软件设计的水平，软件开发应该注意按照软件工程方法的要求进行，以提高软件的可维护性。软件的可维护性由维护人员理解、改正、改动和改进软件的难易程度来衡量。开发过程的每个阶段必须有完备一致的文档资料，在设计软件结构时应注意提

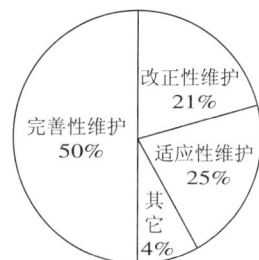

图 6.9　四种维护工作量的分布

高模块之间的独立性。完备一致的文档资料有助于维护阶段阅读理解程序，对软件维护之后相应的文档资料也应该进行修改以保持软件与文档的一致性。模块之间的独立性可以避免维护工作中对某一个模块的修改而影响到系统中的其他模块。

6.4.3　维护的管理

系统的各项维护工作都应有专人负责，并且通过一定的审批手续。系统硬件维护的管理相对简单，本节我们主要讨论软件维护的管理，因为软件维护相对影响较大，例如一个业务处理过程的修改，往往会影响其他过程或子系统。

软件维护工作应由相对固定的维护组织来承担，一般应少吸收设计人员参加。这样可以促使设计人员在设计时注意提高软件的可维护性，另一方面不会影响设计人员从事新项目的开发工作。

软件维护首先由系统操作的各类人员或业务管理人员提出对某项工作的要求，申请形式可以是书面报告或填写专门的维护申请表。维护要求被批准后，系统管理员组织维护人员实施维护。软件维护的工作流程可参考图 6.10。

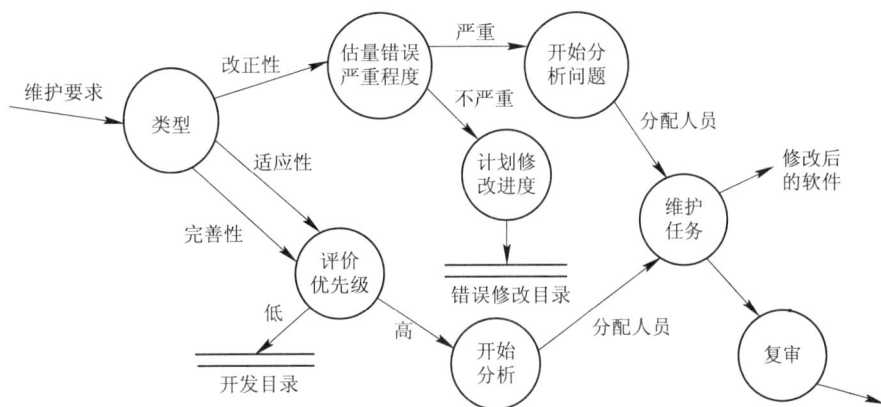

图 6.10　软件维护工作流程

维护要求按其类型分成两条不同的处理路线。对于适应性和完善性维护来说，其性质与开发工作类似。

对每次的软件维护活动都应作出维护记录，并存入软件维护数据库中。维护记录一般包含下面的一些内容：

- 程序标识；
- 源语句数；
- 使用的程序设计语言；
- 程序安装的日期；
- 自从安装以来程序运行的次数；
- 自从安装以来程序失效的次数；

- 程序改动的层次和标识；
- 因程序修改而增加的源语句数；
- 因程序修改而删除的源语句数；
- 每个改动所耗费的人时数；
- 程序修改的日期；
- 软件维护工程师的姓名；
- 维护要求表的标识；
- 维护类型；
- 维护开始和完成的日期；
- 累计用于维护的人时数；
- 该维护完成所带来的纯效益。

实　验　五

1．实验目的

本章主要介绍了系统软件测试和调试以及系统的实施运行工作的内容和基本方法，安排本次实验的主要目的为：

(1) 熟悉单元测试和集成测试的主要任务；
(2) 掌握白盒测试和黑盒测试设计测试用例的主要方法；
(3) 学习编写测试计划和测试报告；
(4) 熟悉集成测试的主要步骤；
(5) 熟练掌握常见开发工具的调试功能的使用方法，积累程序调试的经验。

2．实验内容

对实验四中编写的各个模块的代码分别进行单元测试，排除错误，然后编写集成测试计划，进行集成测试，最后编写测试报告。

3．实验步骤

本次实验分以下几步：

(1) 小组内成员交换阅读各自编写的程序代码，对照常见错误表检查是否存在错误；
(2) 编写各模块的驱动模块和桩模块；
(3) 准备各模块的条件组合覆盖或路径覆盖的测试用例；
(4) 测试各模块，检查测试结果，排除错误；
(5) 准备集成测试的测试用例(等价类划分法、边界值分析法)；
(6) 编写集成测试计划；
(7) 进行集成测试；
(8) 编写测试报告。

习　题

一、问答题

1. 什么是软件测试？软件测试的主要目的是什么？

2. 一个测试用例包括哪两个部分？

3. 测试工作应遵循哪些原则？结合你的体会谈谈这些原则的意义。

4. 软件测试一般分为哪几个阶段？与软件生存周期各阶段有什么关系？

5. 什么是静态测试和动态测试？什么是白盒测试和黑盒测试？各包含哪些测试技术？

6. 调试工作包括哪两个方面？常见的调试方法有哪些？

7. 系统转换的方式有哪几种？各有什么特点？

8. 系统维护工作主要包含哪些内容？

9. 什么是软件维护？按照维护目的的不同可分为哪几类？

10. 为第 5 章习题中的问答题的第 5 小题修改后的程序分别设计语句覆盖、判定覆盖、路径覆盖的测试用例；并根据其功能用等价类划分法设计黑盒测试用例。

二、选择题

1. 在软件工程中，软件测试的目的是_____。

    A) 试验性运行软件　　　　　　　　B) 发现软件错误

    C) 证明软件是正确的　　　　　　　D) 找出软件中全部错误

2. 在软件工程中，当前用于保证软件质量的主要技术手段是_____。

    A) 正确性证明　　B) 测试　　　　C) 自动程序设计　　D) 符号证明

3. 软件测试是软件开发过程的重要阶段，是软件质量保证的重要手段，下列_____是软件测试的任务。

    Ⅰ 预防软件发生错误　　Ⅱ 发现改正程序错误　　Ⅲ 提供诊断错误信息

    A) 只有Ⅰ　　　　B) 只有Ⅱ　　　　C) 只有Ⅲ　　　　D) 都是

4. 软件测试是软件质量保证的重要手段，下述_____测试是软件测试的最基础环节。

    A) 功能测试　　B) 单元测试　　C) 结构测试　　　　D) 确认测试

5. 在软件测试中，确认(验收测试)主要用于发现_____阶段的错误。

    A) 软件计划　　B) 需求分析　　C) 软件设计　　　　D) 编码

6. 软件维护是软件运行期的重要任务，下列维护任务中_____是软件维护的主要部分。

    A) 完善性维护　　B) 适应性维护　　C) 校正性维护　　D) 支持性维护

7. 如果按用户要求增加新功能或修改已有的功能而进行的维护工作，称为_____。

    A) 完善性维护　　B) 适应性维护　　C) 预防性维护　　D) 改正性维护

8. 软件维护阶段是软件生存周期中持续时间最长的阶段，它从_____时算起。

    A) 产生可执行程序　　　　　　　　B) 组装测试通过

    C) 软件交付使用　　　　　　　　　D) 用户提出第一份维护报告

9. 软件生存周期中，运行期的主要任务是_____。

    A) 软件开发   B) 软件维护   C) 版本更换   D) 功能扩充

10. 软件测试方法中，黑盒测试法和白盒测试法是常用的方法，其中黑盒测试法主要是用于测试_____。

    A) 结构合理性   B) 软件外部功能 C) 程序正确性   D) 程序内部逻辑

11. 软件文档是软件工程实施中的重要成分，它不仅是软件开发各阶段的重要依据，而且也影响软件的_____。

    A) 可理解性   B) 可维护性   C) 可扩展性   D) 可移植性

12. 软件测试是保证软件质量的重要措施，它的实施应该是在_____。

    A) 程序编码阶段   B) 软件开发全过程

    C) 软件运行阶段   D) 软件设计阶段

三、填空题

1. 在软件测试中路径测试是整个测试的基础，它是对软件的_____进行测试。

2. 在软件测试中黑盒测试的主要任务是通过测试来检查程序的_____。

3. 模块集成测试的方法有_____和_____。_____是从底部模块向上层模块依次集成进行测试。为了进行测试需要_____以便调用被测试模块，但从开发初期就能并行进行测试工作。

第 7 章　面向对象开发方法与 UML

　　面向对象开发方法在最近 10 多年来得到了飞速的发展，得到越来越广泛的应用，支持面向对象的软件开发工具逐渐成为主流。20 世纪 90 年代初期流行的几种面向对象技术如 Booch 方法、OMT 对象建模技术、Coad/Yourdon 方法(即著名的 OOA/OOD)等逐步融合，采用统一建模语言(UML)对目标系统进行建模。越来越多的 CASE 工具采用 UML 作为建模语言，支持面向对象的开发方法。本章将简单介绍面向对象的开发方法、UML 建模语言以及 IBM 公司的统一软件开发过程(RUP)。

7.1　面向对象开发方法

7.1.1　面向对象技术的发展过程

　　20 世纪 70 年代末至 80 年代初，计算机应用领域日渐扩大，系统软件和应用软件的需求日益多样化，系统规模日益膨胀，传统的结构化分析方法和面向过程的编程技术已无法给予有效的支持，导致软件的生产方式和效率远远赶不上信息化社会发展的需要。人们开始寻找和研究新的方法和技术，面向对象方法和技术应运而生。

　　面向对象(OO，Obeject Oriented)方法和技术起源于面向对象的程序设计语言(OOPL)。20 世纪 80 年代以来，出现了大批 OOPL，其实用性、效率不断提高，OO 技术开始走向繁荣和实用化。

　　面向对象方法适合于解决分析与设计期间的复杂性，实现分析与设计的复用。从 20 世纪 80 年代中期开始，面向对象技术的焦点逐渐从程序设计转移到软件工程的其他阶段，面向对象分析与设计(OOAOOD)技术得到了快速的发展，初步形成新的方法论和开发技术。

　　近年来又出现了一些新的高级技术，例如面向对象数据库、对象分布、对象总线、面向对象的系统框架构造以及面向对象的系统集成等。

7.1.2　面向对象方法的基本思想

　　传统的结构化开发方法用过程化方式描述应用系统，而面向对象方法认为客观世界是由各种各样的对象组成的，每个对象都有各自的内部状态和运动规律，不同对象之间通过消息传送相互作用和联系就构成了各种不同的系统。

　　将对象模型映射到计算机上，面向对象方法将软件系统看成是一系列对象的集合，并强调描述对象性质的数据及行为的紧密联系——数据和行为的封装技术。例如，学籍管理系统可以看成是由学生、教师、课程、各种规章制度等多个彼此独立而又相互关联的对象集合而成的。

面向对象的本质是确定动作的主体在先，而执行动作在后，这种面向对象的模式称为"主体—动作"模式。例如学生总是先选定某门课程，然后才去考虑如何学好这门课程。而在窗口系统的界面上，总是先选定一个界面对象(图标或按钮)，然后在其上进行相应的操作(例如移动、单击等)。

反映面向对象本质的"主体—动作"模式是与人们对客观世界的认识规律相符合的。因此，采用对象的观点看待所要解决的问题，并将其抽象为系统是极其自然与简单的，符合人类的思维习惯，应用系统也更容易被理解。"主体—动作"模式的特点是将对象作为软件系统结构的基本组成单元，以主体数据为中心，对数据和作用在数据上的操作进行封装，以标准接口对外提供服务。

7.1.3 面向对象的基本概念

1. 对象(Object)

对象是客观世界中事物在计算机领域中的抽象，是一组数据(描述对象的特性或属性)和施加于该组数据上的一组操作(行为)组成的集合体。

例如，Windows 系统中窗口上的一个文本框对象包含有外部名(Name)、字体(Font)、数据源()、前景颜色(、高度和宽度(Width)等多种属性，同时还带有单击左键(Click)、双击左键(Double Click)、修改文本(Change)等多个操作。

对象的属性可以是简单数据类型、结构数据类型，也可以是复杂数据类型(另一个对象)。例如，公司是对象，公司中包含有员工这一属性，而员工本身又是一个对象。

从系统的观点出发，可以给对象作如下定义：对象是系统中用来描述客观事物的一个实体，它是构成系统的一个基本单位，一个对象是由一组属性和对这组属性进行操作的一组服务构成的。属性是用来描述对象静态特征的一个数据项，也叫对象特性；服务是用来描述对象动态特征(行为)的一个操作；属性和操作称为对象的性质。

当系统运行时，系统中的对象显现出其动态特征，即对象内部状态的转换和对象间的相互作用，例如，A 对象向 B 对象传送一个消息，这一消息附带的一个事件可能导致 B 对象被激发或 B 对象由于执行某一传送方所要求的操作，改变了某些内部属性值，从而由一个状态转入另一个状态(对象的一个状态是由某些内部属性值构成的)。

在面向对象系统中，对象之间的相互作用是通过消息传送来进行的。消息是向对象发出的服务请求，它应该含有下述信息：提供服务的对象标识、服务标识、输入信息和回答信息。消息通常由接收对象(提供服务的对象标识)、调用操作名(服务标识)以及必要的参数等三部分组成。

消息的接收者是提供服务的对象，在设计该对象时，它对外提供的每个服务应规定消息的格式——消息协议。消息的发送者是要求服务的对象或其他系统成分，在每个发送点上，需要按服务方规定的消息协议写出一个完整的消息。

一个对象在映射为软件实现时由三个部分组成：

(1) 私有的数据结构。它用于描述对象的内部状态。

(2) 处理，称为操作或方法。它是施加于数据结构之上的。

(3) 接口。这是对象可被共享的部分，消息通过接口调用相应的操作。接口规定哪些操作是允许的；它不提供操作是如何实现的信息。

客观世界的同一对象在不同的应用系统中，由于考察对象的角度不同，对其抽象的数据结构和操作都可能是不同的。例如，对于一个学生，在学籍管理系统与户籍管理系统两个不同的应用系统中，抽象出的表示内部状态的数据结构和对数据结构进行的操作都是不同的。因此，在对实际应用系统中的对象进行分析时应注意该系统的要求，区分哪些是该对象的本质特征。

2. 类与实例

把具有共性的一些事物归为一类，是人们认识客观世界和分析问题的一般方法。这里的共性是指事物的本质特征，分类实际上是一种抓住事物的本质而忽略一些无关紧要的细节的抽象过程，图 7.1 就是从各种自行车到自行车类的抽象。

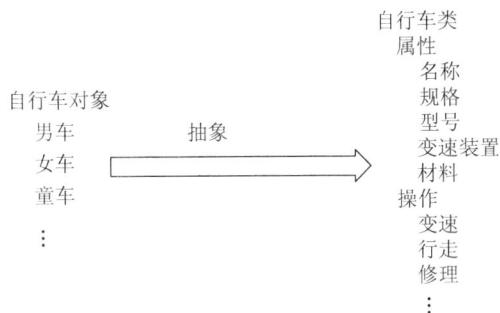

图 7.1　各种自行车到自行车类的抽象

同样，采用面向对象方法进行系统分析与设计时，对于一个具体的系统而言，可能存在很多具有相同特征的对象。例如，对于一个学籍管理系统，存在许多学生对象，它们具有相同的结构特征和行为特征，只是表示内部状态的数据值不同。为了描述这种相同结构特征和行为特征的对象，面向对象方法引入了类的概念。

类是一组具有相同性质(属性和操作)的对象的抽象，或者说类是具有相同属性和服务的一组对象的集合，它为属于该类的全部对象提供了统一的抽象描述，其内部包括属性和服务两个主要部分。

类是对一组具有相同特征的对象的抽象描述，所有这些对象都是这个类的实例。对于学籍管理系统，学生是一个类，而一个具体的学生则是学生类的一个实例。一个类的不同实例具有相同的操作或行为的集合和相同的信息结构或属性的定义，但属性值可以不同；不同的实例具有不同的对象标识。对于学生类中的每一个对象，描述它们所使用的数据结构相同，但是其值不同。因此，一个类的定义至少包含以下两个方面的描述：

(1) 该类所有实例的属性定义或结构定义；

(2) 该类所有实例的操作(或行为)的定义。

在一个系统中，每一个对象均属于某个类，类是对象的属性和操作的定义模板，而实例是某个具体的对象。

7.1.4 面向对象系统的特性

一个对象具有抽象、继承性、封装性和多态性等特性，要构造一个性能优越的面向对象系统必须充分利用面向对象方法的这些特性。

1. 抽象

所谓抽象，是指在分析问题时，强调实体的本质、内在属性而忽略一些无关紧要的细节。抽象是分析问题的基本方法。

在系统开发的整个过程中，尤其在分析阶段，抽象具有特别重要的意义，其作用如下：

(1) 使用抽象仅仅涉及到应用域的概念而不必涉及问题域的求解，因此可以尽可能避免过早地考虑实现的细节。

(2) 合理地使用抽象，可以在分析、高级设计以及文档化等阶段和过程中使用统一模型(对象模型)。

(3) 抽象可以帮助我们明确对象是什么、对象做什么而不必考虑对象怎么做。

对象怎么做属于编程方面的细节，可以延迟到开发的最后阶段——物理设计阶段去实现。

2. 继承性

人们在对客观世界的事物进行描述时，经常采取分类的方法。类是有层次的，即某个大类的事物可能分为若干小类，而这些小类可能又分为若干个更小的类。

面向对象思想采纳了事物分类的层次思想，在描述类的时候，某些类之间具有结构和行为的共性。例如，教师类与学生类在结构方面均具有姓名、年龄、身高、体重等共性，在行为(或操作)方面均具有回答身高、回答体重等操作。将这些共性抽取出来，形成一个单独的类——人，描述教师类和学生类中的共性。类人的结构特征和行为特征可以被多个相关的类共享。例如，教师类和学生类继承了类人的结构和行为特征。一个教师类的对象与一个学生类的对象都具有类人所描述的特征，同时又具有各自所属教师类和学生类独有的特征。此时类人称为教师类和学生类的父类，而学生类和教师类为类人的子类。

上面例子中的类人也可以称为教师类和学生类的一般类，而教师类和学生类为类人的特殊类。面向对象方法中一般类和特殊类的定义是：如果类 A 具有类 B 的全部属性和服务，而且具有自己特有的某些属性或服务，则类 A 叫做类 B 的特殊类，类 B 叫做类 A 的一般类。

利用类之间的继承关系，可以简化对类的描述。在类人中描述教师类和学生类的共性，而在学生类和教师类中只需描述各自的个性。

利用继承机制可以提高软件代码的可重用性。在设计一个新类时，不必从头设计编写全部的代码，可以通过从已有的具有类似特性的类中派生出一个类，继承原有类中的部分特性，再加上所需的新特性。

这一点与面向过程的设计语言中的过程或函数不同，要使用具有相似功能的过程或函数必须修改源程序代码以使其适应新系统的功能需求，而类的派生机制无须原有类的源代码即可派生出新的类。

利用类及其继承性描述系统时，由于类之间的继承关系，可能会形成一种具有层次性的类结构。在使用类的层次结构描述系统时，某些类之间的层次关系可以有多种实现方案。

例如，中学生类既可以直接从类人派生出来，也可以从类人的派生类中学生类派生出来。在设计类的层次结构时，应注意建立的类层次结构是否易于理解以及组织类结构的费用等方面的问题。设计出来的类层次结构是否合理，往往取决于系统分析员的经验等因素。

另外，人们在对客观世界的事物分类时，一个事物可能属于多个类，同时具有多个类的特性。例如一个黑人学生，他既属于学生类，又属于黑人类。这种情形在面向对象方法中称为多继承，即一个类同时从多个类中派生出来，此时类的层次结构是网状的。多继承在有些面向对象的程序设计语言中是不允许的。只允许派生类有一个基类称为单继承，单继承的类层次结构是树状的。

3. 多态性

多态性是面向对象系统的又一重要特性。所谓多态，是指一个名词可具有多种语义。在面向对象方法中，多态并不是指一个对象类有多种形态或状态，而是指同一个操作在不同的类中有不同的实现方法和不同的执行结果。例如，图 7.2 中的图形类及其子类圆类、点类中都定义了显示和隐藏操作，图形类中的显示和隐藏并不确定到底显示或隐藏何种图形，但子类中的显示和隐藏就涉及到具体应该显示或隐藏何种图形，并且所显示的图形显然是不一样的。这就是显示和隐藏这两个操作体现出来的多态性。其特点是源于继承而并非简单的继承，必须有不同的表现。

多态性不仅仅局限于操作，同一个属性在不同的对象类中也可以具有不同的数据类型，即属性的多态性。

图 7.2　多态性的例子

综上所述，多态性可定义为："一个类中定义的属性或操作被继承之后，可以具有不同的数据类型或表现出不同的行为。这使得同一属性或操作在父类和子类(或子类的子类，可多次继承)中具有不同的语义。"

就图 7.2 中的例子而言，当外部的某个对象调用图形对象的显示操作时，无须考虑该操作具体对应多少种实现方法，即该对象发出的请求服务的消息中只须写上"显示"，究竟对应哪个显示由图形类的操作自动识别，并传给对应的子类，由子类去执行不同的显示操作，这也称为"动态绑定"。

4. 封装性

封装是一种信息隐藏技术，对象内部对用户是隐藏的，不可直接访问；用户只能见到对象封装界面上的信息，通过对象的外部接口访问对象。用户向对象发送消息，对象根据收到的消息调用内部方法作出响应。

封装的目的在于将对象的使用者和设计者分开，使用者无须知道对象内部实现的细节，只需要知道对象接收的消息。

封装的定义为：

(1) 一个清楚的边界。所有对象的内部软件的范围被限定在这个边界内。

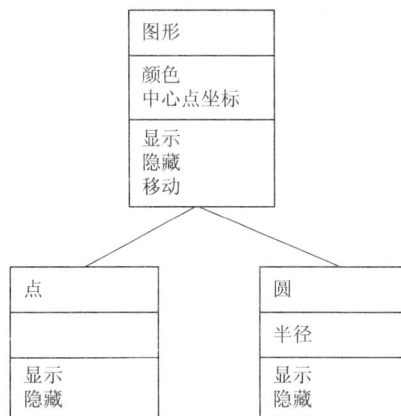

(2) 一个接口。该接口用以描述这个对象和其他对象之间的相互作用。

(3) 受保护的内部实现。这个实现给出了由软件对象提供的功能的实现细节，实现细节不能在定义这个对象的类的外面访问。

因为封装技术强调客观实体的内在属性和服务(操作)的不可分割性以及内部信息的隐蔽，自然而然就增加了系统中对象的相对独立性，减少了它们之间的相互依赖，同时也增加了其应用的灵活性。

封装可以保证对象的界面清晰、简单，防止由于模块之间的相互依赖所带来的变动的相互影响。在非面向对象的系统中，如果某个函数的某些参数改变了(类型、个数等)，或者某些非私有数据改变了，即使函数的外部功能没有改变，都要求调用该函数的其他模块必须随之作相应的改变，否则后果不堪设想。因为调用者可能会直接操纵被调用者中改变了的这些数据。相反，面向对象的封装性不允许一个对象直接操纵另一个对象的数据，即调用者无须知道被调用者的内部实现细节，所以只要外部功能没变，就不存在上述变动的相互影响。就比如甲、乙两人互传电子邮件，双方关心的是内容和格式是否符合要求，而不是电子邮件的素材、编辑工具以及传送方式。

对象的封装特性可以提高模块之间的独立性，使得系统易于调试和维护。封装使得一个对象可以像一个可插接的部件一样用在各种程序中，就像一种集成块可以用在不同的电路中一样。

7.1.5　面向对象的设计方法

采用面向对象方法进行系统开发的首要任务是采用面向对象的概念及其抽象机制将开发的系统对象化和模型化，建立应用系统模型，然后使用面向对象的程序设计语言来实现系统中的对象。尽管面向对象的概念早已出现，但直到 20 世纪 80 年代初还没有人能给出一种方法，用以实现面向对象的设计。20 世纪 80 年代以后，面向对象设计的设计方法取得了逐步进展。下面我们介绍由 Booch 提出的面向对象设计的步骤：

(1) 定义问题。

(2) 为真实世界问题域的软件实现开发一个不严格的概括描述。

(3) 按以下子步骤把方法严格化：

① 弄清对象及其属性；

② 弄清可能被施于对象的操作；

③ 利用表达对象与操作的关系建立每个对象的接口；

④ 决定详细设计问题，从而给出对象的实现描述。

(4) 递归地重复步骤(1)、(2)和(3)，以得到完整的设计。

以上步骤中，前面两步工作实际上是属于软件需求分析的范畴，相当于我们在需求分析阶段得到的规格说明书。

面向对象设计方法将数据设计、结构设计和过程设计三类设计元素结合起来。为了弄清对象，产生了数据抽象；借助定义抽象，描述了模块，软件的结构也就建立起来了；靠开发使用对象的机制(如生成消息)，接口得到了描述。

下面对 Booch 提出的面向对象设计的各步骤作一简单的介绍。

1. 问题定义

这里的问题定义是需求分析的另一种说法，此步骤中系统分析人员和设计人员应完成两项必不可少的工作：

(1) 描述问题本身；

(2) 分析并说明已知的限制。

无论现实问题的大小和复杂性如何，其软件实现都应以语法正确的简单语句来描述，通过它应该让承担项目的软件工程师对问题有一个确切的、惟一的理解。

2. 概括描述

面向对象的设计的下一步是根据问题描述中给出的问题的解写出不十分严格的概括描述。这种概括描述具有以下几个特点：

(1) 它是简明易懂的一段文字描述；

(2) 它所涉及的对象具有同一级抽象的特点，即其详细程度在概括描述中保持一致；

(3) 它应主要表达为解决问题必须要做什么，而不是如何得到解的过程；

(4) 无须包括需求分析过程中所涉及的全部信息。

概括描述的好坏可由提出一个问题来加以判断："假如严格遵循概括描述实现解答，问题能得到解决吗？"

概括描述应尽可能重复使用相同的术语来描述同一件事物，避免使用同义词。此外，为便于理解，应注意不要使用过分专业化的名词。

3. 形式化处理

面向对象的设计经过前面的分析和描述后，到此实际上才展开。如前所述，形式化处理分为如下四个子步骤。

1) 标识对象及其属性

弄清对象是面向对象设计的核心问题，标识对象可以从应用系统的概括描述中的名词来导出。在这一步应把注意力集中在如何将概括描述中所含的名词和名词短语分离出来。对象标识出来后，还应注意对象之间的类似之处，以建立对象类。

2) 标识每个对象所要求的操作和提供的操作

这一步必须标识出该对象执行的功能，这些功能描述了每个对象的行为。例如，窗口被打开、关闭、缩放和滚动等。同时还应关心由其他对象提供给它的操作，因为通过标识这些操作有可能导出新对象。

3) 建立对象之间的联系和每个对象的接口

这一步建立对象和对象类之间的联系，标识出每一个对象都与什么对象和对象类有关。这一步中可能找出一些对象的模式，并决定是否要建立一个新类以表示这些对象的共同行为特性。

4) 建立每个对象的接口

识别出系统中的对象和类以后，还应该识别出对象之间的相互作用，即对象的外部接口。在面向对象系统中，对象和对象之间的联系是通过消息的发送和响应来完成的。

一旦对象、对象的操作、数据和对象间交互作用被了解，对象的实现就很容易用某种面向对象的语言来完成。面向对象设计方法是以上步骤反复进行，直到建立起完整软件设计的过程。

上面介绍的 Booch 的步骤是一种松散的、不十分严格的方法。其他一些主要的面向对象的设计技术还有 Rumbaugh 提出的一种称为"对象模型技术 OMT"的设计方法、Alabiso 提出的基于数据流分析的面向对象设计技术等。

7.2 标准建模语言(UML)简介

7.2.1 UML 概述

面向对象的分析与设计方法的发展在 20 世纪 80 年代末至 90 年代中期出现了一个高潮，UML 是这个高潮的产物。它统一了 Booch、Rumbaugh 等的表示方法，并且对其作了进一步的发展，最终统一为大众所接受的标准建模语言。

1. 标准建模语言 UML 的发展历史

早期的面向对象建模语言出现于 20 世纪 70 年代中期，到 90 年代初，数量从不到 10 种增加到了 50 多种。虽然不同建模语言的创造者都努力推崇自己的产品，并在实践中不断完善，但是由于用户并不了解不同建模语言的优缺点及相互之间的差异，因而很难根据应用特点选择合适的建模语言，于是爆发了一场"方法大战"。90 年代中期，一批新方法出现了，其中最引人注目的是 Booch 1993、OOSE 和 OMT-2 等。

Booch 是面向对象方法最早的倡导者之一，他提出了面向对象软件工程的概念。1991 年，他将以前面向 Ada 的工作扩展到整个面向对象设计领域。Booch 1993 比较适合于系统的设计和构造。

Rumbaugh 等人提出了面向对象的建模技术(OMT)方法，采用了面向对象的概念，并引入各种独立于语言的表示符。这种方法用对象模型、动态模型、功能模型和用例模型来共同完成对整个系统的建模，所定义的概念和符号可用于软件开发的分析、设计和实现的全过程。软件开发人员不必在开发过程的不同阶段进行概念和符号的转换。OMT-2 特别适用于分析和描述以数据为中心的信息系统。

Jacobson 于 1994 年提出了 OOSE 方法，其最大特点是面向用例(Use-Case)，并在用例的描述中引入了外部角色的概念。用例的概念是精确描述需求的重要武器，贯穿于整个开发过程，包括对系统的测试和验证。OOSE 比较适合支持商业工程和需求分析。

另外，还有 Coad/Yourdon 方法，即著名的 OOA/OOD，它是最早的面向对象的分析和设计方法之一。该方法简单、易学，适合于面向对象技术的初学者使用，但由于该方法在处理能力方面的局限，目前已很少使用。

虽然不同的建模语言大多类同，但仍存在某些细微的差别，妨碍了用户之间的交流。因此，有必要在精心比较不同的建模语言优缺点及总结面向对象技术应用实践的基础上，根据应用需求，求同存异，统一建模语言。

1994 年 10 月，Grady Booch 和 Jim Rumbaugh 开始致力于这一工作。1995 年秋，OOSE 的创始人 Ivar Jacobson 加盟到这一工作。第一个公开版本，称为统一方法 UM 0.8(Unitied

Method)。1996 年 6 月和 10 月又分别发布了两个新的版本，即 UML 0.9 和 UML 0.91，并将 UM 重新命名为 UML(Unified Modeling Language)。

1996 年成立了 UML 成员协会，以完善、加强和促进 UML 的定义工作。当时的成员有 DEC、HP、I-Logix、Itellicorp、IBM、ICON Computing、MCI Systemhouse、Micr osoft、Oracle、Rational Software、TI 以及 Unisys 等。这一机构对 UML 1.0(1997 年 1 月)及 UML 1.1(1997 年 11 月 17 日)的定义和发布起了重要的促进作用。现在 UML 经历了 1.1、1.2、1.4 三个版本的演变，2003 年发布了 2.0 版本的相关标准。图 7.3 描述了 UML 的发展历程。

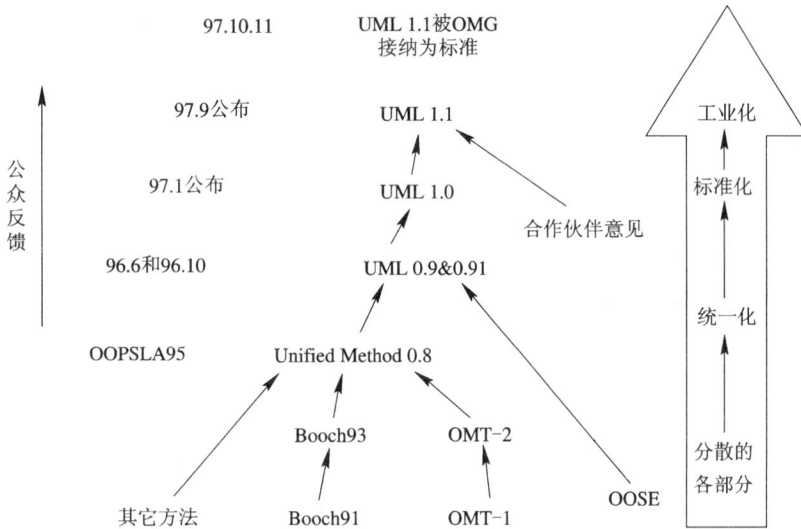

图 7.3　UML 的发展历程

UML 是一种定义良好、易于表达、功能强大且普遍适用的建模语言。它融入了软件工程领域的新思想、新方法和新技术，支持从需求分析开始的软件开发的全过程。

UML 融合了 Booch、OMT 和 OOSE 等方法中的基本概念，但又不仅仅是上述方法的简单汇合，而是在这些方法的基础上集众家之长，几经修改而完成的，它扩展了现有方法的应用范围。

UML 已获得了工业界、科技界和应用界的广泛支持，已有 700 多个公司表示支持采用 UML 作为建模语言，它已成为可视化建模语言事实上的工业标准。1997 年 11 月 17 日，OMG 组织采纳 UML 1.1 作为基于面向对象技术的标准建模语言。UML 代表了面向对象方法的软件开发技术的发展方向，具有巨大的市场前景，也具有重大的经济价值和国防价值。

2. 标准建模语言 UML 的主要特点

标准建模语言 UML 的主要特点可以归结为三点：

(1) UML 统一了 Booch、OMT 和 OOSE 等方法中的基本概念。

(2) UML 还吸取了面向对象技术领域中其他流派的长处，其中也包括非 OO 方法的影响。UML 符号考虑了各种方法的图形表示，删掉了大量易引起混乱的、多余的和极少使用的符号，也添加了一些新符号。因此，在 UML 中汇入了面向对象领域中很多人的思想。

(3) UML 在演变过程中还提出了一些新的概念。在 UML 标准中新加了构造型 (Stereotypes)、职责(Responsibilities)、扩展机制(Extensibility Mechanisms)、线程(Threads)、过程(Processes)、分布式(Distribution)、并发(Concurrency)、模式(Patterns)、协作图 (Collaborations)、活动图(Activity Diagram)等新概念，并清晰地区分类型(Type)、类(Class)、实例(Instance)、细化(Refinement)、接口(Interfaces)和组件(Components)等概念。

UML 以面向对象图的方式来描述任何类型的系统，具有很宽的应用领域。最常用的是建立软件系统的模型，但它同样可以用于描述非软件领域的系统。UML 适用于系统开发过程中从需求规格描述到系统完成后测试的不同阶段。如何恰当地将这种可视化图形建模技术用于解决软件开发所面临的问题，如何研制和开发支持 UML 的建模过程及其支持环境，仍是目前该领域的热点问题。

目前，在基于 UML 的开发方法和环境方面，国际上已经进行了一些研究和实际开发工作。IBM 公司目前正致力于推广统一开发过程(RUP，Rational Unified Process)，研究初期称为 Objectory)，支持 UML 建模。国内对 UML 支持环境的研制开发工作尚处于起步阶段。

7.2.2　基于 UML 的软件开发方法

基于 UML 的系统开发有五个阶段：需求分析、分析、设计、编码和测试。

1. 需求分析阶段

UML 语言采用用例来捕获客户的需求。通过用例模型，可以使那些对系统感兴趣的外部参与者与他们要求系统具备的功能(即用例)一起被建模。外部参与者和用例之间是通过关系建模的，并允许相互之间存在通信关联，或者被分解为更具体的层次结构。参与者和用例由 UML 的用例图描述，在用例图中参与者被称为执行者或角色(Actor)。每一个用例都是用文本进行描述的，它确定了客户的需求，即在不考虑功能如何实现的情况下客户所企盼的功能。

2. 分析阶段

分析阶段所关注的是出现在问题域中的主要抽象(类和对象)和机制。被建模的类以及类之间的关系在 UML 的类图中被明确指定和描述。为了实现用例，各类之间需要相互协作。这种协作由 UML 中的动态模型描述。在分析阶段，只有在问题域(现实世界的概念)中的类才被建模，不包括那些在软件系统中定义了细节和解决方案的技术类，如用户界面类、数据库类、通信类等。

3. 设计阶段

在设计阶段，分析阶段的结果被扩展为一个技术解决方案。新类被加入进来，以提供以下一些基础结构：用户界面、处理对象存储的数据库、与其他系统的通信、与系统各种设备的接口等。在分析阶段获得的问题域中的类被"嵌入"到此技术基础结构中，这样就能够同时改变问题域和基础结构。设计阶段将为随后的构建阶段产生详细的规格说明。

4. 编码阶段

在编码阶段(或者称为构建阶段)，设计阶段的类被转换为使用面向对象程序设计语言编制的实际代码。这一任务的难度取决于编程语言本身的能力。用 UML 创建分析模型和设计模型时，应避免试图将模型转换为代码。在开发的早期阶段，模型是帮助理解和搭建系统结构的一种手段。如果在早期阶段就考虑代码，势必达不到预期的目的。因此，编码是一个独立的阶段，只有到了编码阶段，模型才被转换为代码。

5. 测试阶段

与结构化系统开发方法类似，面向对象的开发方法也需要经过单元测试、集成测试、系统测试和验收测试。对于面向对象的开发方法，单元测试是对单个类或一组类的测试，一般情况下由编程者自己完成。集成测试集成组件和类，以校验它们是否像指定的那样合作。系统测试将系统看成是一个黑盒子，检验系统是否具有最终用户所期望的功能。验收测试由用户实施，验证系统是否满足客户的要求。不同的测试团队使用不同的 UML 图作为他们测试的基础：单元测试团队使用类图和类规格说明；集成测试团队一般使用组件图和协作图；系统测试团队使用用例图检验最初在这些图中定义的系统行为。

7.3　UML 静态建模机制简介

任何建模语言都以静态建模机制为基础，标准建模语言 UML 也不例外。UML 的静态建模机制包括用例图(Use Case Diagram)、类图(Class Diagram)、对象图(Object Diagram)、包(Package)、构件图(Component Diagram)和配置图(Deployment Diagram)。

7.3.1　用例图

长期以来，在面向对象开发和传统的软件开发中，人们一直用典型的使用情景来描述需求。但是，这些使用情景是非正式的，难以规范化描述。用例模型由 Ivar Jacobson 在开发 AXE 系统中首先使用，并加入由他所倡导的 OOSE 和 Objectory 方法中。用例方法引起了面向对象领域的极大关注，面向对象领域已广泛接纳了用例这一概念。

1. 用例模型(Use Case Model)

用例模型用于需求分析阶段，描述的是外部执行者(Actor)所理解的系统功能。它的建立是系统开发者和用户反复讨论的结果，表明了开发者和用户对需求规格达成的共识。

用例模型描述了待开发系统的功能需求，将系统看作黑盒，从外部执行者的角度来理解系统。它驱动了需求分析之后各阶段的开发工作，不仅在开发过程中保证了系统所有功能的实现，而且被用于验证和检测所开发的系统，从而影响到开发工作的各个阶段和 UML 的各个模型。

在 UML 中，一个用例模型由若干个用例图描述，用例图主要元素是用例和执行者。

2. 用例(Use Case)与执行者(Actor)

一个用例从本质上讲是用户与计算机之间的一次典型交互作用。例如，在文字处理软件中，"将某些正文置为黑体"和"创建一个索引"便是两个典型的用例。执行者是指用户在系统中所扮演的角色。

UML 将用例定义成系统执行的一系列动作，动作执行的结果能被指定执行者察觉到。图 7.4 是一个图书管理系统的用例图的一部分，其中的椭圆表示用例，小人表示执行者。

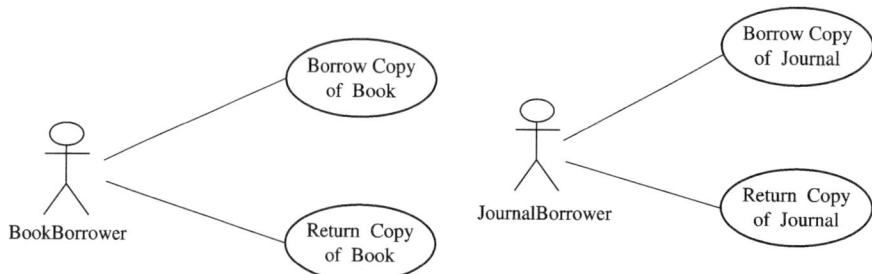

图 7.4　用例图

用例捕获用户的需求，实现一个具体的用户目标，它由执行者激活，并提供确切的值给执行者。它是对一个具体的用户目标实现的完整描述。

3. 通信联系

在图 7.4 中，不带箭头的线段将执行者与用例连接到一起，表示两者之间交换信息，称之为通信联系。执行者触发用例，并与用例进行信息交换。单个执行者可与多个用例联系；反过来，一个用例可与多个执行者联系。对同一个用例而言，不同执行者有着不同的作用：他们可以从用例中取值，也可以参与到用例中。

执行者在用例图中是用类似人的图形来表示的，但执行者未必是人。例如，执行者也可以是一个外界系统，该外界系统可能需要从当前系统中获取信息，与当前系统进行交互。

4. 使用和扩展(Use and Extend)

用例图除了包含执行者与用例之间的连接外，还可以有另外两种类型的连接，用来表示用例之间的使用和扩展关系。

使用和扩展是两种不同形式的继承关系。当一个用例与另一个用例相似，但所做的动作多一些，就可以用到扩展关系。当有一大块相似的动作存在于几个用例，又不想重复描述该动作时，就可以用到使用关系。

用例用来获取需求、规划和控制项目。用例的获取是需求分析阶段的主要任务之一，而且是首先要做的工作。大部分用例将在项目的需求分析阶段产生，并且随着工作的深入会发现更多的用例，这些都应及时增添到已有的用例集中。用例集中的每个用例都是一个潜在的需求。

对一个大系统，要列出用例清单常常十分困难。可先列出执行者清单，再对每个执行者列出它的用例，问题就会容易很多。

下面给出一个较完整的图书馆应用系统的用例图。用户或客户对它最初的需求描述如下：

● 这是一个图书馆支持系统。

● 图书馆应用系统将图书和杂志借给读者，这些读者已经在系统中注册了，借阅的图书和杂志也已在系统中登记了。

● 图书馆负责新书的购买。一本图书可以购买多个副本。

● 当书和杂志已经过时或破旧不堪时，将它们从系统中删除。

● 读者可以预订图书馆当前还没有的图书或杂志，当预订的图书或杂志归还或购进时，应用系统就通知预订人。当读者借阅了它所预订的图书或杂志后，或者读者要求取消预订时，他的本次预订就被取消了。

● 图书馆应用系统能够很容易地建立、修改和删除系统中的信息，包括书名、借书者、借阅信息和预订信息。

用例描述了图书馆系统提供的所有功能——系统的功能需求。用例分析包括阅读和分析规格说明，同时也包括与潜在的用户一起讨论系统。

图书馆系统的执行者包括图书管理员和读者。图书管理员是软件系统的用户，而读者则是来借阅或预订图书和杂志的客户。读者不直接和软件系统打交道，读者的要求由图书管理员代为执行。

图书馆系统中的用例有：

● 借书
● 还书
● 预订
● 取消预订
● 增加标题
● 删除或更新标题
● 增加书目
● 删除书目
● 增加读者
● 删除或更新读者

因为一本书可能有多个副本，所以这里必须分离出标题的概念。标题可以是一本书的名称、书的作者或者是用来表示指定标题的一个物理副本的其他信息。而书目是指读者从图书馆中借阅的书。在图书馆拥有某本书之前，就可以在系统中增加该书的标题以允许读者预订此书。

上述列表中没有列出用例图中的维护用例，该用例是一个使用其他用例的更一般的用例，我们可以不将它作为一个用例画出来。这里将它作为一个用例，主要是为了能够将维护任务从系统的主要功能中清晰地分离出来。

图书馆应用系统分析的结果绘制在 UML 用例图中，如图 7.5 所示。每一个用例都附带有文本文档，用来描述用例以及用例与执行者之间的交互。下面是借书用例的描述：

(1) 如果读者没有预订：

a. 确定标题

b. 确定该标题下可用的书目

c. 确定读者

d. 图书馆将书借出

e. 登记一个新的借阅

(2) 如果读者有预订：

a. 确定读者

b. 确定标题

c. 确定该标题下可用的书目

d. 图书馆将相应的书目借出

e. 登记一个新的借阅

f. 取消预订

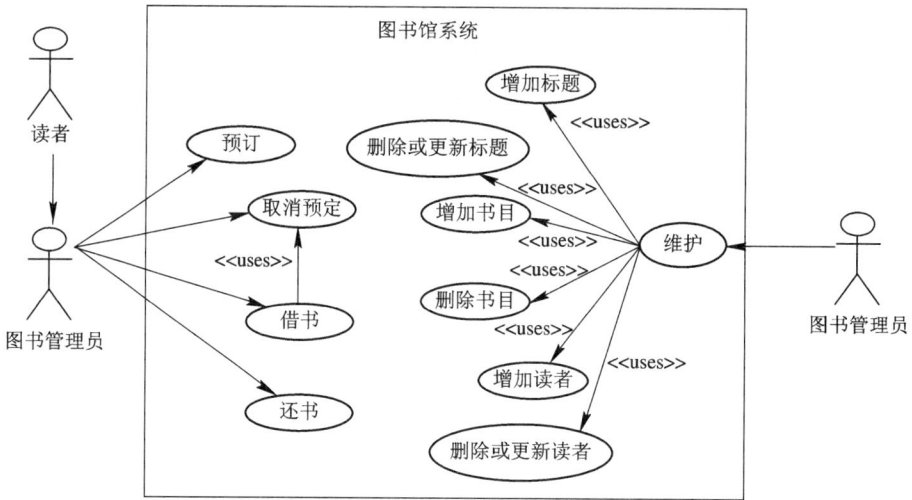

图 7.5　图书馆系统的一个用例图

7.3.2　类图、对象图和包

　　类(Class)、对象(Object)和它们之间的关联是面向对象技术中最基本的元素。对于一个想要描述的系统，其类模型和对象模型揭示了系统的结构。UML 用类图和对象图分别表示类和对象模型。类图技术是 OO 方法的核心。例如，图 7.6 是一个金融保险系统的类图。

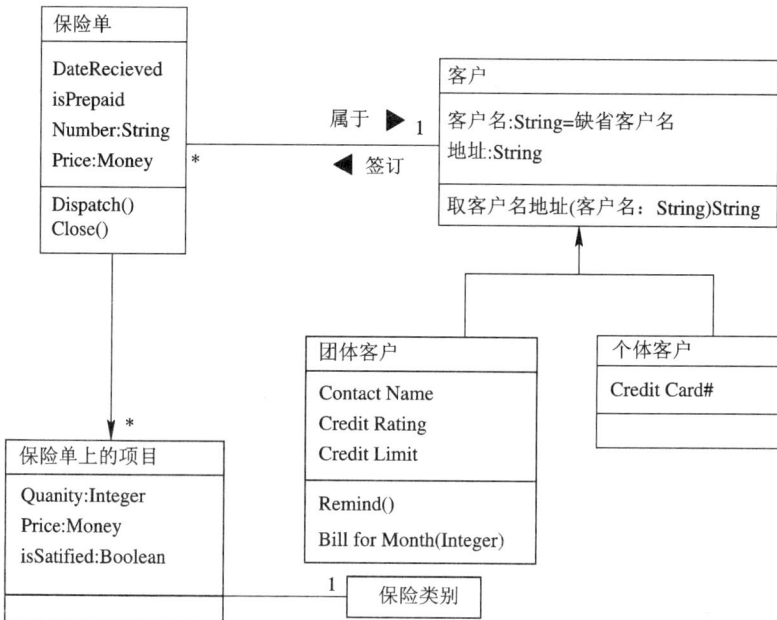

图 7.6　类图

1. 类图

类图(Class Diagram)描述类和类之间的静态关系。它不仅显示了信息的结构，同时还描述了系统的行为。类图是定义其他图的基础。在类图的基础上，状态图、合作图等进一步描述了系统其他方面的特性。

UML 中类的图形表示为一个划分成三个格子的长方形(下面两个格子可省略)。图 7.6 中的"客户"就是一个典型的类。

最顶部的格子包含类的名字，类的命名应尽量用应用领域中的术语，应明确、无二义性，以利于开发人员与用户之间的相互理解和交流。

中间的格子包含类的属性，用以描述该类对象的共同特点(该项可省略)。图 7.6 中"客户"类有"客户名"、"地址"等属性。

底部的格子表示该类的操作(Operation)。该项也可省略。操作名、返回类型和参数表组成操作界面。

定义了类之后，就可以定义类之间的各种关系了。类之间的关系主要有以下几种。

1) 关联关系

关联(Association)表示两个类之间存在某种语义上的联系。在图 7.6 中最上部存在一个"属于"/"签定"关联：每个"保险单"属于一个"客户"，而"客户"可以签定多个"保险单"。

关联可以有方向，表示该关联单方向被使用。关联上加上箭头表示方向，在 UML 中称为导航(Navigability)。只在一个方向上存在导航表示的关联称作单向关联(Uni-Directional Association)，在两个方向上都有导航表示的关联称作双向关联(Bi-Directional Association)。图 7.6 中，"保险单"到"保险单上的项目"是单向关联。UML 规定，不带箭头的关联可以意味着未知、未确定或者该关联是双向关联三种选择，因此在图中应明确使用其中的一种选择。

双向关联可以在每个方向上给出一个名字，可以用小黑三角表示名字的方向，例如图 7.6 中最上部的"属于"/"签订"关联。

关联两头的类以某种角色参与关联。例如图 7.7 中，"公司"以"雇主"的角色，"人"以"雇员"的角色参与的"工作合同"关联。"雇主"和"雇员"称为角色名。如果在关联上没有标出角色名，则隐含地用类的名称作为角色名。

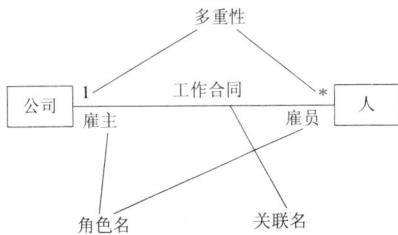

图 7.7　关联的角色

角色具有多重性(Multiplicity)，表示可以有多少个对象参与该关联。在图 7.7 中，雇主(公司)可以雇佣(签工作合同)多个雇员，表示为"*"，雇员只能与一家雇主签定工作合同，表示为"1"。多重性表示参与对象的数目的上下界限制。"*"代表 0～∞，"1"是 1..1 的简写。多重性可以用单个数字表示，也可以用范围或者是数字和范围不连续的组合表示。

一个关联可能要记录一些信息，可以引入一个关联类来记录。图 7.8 是在图 7.7 的基础上引入了关联类。关联类通过一根虚线与关联连接。

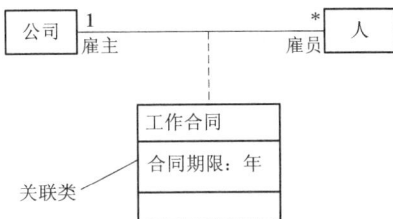

图 7.8　关联类

2) 聚集(Aggregation)关系

聚集是一种特殊形式的关联，表示类之间是整体与部分的关系。例如，一辆轿车包含四个车轮、一个方向盘、一个发动机和一个底盘。在需求分析中，"包含"、"组成"、"分为……部分"等经常设计成聚集关系。

聚集可以进一步划分成共享聚集(Shared Aggregation)和组成。例如，课题组包含许多成员，但是每个成员又可以是另一个课题组的成员，即部分可以参加多个整体，称为共享聚集。另一种情况是整体拥有各部分，部分与整体共存，如整体不存在了，部分也会随之消失，这称为组成(Composition)。例如，我们打开一个窗口，就可见它由标题、外框和显示区所组成，窗口一旦消亡则各部分同时消失。在 UML 中，聚集表示为空心菱形，组成表示为实心菱形。

3) 继承关系

在 UML 中，继承表示为一头为空心三角形的连线。如图 7.6 中，将客户进一步分类成个体客户和团体客户，使用的就是继承关系。

4) 依赖关系

假设有两个元素 X、Y，如果修改元素 X 的定义可能会引起对另一个元素 Y 的定义的修改，则称元素 Y 依赖(Dependency)于元素 X。

在类中，依赖由各种原因引起，如一个类向另一个类发消息；一个类是另一个类的数据成员；一个类是另一个类的某个操作参数。如果一个类的界面改变，则它发出的任何消息可能不再合法。

5) 类图的细化(Refinement)

细化是 UML 中的术语，表示对事物更详细一层的描述。两个元素 A、B 描述同一件事物，它们的区别是抽象层次不同，若元素 B 是在元素 A 的基础上的更详细的描述，则称元素 B 细化了元素 A，或称元素 A 细化成元素 B。细化的图形表示为由元素 B 指向元素 A 一头为空心三角的虚线。

2. 对象图、对象和链

UML 中对象图与类图具有相同的表示形式。对象图可以看作是类图的一个实例。对象是类的实例；对象之间的链(Link)是类之间的关联的实例。对象与类的图形表示相似，均为划分成两个格子的长方形(下面的格子可省略)。上面的格子是对象名，对象名下有下划线；下面的格子记录属性值。链的图形表示与关联相似。对象图常用于表示复杂的类图的一个实例。

3. 包(Package)

将许多类集合成一个更高层次的单位，形成一个高内聚、低耦合的类的集合，UML 中称为包，通过这种方法可以将大系统拆分成小系统。在 UML 中，包图主要显示类的包以及这些包之间的依赖关系。有时还显示包和包之间的继承关系和组成关系。图 7.9 是一个包图的例子。

在图 7.9 中，"系统内部"包由"保险单"包和"客户"包组成。这里称"保险单"包和"客户"包为"系统内部"包的内容。当不需要显示包的内容时，包的名字放入主方框内，否则包的名字放入左上角的小方框中，而将内容放入主方框内。包的内容可以是类的列表，也可以是另一个包图，还可以是一个类图。

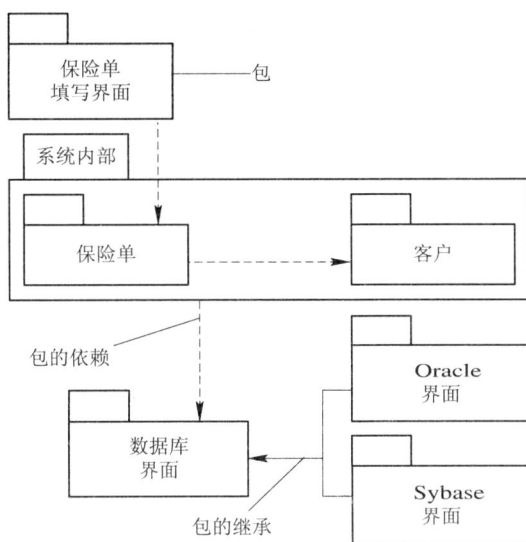

图 7.9　包图

类图中用到的模型元素和表示机制较为丰富，由于篇幅的限制，这里不能一一介绍。主要还有以下模型符号和概念：构造型(Stereotype)、界面(Interface)、参数化类(Parameterized Class)或称为模板类(Template)、限定关联(Qualified Association)、多维关联(N-Ary Association)、多维链(N-Ary Link)、派生(Derived)、类型(Type)和注释(Note)、约束(Constraint)等。

类图可以说是所有 OO 方法的支柱。采用标准建模语言 UML 进行建模时，必须对 UML 类图引入的各种要素有清晰的理解。

7.3.3　构件图和配置图

构件图(Component Diagram)和配置图(Deployment Diagram)显示系统实现时的一些特性，包括源代码的静态结构和运行时刻的实现结构。构件图显示代码本身的结构，配置图显示系统运行时刻的结构。

构件图显示软件构件之间的依赖关系。一般来说，软件构件就是一个实际文件，可以是源代码文件、二进制代码文件和可执行文件等。构件图可以用来显示编译、链接或执行时构件之间的依赖关系。

配置图描述系统硬件的物理拓扑结构以及在此结构上执行的软件。配置图可以显示计算结点的拓扑结构和通信路径、结点上运行的软件构件以及软件构件包含的逻辑单元(如对象、类)等。配置图可以帮助用户理解分布式系统。

结点(Node)代表一个物理设备以及运行于其上的软件系统，如一台 Unix 主机、一个 PC 终端、一台打印机、一个传感器等。如图 7.10 所示的配置图中，"客户端 PC"和"保险后台服务器"就是两个结点。结点表示为一个立方体，结点名放在左上角。

结点之间的连线表示系统之间进行交互的通信路径，在 UML 中称为连接(Connection)。通信类型则放在连接旁边的"《》"之间，表示所用的通信协议或网络类型。

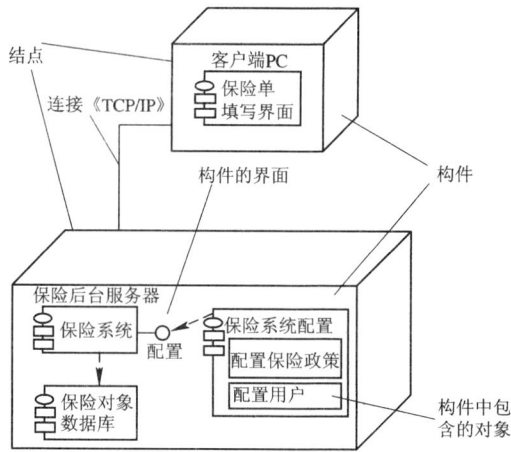

图 7.10　配置图

在配置图中，构件代表可执行的物理代码模块，如一个可执行程序。逻辑上它可以与类图中的包或类对应。因此，配置图中显示运行时各个包或类在结点中的分布情况。如在图 7.10 中，"保险后台服务器" 结点中包含 "保险系统"、"保险对象数据库" 和 "保险系统配置" 3 个构件。

在面向对象方法中，类和构件等元素并不是所有的属性和操作都对外可见。它们对外提供了可见操作和属性，称之为类和构件的界面。界面可以表示为一头是小圆圈的直线。图 7.10 中，"保险系统" 构件提供了一个 "配置" 界面。配置图中还显示了构件之间的依赖关系，"保险系统配置" 构件依赖于这个 "配置" 界面。

一个面向对象软件系统中可以运行很多对象。由于构件可以看作与包或类对应的物理代码模块，因此，构件中应包含一些运行的对象。配置图中的对象与对象图中的对象表示法一样。图 7.10 中，"保险系统配置" 构件包含 "配置保险政策" 和 "配置用户" 两个对象。

标准建模语言 UML 的静态建模机制是采用 UML 进行建模的基础。熟练掌握基本概念、区分不同抽象层次以及在实践中灵活运用，是三条最值得注意的基本原则。

7.4　UML 动态建模机制简介

UML 的动态建模机制通过状态图、序列图、协作图和活动图来实现。这四个动态模型中均用到面向对象技术中消息这个概念。前面我们已经讲过，对象间的交互是通过对象间消息的传递来完成的，当一个对象调用另一个对象中的操作时，即完成了一次消息传递。当操作执行后，控制便返回到调用者。对象通过相互间的通信(消息传递)进行合作，并在其生命周期中根据通信的结果不断改变自身的状态。

在 UML 中，消息是用带有箭头的线段将消息的发送者和接收者相联系来表示的，箭头的类型表示消息的类型，如图 7.11 所示。

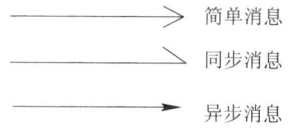

简单消息
同步消息
异步消息

图 7.11　消息的类型

UML 定义的消息类型有三种：

(1) 简单消息(Simple Message)：表示简单的控制流，用于描述控制如何在对象间进行传递，而不考虑通信的细节。

(2) 同步消息(Synchronous Message)：调用者发出消息后必须等待消息返回，只有当处理消息的操作执行完毕后，调用者才可继续执行自己的操作。操作的调用是一种典型的同步消息。

(3) 异步消息(Asynchronous Message)：当调用者发出消息后不用等待消息的返回即可继续执行自己的操作，主要用于描述实时系统中的并发行为。

下面我们介绍一下 UML 中的四种动态模型。

7.4.1　状态图

状态图(State Diagram)用来描述一个特定对象的所有可能状态及其引起状态转移的事件。大多数面向对象技术都用状态图表示单个对象在其生命周期中的行为。一个状态图包括一系列的状态以及状态之间的转移。

1) 状态

所有对象都具有状态，状态是对象执行了一系列活动的结果。当某个事件发生后，对象的状态将发生变化。状态图中定义的状态有初态、终态、中间状态和复合状态。其中，初态是状态图的起始点，而终态则是状态图的终点。一个状态图只能有一个初态，而终态则可以有多个。

中间状态的图形表示包括两个区域：名字域和内部转移域，如图 7.12 所示。图中内部转移域是可选的，其中所列的动作将在对象处于该状态时执行，且该动作的执行并不改变对象的状态。

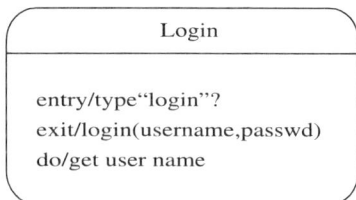

图 7.12　一个带有动作域的状态

一个状态可以进一步地细化为多个子状态，我们将可以进一步细化的状态称为复合状态。子状态之间有"或关系"和"与关系"两种关系。或关系(如图 7.13 所示)说明在某一时刻仅可到达一个子状态。例如，一个处于行驶状态的汽车，在"行驶"这个复合状态中有向前和向后两个不同的子状态，在某一时刻汽车要么向前，要么向后。与关系(如图 7.14 所示)说明复合状态中在某一时刻可同时到达多个子状态(称为并发子状态)。具有并发子状态的状态图称为并发状态图。

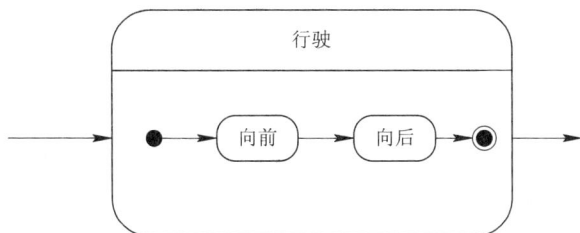

图 7.13　"或关系"的子状态

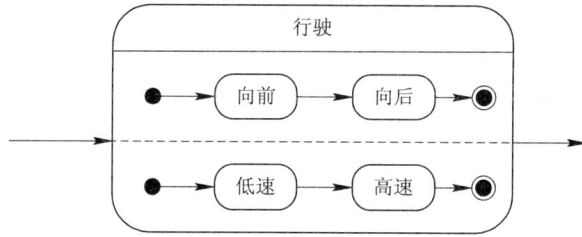

图 7.14 一个具有并发子状态的状态图

2) 转移

状态图中状态之间带箭头的连线称为转移。状态的变迁通常是由事件触发的，此时应在转移上标出触发转移的事件表达式。如果转移上未标明事件，则表示在源状态的内部活动执行完毕后自动触发转移。

7.4.2 序列图

序列图(Sequence Diagram)用来描述对象之间动态的交互关系，体现对象间消息传递的时间序列。序列图存在两个轴：水平轴和垂直轴。水平轴表示不同的对象，垂直轴表示时间。

序列图中的对象用一个带有垂直虚线的矩形框表示，并标有对象名和类名。垂直虚线是对象的生命线，用于表示在某段时间内对象是存在的。

对象间的通信通过在对象的生命线间画消息来表示。消息的箭头指明消息的类型。图7.15 是一个序列图的例子。

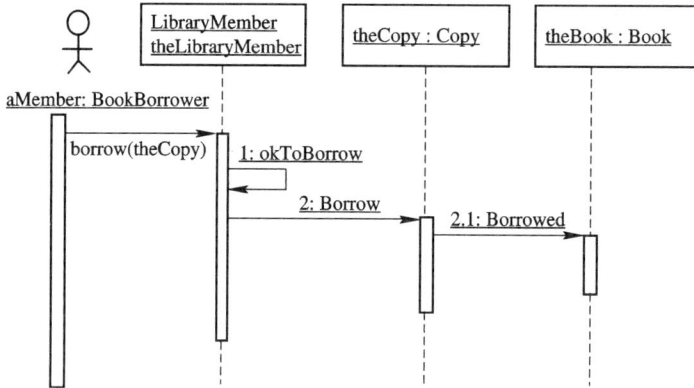

图 7.15 序列图

7.4.3 协作图

协作图(Collaboration Diagram)用于描述相互协作的对象间的交互关系和链接关系。虽然序列图和协作图都用来描述对象间的交互关系，但侧重点不一样。序列图着重体现交互的时间顺序，协作图则着重体现交互对象间的静态链接关系。

协作图中对象的外观与序列图中的一样。如果一个对象在消息的交互中被创建，则可在对象名称之后标以{new}。类似地，如果一个对象在交互期间被删除，则可在对象名称之后标以{destroy}。对象间的链接关系类似于类图中的联系(但无多重性标志)。通过在对象间的链接上标志带有消息串的消息(简单、异步或同步消息)来表达对象间的消息传递。

1) 链接

链接用于表示对象间的各种关系，包括组成关系的链接(Composition Link)、聚集关系的链接(Aggregation Link)、限定关系的链接(Qualified Link)以及导航链接(Navigation Link)。各种链接关系与类图中的定义相同，在链接的端点位置可以显示对象的角色名和模板信息。

2) 消息流

在协作图的链接线上，可以用带有消息串的消息来描述对象间的交互。消息的箭头指明消息的流动方向。消息串说明要发送的消息、消息的参数、消息的返回值以及消息的序列号等信息。

7.4.4　活动图

活动图(Activity Diagram)既可用来描述操作(类的方法)的行为，也可以描述用例和对象内部的工作过程。活动图是由状态图变化而来的，它们描述的内容的侧重点不同。

活动图依据对象状态的变化来捕获动作(将要执行的工作或活动)与动作的结果。一项操作可以描述为一系列相关的活动，一个活动结束后将立即进入下一个活动(在状态图中状态的变迁可能需要事件的触发)。图 7.16 给出了一个简单的活动图的例子。

活动仅有一个起始点，但可以有多个结束点。一个活动可以顺序地跟在另一个活动之后，这是简单的顺序关系。图 7.16 使用了一个菱形的判断标志，表示条件关系，判断标志可以有多个输入和输出转移，但在活动的运作中仅触发其中的一个输出转移。

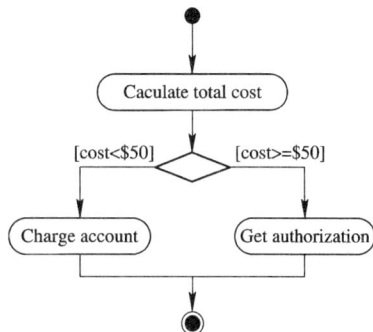

图 7.16　活动图的例子

活动图还可以表示并发行为。这需要用到其他一些复杂的符号，本书不再详细介绍。

上面对 UML 中用于描述系统动态行为的四个图(状态图、序列图、协作图和活动图)进行了简单的介绍。这四个图均可用于系统的动态建模，但它们各自的侧重点不同，分别用于不同的目的，在实际的建模过程中要根据具体情况选择运用。

7.5　RUP 简介

UML 制定了一种用于面向对象建模的语言，但是并没有指定如何在软件开发过程中应用 UML，它仅仅是一种语言，它是独立于任何过程的。如果想要成功的应用 UML，必须采用一种合理的过程控制模型。合理的过程能够有效地测度工作进度，控制和改善工作效率。目前有很多软件开发的过程模型，Rational Unified Process(简称 RUP)是由 IBM 公司推出的一种能够与 UML 最佳结合的软件开发过程模型，主要由 Ivar Jacobson 的 The Objectory Approach 和 The Rational Approach 发展而来。IBM 公司制定了详细的 RUP 过程指南，并开发了一系列支持 RUP 开发过程的 CASE 工具，可以根据需要在软件开发过程中选择使用。本节简单介绍 RUP 开发过程。

　　RUP 过程采用迭代化的开发方式，即不断地通过一系列的软件功能的发布来逐渐完成软件开发。RUP 将软件生命周期从时间上分解为四个顺序的阶段，分别是：初始阶段(Inception)、精化阶段(Elaboration)、构建阶段(Construction)和交付阶段(Transition)。在每个阶段的结尾进行评估以确定这个阶段的目标是否已经满足，如果评估结果令人满意，则可以允许项目进入下一个阶段。

　　1) 初始阶段

　　初始阶段也称为先启阶段，其目标是为系统建立商业案例并确定项目的边界。为了达到该目标，必须识别所有与系统交互的外部实体，在较高层次上定义交互的特性。本阶段具有非常重要的意义，在这个阶段中所关注的是整个项目进行中的业务和需求方面的主要风险。对于建立在原有系统基础上的开发项目来讲，初始阶段可能很短。

　　2) 精化阶段

　　精化阶段的目标是分析问题领域，建立健全体系结构基础，编制项目计划，淘汰项目中最高风险的元素。为了达到该目的，必须在理解整个系统的基础上，对体系结构作出决策，包括其范围、主要功能和诸如性能等非功能需求。同时为项目建立支持环境，包括创建开发案例，创建模板、准则并准备工具。

　　3) 构建阶段

　　在构建阶段，所有剩余的构件和应用程序功能被开发并集成为产品，所有的功能被详细测试。从某种意义上说，构建阶段是一个制造过程，其重点放在管理资源及控制运作以优化成本、进度和质量。

　　构建阶段结束时要确定软件、环境、用户是否可以开始系统的运作，此时的产品版本也常被称为"beta"版。

　　4) 交付阶段

　　交付阶段的重点是确保软件对最终用户是可用的。交付阶段可以跨越几次迭代，包括为发布做准备的产品测试，基于用户反馈的少量的调整。在生命周期的这一点上，用户反馈应主要集中在产品调整，设置、安装和可用性问题，所有主要的结构问题应该已经在项目生命周期的早期阶段解决了。

　　在交付阶段的终点产品发布，要确定目标是否实现，是否应该开始另一个开发周期。在一些情况下这个里程碑可能与下一个周期的初始阶段的结束重合。

　　RUP 软件开发生命周期是一个二维的软件开发模型，如图 7.17 所示。横轴代表时间，显示过程动态的一面，分为上面介绍的四个阶段。纵轴代表核心工作流程是静态的一面，RUP 的 9 个核心工作流程是：

　　(1) 业务建模：理解待开发系统所在的机构及其商业运作，确保所有人员对它有共同的认识，评估待开发系统对结构的影响；

　　(2) 需求：定义系统功能及用户界面，为项目预算及计划提供基础；

　　(3) 分析与设计：把需求分析结果转换为分析与设计模型；

(4) 实施：把设计模型转换为实现结果，并做单元测试，集成为可执行系统；

(5) 测试：验证所有需求是否已经被正确实现，对软件质量提出改进意见；

(6) 部署：打包、分发、安装软件，培训用户及销售人员；

(7) 配置与变更管理：跟踪并维护系统开发过程中产生的所有制品的完整性和一致性；

(8) 项目管理：为软件开发项目提供计划、人员分配、执行、监控等方面的指导，为风险管理提供框架；

(9) 环境：为软件开发机构提供软件开发环境。

从图 7.17 中的阴影部分表示的工作流可以看出，不同的工作流在不同的时间段内工作量的不同。值得注意的是，几乎所有的工作流，在所有的时间段内均有工作量，只是工作程度不同而已。这是 RUP 与瀑布流开发模型明显不同的地方。

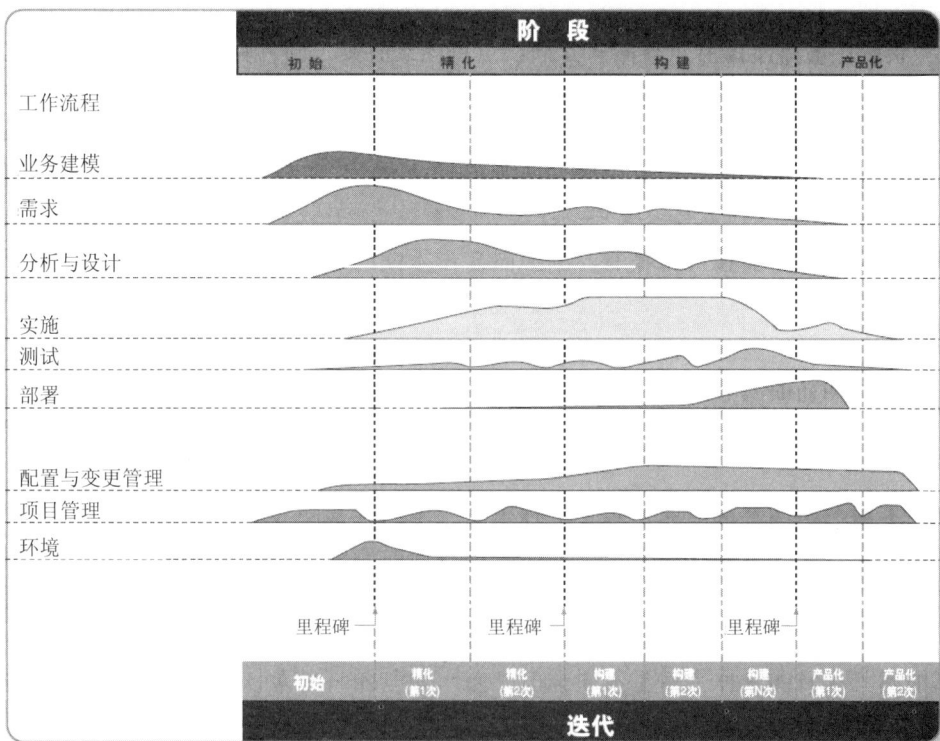

图 7.17　RUP 过程示意图

习　题

一、问答题

1. 简述面向对象方法的主要思想和主要开发过程。

2. 标准建模语言有什么特点？适用于哪些领域？

二、选择题

1. 下面所列的性质中，_____不属于面向对象程序设计的特性。

    A) 继承性　　　　B) 重用性　　　　　　C) 封装性　　　　　　D) 可视化

2. 管理信息系统设计方法之一的面向对象设计方法中，用适当的自然语言来概括描述要求解决的问题。具体来说，例如：

    Ⅰ "对象"用带下划线的名词或名词子句表示；

    Ⅱ "操作"用带下划线的动词或动词短语识别；

    Ⅲ "对象属性"用带下划线的形容词的全体辨认；

    Ⅳ "操作属性"用带下划线的所有副词确定。

这里_____的说法是正确的。

    A) Ⅰ和Ⅱ　　　　B) Ⅲ和Ⅳ　　　　　　C) Ⅰ、Ⅱ和Ⅲ　　　　D) 都正确

附录　软件开发文档编写提示

A. 可行性研究报告的编写提示

A.1　引言

A.1.1　编写目的

说明编写本可行性研究报告的目的，指出预期的读者。

A.1.2　背景

说明：

a. 所建议开发的软件系统的名称；

b. 本项目的任务提出者、开发者、用户及实现该软件的计算中心或计算机网络；

c. 该软件系统同其他系统或其他机构的基本的相互来往关系。

A.1.3　定义

列出本文件中用到的专门术语的定义和外文首字母组词的原词组。

A.1.4　参考资料

列出用得着的参考资料，如：

a. 本项目的经核准的计划任务书或合同、上级机关的批文；

b. 属于本项目的其他已发表的文件；

c. 本文件中各处引用的文件、资料，包括所需用到的软件开发标准。

列出这些文件资料的标题、文件编号、发表日期和出版单位，说明能够得到这些文件资料的来源。

A.2　可行性研究的前提

说明对所建议的开发项目进行可行性研究的前提，如要求、目标、假定、限制等。

A.2.1　要求

说明对所建议开发的软件的基本要求，如：

a. 功能；

b. 性能；

c. 输出：如报告、文件或数据，对每项输出要说明其特征，如用途、产生频度、接口以及分发对象等；

d. 输入：说明系统的输入，包括数据的来源、类型、数量、数据的组织以及提供的频度；

e. 处理流程和数据流程：用图表的方式表示出最基本的数据流程和处理流程，并辅之以叙述；

f. 在安全与保密方面的要求；

g. 同本系统相连接的其他系统；

h. 完成期限。

A.2.2　目标

说明所建议系统的主要开发目标，如：

a. 人力与设备费用的减少；

b. 处理速度的提高；

c. 控制精度或生产能力的提高；

d. 管理信息服务的改进；

e. 自动决策系统的改进；

f. 人员利用率的改进。

A.2.3　条件、假定和限制

说明对这项开发中给出的条件、假定和所受到的限制，如：

a. 所建议系统的运行寿命的最小值；

b. 进行系统方案选择比较的时间；

c. 经费、投资方面的来源和限制；

d. 法律和政策方面的限制；

e. 硬件、软件、运行环境和开发环境方面的条件和限制；

f. 可利用的信息和资源；

g. 系统投入使用的最晚时间。

A.2.4　进行可行性研究的方法

说明这项可行性研究将是如何进行的，所建议的系统将是如何评价的。摘要说明所使用的基本方法和策略，如调查、加权、确定模型、建立基准点或仿真等。

A.2.5　评价尺度

说明对系统进行评价时所使用的主要尺度，如费用的多少、各项功能的优先次序、开发时间的长短及使用中的难易程度。

A.3　对现有系统的分析

这里的现有系统是指当前实际使用的系统，这个系统可能是计算机系统，也可能是一个机械系统甚至是一个人工系统。

分析现有系统的目的是为了进一步阐明建议中的开发新系统或修改现有系统的必要性。

A.3.1　处理流程和数据流程

说明现有系统的基本的处理流程和数据流程。此流程可用图表即流程图的形式表示，并加以叙述。

A.3.2　工作负荷

列出现有系统所承担的工作及工作量。

A.3.3　费用开支

列出由于运行现有系统所引起的费用开支，如人力、设备、空间、支持性服务、材料等项开支以及开支总额。

A.3.4 人员

列出为了现有系统的运行和维护所需要的人员的专业技术类别和数量。

A.3.5 设备

列出现有系统所使用的各种设备。

A.3.6 局限性

列出本系统的主要的局限性，例如处理时间赶不上需要，响应不及时，数据存储能力不足，处理功能不够等。并且要说明，为什么对现有系统的改进性维护已经不能解决问题。

A.4 所建议的系统

说明所建议系统的目标和要求将如何被满足。

A.4.1 对所建议系统的说明

概括地说明所建议系统，并说明在 A.2 中列出的那些要求将如何得到满足，说明所使用的基本方法及理论根据。

A.4.2 处理流程和数据流程

给出所建议系统的处理流程和数据流程。

A.4.3 改进之处

按 A.2.2 条中列出的目标，逐项说明所建议系统相对于现存系统具有的改进。

A.4.4 影响

说明在建立所建议系统时，预期将带来的影响，包括：

A.4.4.1 对设备的影响

说明新提出的设备要求及对现存系统中尚可使用的设备需作出的修改。

A.4.4.2 对软件的影响

说明为了使现存的应用软件和支持软件能够同所建议系统相适应而需要对这些软件所进行的修改和补充。

A.4.4.3 对用户单位机构的影响

说明为了建立和运行所建议系统，对用户单位机构、人员的数量和技术水平等方面的全部要求。

A.4.4.4 对系统运行过程的影响

说明所建议系统对运行过程的影响，如：

a. 用户的操作规程；
b. 运行中心的操作规程；
c. 运行中心与用户之间的关系；
d. 源数据的处理；
e. 数据进入系统的过程；
f. 对数据保存的要求，对数据存储、恢复的处理；
g. 输出报告的处理过程、存储媒体和调度方法；
h. 系统失效的后果及恢复的处理办法。

A.4.4.5 对开发的影响

说明对开发的影响，如：

a. 为了支持所建议系统的开发，用户需进行的工作；

b. 为了建立一个数据库所要求的数据资源；

c. 为了开发和测验所建议系统而需要的计算机资源；

d. 所涉及的保密与安全问题。

A.4.4.6　对地点和设施的影响

说明对建筑物改造的要求及对环境设施的要求。

A.4.4.7　对经费开支的影响

扼要说明为了所建议系统的开发、设计和维持运行而需要的各项经费开支。

A.4.5　局限性

说明所建议系统尚存在的局限性以及这些问题未能消除的原因。

A.4.6　技术条件方面的可行性

本节应说明技术条件方面的可行性，如：

a. 在当前的限制条件下，该系统的功能目标能否达到；

b. 利用现有的技术，该系统的功能能否实现；

c. 对开发人员的数量和质量的要求，并说明这些要求能否满足；

d. 在规定的期限内，本系统的开发能否完成。

A.5　可选择的其他系统方案

扼要说明曾考虑过的每一种可选择的系统方案，包括需开发的和可从国内、国外直接购买的，如果没有供选择的系统方案可考虑，则说明这一点。

A.5.1　可选择的系统方案 1

参照 A.4 的提纲，说明可选择的系统方案 1，并说明它未被选中的理由。

A.5.2　可选择的系统方案 2

按类似 A.5.1 条的方式说明第 2 个乃至第 n 个可选择的系统方案。

A.6　投资及效益分析

A.6.1　支出

对于所选择的方案，说明所需的费用。如果已有一个现存系统，则包括该系统继续运行期间所需的费用。

A.6.1.1　基本建设投资

包括采购、开发和安装下列各项所需的费用，如：

a. 房屋和设施；

b. ADP（Automatic Data Processing）设备；

c. 数据通信设备；

d. 环境保护设备；

e. 安全与保密设备；

f. ADP 操作系统的软件和应用的软件；

g. 数据库管理软件。

A.6.1.2　其他一次性支出

包括下列各项所需的费用，如：

a. 研究（需求的研究和设计的研究）；

b. 开发计划与测量基准的研究；

c. 数据库的建立；

d. ADP 软件的转换；

e. 检查费用和技术管理性费用；

f. 培训费、旅差费以及开发安装人员所需要的一次性支出；

g. 人员的退休及调动费用等。

A.6.1.3 非一次性支出

列出在该系统生命期内按月或按季或按年支出的用于运行和维护的费用，包括：

a. 设备的租金和维护费用；

b. 软件的租金和维护费用；

c. 数据通信方面的租金和维护费用；

d. 人员的工资、奖金；

e. 房屋、空间的使用开支；

f. 公用设施方面的开支；

g. 保密安全方面的开支；

h. 其他经常性的支出等。

A.6.2 收益

对于所选择的方案，说明能够带来的收益。这里所说的收益，表现为开支费用的减少或避免、差错的减少、灵活性的增加、动作速度的提高和管理计划方面的改进等，包括以下三项：

A.6.2.1 一次性收益

说明能够用人民币数目表示的一次性收益，可按数据处理、用户、管理和支持等项分类叙述，如：

a. 开支的缩减，包括改进了的系统的运行所引起的开支缩减，如资源要求的减少，运行效率的改进，数据进入、存储和恢复技术的改进，系统性能的可监控，软件的转换和优化，数据压缩技术的采用，处理的集中化/分布化等；

b. 价值的增升，包括由于一个应用系统的使用价值的增升所引起的收益，如资源利用的改进，管理和运行效率的改进以及出错率的减少等；

c. 其他，如从多余设备出售回收的收入等。

A.6.2.2 非一次性收益

说明在整个系统生命期内由于运行所建议系统而导致的按月的、按年的能用人民币数目表示的收益，包括开支的减少和避免。

A.6.2.3 不可定量的收益

逐项列出无法直接用人民币表示的收益，如服务的改进，由操作失误引起的风险的减少，信息掌握情况的改进，组织机构给外界形象的改善等。有些不可捉摸的收益只能大概估计或进行极值估计（按最好和最差情况估计）。

A.6.3 收益 / 投资比

求出整个系统生命期的收益 / 投资比值。

A.6.4 投资回收周期

求出收益的累计数开始超过支出的累计数的时间。

A.6.5　敏感性分析

所谓敏感性分析是指一些关键性因素如系统生命期长度、系统的工作负荷量、工作负荷的类型与这些不同类型之间的合理搭配、处理速度要求、设备和软件的配置等变化时，对开支和收益的影响最灵敏的范围的估计。在敏感性分析的基础上进行的选择当然会比单一选择的结果要好一些。

A.7　社会因素方面的可行性

用来说明对社会因素方面的可行性分析的结果，包括：

A.7.1　法律方面的可行性

法律方面的可行性问题很多，如合同责任、侵犯专利权、侵犯版权等方面的陷阱，软件人员通常是不熟悉的，有可能陷入，务必注意研究。

A.7.2　使用方面的可行性

例如，从用户单位的行政管理、工作制度等方面来看，是否能够使用该软件系统；从用户单位的工作人员的素质来看，是否能满足使用该软件系统的要求等，都是要考虑的。

A.8　结论

在进行可行性研究报告的编制时，必须有一个研究的结论。结论可以是：

a. 可以立即开始进行；

b. 需要推迟到某些条件（例如资金、人力、设备等）落实之后才能开始进行；

c. 需要对开发目标进行某些修改之后才能开始进行；

d. 不能进行或不必进行（例如因技术不成熟、经济上不合算等）。

B. 项目开发计划的编写提示

B.1　引言

B.1.1　编写目的

说明编写这份项目开发计划的目的，并指出预期的读者。

B.1.2　背景

说明：

a. 待开发的软件系统的名称；

b. 本项目的任务提出者、开发者、用户及实现该软件的计算中心或计算机网络；

c. 该软件系统同其他系统或其他机构的基本的相互来往关系。

B.1.3　定义

列出本文件中用到的专门术语的定义和外文首字母组词的原词组。

B.1.4　参考资料

列出用得着的参考资料，如：

a. 本项目的经核准的计划任务书或合同、上级机关的批文；

b. 属于本项目的其他已发表的文件；

c. 本文件中各处引用的文件、资料，包括所要用到的软件开发标准。列出这些文件资料的标题、文件编号、发表日期和出版单位，说明能够得到这些文件资料的来源。

B.2　项目概述

B.2.1　工作内容

简要地说明在本项目的开发中需进行的各项主要工作。

B.2.2　主要参加人员

扼要说明参加本项目开发工作的主要人员的情况，包括他们的技术水平。

B.2.3　产品

B.2.3.1　程序

列出需移交给用户的程序的名称、所用的编程语言及存储程序的媒体形式，并通过引用有关文件，逐项说明其功能和能力。

B.2.3.2　文件

列出需移交给用户的每种文件的名称及内容要点。

B.2.3.3　服务

列出需向用户提供的各项服务，如培训安装、维护和运行支持等，应逐项规定开始日期、所提供支持的级别和服务的期限。

B.2.3.4　非移交的产品

说明开发集体应向本单位交出但不必向用户移交的产品（文件甚至某些程序）。

B.2.4　验收标准

对于上述这些应交出的产品和服务，逐项说明或引用资料说明验收标准。

B.2.5　完成项目的最迟期限

B.2.6　本计划的批准者和批准日期

B.3　实施计划

B.3.1　工作任务的分解与人员分工

对于项目开发中需完成的各项工作，从需求分析、设计、实现、测试直到维护，包括文件的编制、审批、打印、分发工作，用户培训工作，软件安装工作等，按层次进行分解，指明每项任务的负责人和参加人员。

B.3.2　接口人员

说明负责接口工作的人员及他们的职责，包括：

a. 负责本项目同用户的接口人员；

b. 负责本项目同本单位各管理机构，如合同计划管理部门、财务部门、质量管理部门等的接口人员；

c. 负责本项目同各分合同负责单位的接口人员等。

B.3.3　进度

对于需求分析、设计、编码实现、测试、移交、培训和安装等工作，给出每项工作任务的预定开始日期、完成日期及所需资源，规定各项工作任务完成的先后顺序以及表征每项工作任务完成的标志性事件（即所谓"里程碑"）。

B.3.4　预算

逐项列出本开发项目所需要的劳务（包括人员的数量和时间）以及经费的预算（包括办公费、差旅费、机时费、资料费、通讯设备和专用设备的租金等）和来源。

B.3.5　关键问题

逐项列出能够影响整个项目成败的关键问题、技术难点和风险，指出这些问题对项目的影响。

B.4 支持条件

说明为支持本项目的开发所需要的各种条件和设施。

B.4.1 计算机系统支持

逐项列出开发中和运行时所需的计算机系统支持，包括计算机、外围设备、通讯设备、模拟器、编译(或汇编)程序、操作系统、数据管理程序包、数据存储能力和测试支持能力等，逐项给出有关到货日期、使用时间的要求。

B.4.2 需由用户承担的工作

逐项列出需要用户承担的工作和完成期限。包括需由用户提供的条件及提供时间。

B.4.3 由外单位提供的条件

逐项列出需要外单位分合同承包者承担的工作和完成的时间，包括需要由外单位提供的条件和提供的时间。

B.5 专题计划要点

说明本项目开发中需制订的各个专题计划（如分合同计划、开发人员培训计划、测试计划、安全保密计划、质量保证计划、配置管理计划、用户培训计划、系统安装计划等）的要点。

C. 软件需求说明书的编写提示

C.1 引言

C.1.1 编写目的

说明编写这份软件需求说明书的目的，指出预期的读者。

C.1.2 背景

说明：

a. 待开发的软件系统的名称；

b. 本项目的任务提出者、开发者、用户及实现该软件的计算中心或计算机网络；

c. 该软件系统同其他系统或其他机构的基本的相互来往关系。

C.1.3 定义

列出本文件中用到的专门术语的定义和外文首字母组词的原词组。

C.1.4 参考资料

列出用得着的参考资料，如：

a. 本项目的经核准的计划任务书或合同、上级机关的批文；

b. 属于本项目的其他已发表的文件；

c. 本文件中引用的文件、资料，包括所要用到的软件开发标准。列出这些文件资料的标题、文件编号、发表日期和出版单位，说明能够得到这些文件资料的来源。

C.2 任务概述

C.2.1 目标

叙述该项软件开发的意图、应用目标、作用范围以及其他应向读者说明的有关该软件开发的背景材料。解释被开发软件与其他有关软件之间的关系。如果本软件产品是一项独立的软件，而且全部内容自含，则说明这一点。如果所定义的产品是一个更大的系统的组成部分，则应说明本产品与该系统中其他各组成部分之间的关系，为此可使用一张方框图来说明该系统的组成和本产品同其他各部分的联系和接口。

C.2.2　用户的特点

列出本软件的最终用户的特点，充分说明操作人员、维护人员的教育水平和技术专长，以及本软件的预期使用频度。这些是软件设计工作的重要约束。

C.2.3　假定和约束

列出进行本软件开发工作的假定和约束，例如经费限制、开发期限等。

C.3　需求规定

C.3.1　对功能的规定

用列表的方式（例如 IPO 表即输入、处理、输出表的形式），逐项定量和定性地叙述对软件所提出的功能要求，说明输入什么量、经怎样的处理、得到什么输出，说明软件应支持的终端数和应支持的并行操作的用户数。

C.3.2　对性能的规定

C.3.2.1　精度

说明对该软件的输入、输出数据精度的要求，可能包括传输过程中的精度。

C.3.2.2　时间特性要求

说明对于该软件的时间特性要求，如：

a. 响应时间；

b. 更新处理时间；

c. 数据的转换和传送时间；

d. 解题时间。

C.3.2.3　灵活性

说明对该软件的灵活性的要求，即当需求发生某些变化时，该软件对这些变化的适应能力，如：

a. 操作方式上的变化；

b. 运行环境的变化；

c. 同其他软件的接口的变化；

d. 精度和有效时限的变化；

e. 计划的变化或改进。

对于为了提供这些灵活性而进行的专门设计的部分应该加以标明。

C.3.3　输入输出要求

解释各输入输出数据类型，并逐项说明其媒体、格式、数值范围、精度等。对软件的数据输出及必须标明的控制输出量进行解释并举例，包括对硬拷贝报告（正常结果输出、状态输出及异常输出）以及图形或显示报告的描述。

C.3.4　数据管理能力要求

说明需要管理的文卷和记录的个数、表和文卷的大小规模，要按可预见的增长对数据及其分量的存储要求作出估算。

C.3.5　故障处理要求

列出可能的软件、硬件故障以及对各项性能而言所产生的后果和对故障处理的要求。

C.3.6　其他专门要求

如用户单位对安全保密的要求，对使用方便的要求，对可维护性、可补充性、易读性、可靠性、运行环境可转换性的特殊要求等。

C.4　运行环境规定

C.4.1　设备

列出运行该软件所需要的硬设备。说明其中的新型设备及其专门功能，包括：

a. 处理器型号及内存容量；

b. 外存容量、联机或脱机、媒体及其存储格式、设备的型号及数量；

c. 输入及输出设备的型号和数量、联机或脱机；

d. 数据通信设备的型号和数量；

e. 功能件及其他专用硬件。

C.4.2　支持软件

列出支持软件，包括要用到的操作系统、编译（或汇编）程序、测试支持软件等。

C.4.3　接口

说明该软件同其他软件之间的接口、数据通信协议等。

C.4.4　控制

说明控制该软件运行的方法和控制信号，并说明这些控制信号的来源。

D. 数据要求说明书的编写提示

D.1　引言

D.1.1　编写目的

说明编写这份数据要求说明书的目的，指出预期的读者。

D.1.2　背景

说明：

a. 待开发软件系统的名称；

b. 列出本项目的任务提出者、开发者、用户以及将运行该项软件的计算站（中心）或计算机网络系统。

D.1.3　定义

列出本文件中用到的专门术语的定义和外文首字母组词的原词组。

D.1.4　参考资料

列出有关的参考资料，如：

a. 本项目的经核准的计划任务书或合同，上级机关的批文；

b. 属于本项目的其他已发表文件；

c. 本文件中各处引用的文件、资料，包括所要用到的软件开发标准。列出这些文件的标题、文件编号、发表日期和出版单位。说明能够得到这些文件资料的来源。

D.2　数据的逻辑描述

对数据进行逻辑描述时可把数据分为动态数据和静态数据。所谓静态数据，指在运行过程中主要作为参考的数据，它们在很长的一段时间内不会变化，一般不随运行而改变。所谓动态数据，包括所有在运行中要发生变化的数据以及在运行中要输入、输出的数据。进行描述时应把各数据元素逻辑地分成若干组，例如函数、源数据或对于其应用更为恰当的逻辑分组。给出每一数据元的名称（包括缩写和代码）、定义（或物理意义）度量单位、值域、格式和类型等有关信息。

D.2.1　静态数据

列出所有作为控制或参考用的静态数据元素。

D.2.2　动态输入数据

列出动态输入数据元素（包括在常规运行中或联机操作中要改变的数据）。

D.2.3　动态输出数据

列出动态输出数据元素（包括在常规运行中或联机操作中要改变的数据）。

D.2.4　内部生成数据

列出向用户或开发单位中的维护调试人员提供的内部生成数据。

D.2.5　数据约定

说明对数据要求的制约。逐条列出对进一步扩充或使用方面的考虑而提出的对数据要求的限制（容量、文卷、记录和数据元的个数的最大值）。对于在设计和开发中确定是临界性的限制更要明确指出。

D.3　数据的采集

D.3.1　要求和范围

按数据元的逻辑分组来说明数据采集的要求和范围，指明数据的采集方法，说明数据采集工作的承担者是用户还是开发者。具体的内容包括：

a. 输入数据的来源，例如是单个操作员、数据输入站，专业的数据输入公司或它们的一个分组；

b. 数据输入（指把数据输入处理系统内部）所用的媒体和硬设备。如果只有指定的输入点的输入才是合法的，则必须对此加以说明；

c. 接受者，说明输出数据的接受者；

d. 输出数据的形式和设备，列出输出数据的形式和硬设备。无论接受者将接收到的数据是打印输出，还是 CRT 上的一组字符、一帧图形，或一声警铃，或向开关线圈提供的一个电脉冲，或常用介质如磁盘、磁带、穿孔卡片等，均应具体说明；

e. 数据值的范围给出每一个数据元的合法值的范围；

f. 量纲给出数字的度量单位、增量的步长、零点的定标等。在数据是非数字量的情况下，要给出每一种合法值的形式和含意；

g. 更新和处理的频度给出预定的对输入数据的更新和处理的频度。如果数据的输入是随机的，应给出更新处理的频度的平均值，或变化情况的某种其他度量。

D.3.2　输入的承担者

说明预定的对数据输入工作的承担者。如果输入数据同某一接口软件有关，还应说明该接口软件的来源。

D.3.3　预处理

对数据的采集和预处理过程提出专门的规定，包括适合应用的数据格式、预定的数据通信媒体和对输入的时间要求等。对于需经模拟转换或数字转换处理的数据量，要给出转换方法和转换因子等有关信息，以便软件系统使用这些数据。

D.3.4　影响

说明这些数据要求对于设备、软件、用户、开发单位可能产生的影响，例如要求用户单位增设某个机构等。

E. 概要设计说明书的编写提示

E.1 引言

E.1.1 编写目的

说明编写这份概要设计说明书的目的，指出预期的读者。

E.1.2 背景

说明：

a. 待开发软件系统的名称；

b. 列出此项目的任务提出者、开发者、用户以及将运行该软件的计算站（中心）。

E.1.3 定义

列出本文件中用到的专门术语的定义和外文首字母组词的原词组。

E.1.4 参考资料

列出有关的参考文件，如：

a. 本项目的经核准的计划任务书或合同，上级机关的批文；

b. 属于本项目的其他已发表文件；

c. 本文件中各处引用的文件、资料，包括所要用到的软件开发标准。列出这些文件的标题、文件编号、发表日期和出版单位，说明能够得到这些文件资料的来源。

E.2 总体设计

E.2.1 需求规定

说明对本系统的主要的输入输出项目、处理的功能性能要求，详细的说明可参见附录中 C。

E.2.2 运行环境

简要地说明对本系统的运行环境（包括硬件环境和支持环境）的规定，详细说明参见附录中 C。

E.2.3 基本设计概念和处理流程

说明本系统的基本设计概念和处理流程，尽量使用图表的形式。

E.2.4 结构

用一览表及框图的形式说明本系统的系统元素（各层模块、子程序、公用程序等）的划分，扼要说明每个系统元素的标识符和功能，分层次地给出各元素之间的控制与被控制关系。

E.2.5 功能需求与程序的关系

用一张如下的矩阵图说明各项功能需求的实现同各块程序的分配关系：

	程序 1	程序 2	⋮	程序 m
功能需求 1	√			
功能需求 2		√		
⋮				
功能需求 n		√		√

E.2.6　人工处理过程

说明在本软件系统的工作过程中不得不包含的人工处理过程（如果有的话）。

E.2.7　尚未解决的问题

说明在概要设计过程中尚未解决而设计者认为在系统完成之前必须解决的各个问题。

E.3　接口设计

E.3.1　用户接口

说明将向用户提供的命令和它们的语法结构，以及软件的回答信息。

E.3.2　外部接口

说明本系统同外界的所有接口的安排，包括软件与硬件之间的接口、本系统与各支持软件之间的接口关系。

E.3.3　内部接口

说明本系统之内的各个系统元素之间的接口的安排。

E.4　运行设计

E.4.1　运行模块组合

说明对系统施加不同的外界运行控制时所引起的各种不同的运行模块组合，说明每种运行所历经的内部模块和支持软件。

E.4.2　运行控制

说明每一种外界的运行控制的方式方法和操作步骤。

E.4.3　运行时间

说明每种运行模块组合将占用各种资源的时间。

E.5　系统数据结构设计

E.5.1　逻辑结构设计要点

给出本系统内所使用的每个数据结构的名称、标识符以及它们之中每个数据项、记录、文卷和系的标识、定义、长度及它们之间的层次的或表格的相互关系。

E.5.2　物理结构设计要点

给出本系统内所使用的每个数据结构中的每个数据项的存储要求，访问方法、存取单位、存取的物理关系（索引、设备、存储区域）、设计考虑和保密条件。

E.5.3　数据结构与程序的关系

说明各个数据结构与访问这些数据结构的形式：

	程序 1	程序 2	...	程序 m
数据结构 1	√			
数据结构 2		√		
⋮				
数据结构 n		√		√

E.6　系统出错处理设计

E.6.1　出错信息

用一览表的方式说明每种可能的出错或故障情况出现时，系统输出信息的形式、含意及处理方法。

E.6.2　补救措施

说明故障出现后可能采取的变通措施，包括：

a. 后备技术：说明准备采用的后备技术，当原始系统数据万一丢失时启用的副本的建立和启动的技术，例如周期性地把磁盘信息记录到磁带上去就是对于磁盘媒体的一种后备技术；

b. 降效技术：说明准备采用的后备技术，使用另一个效率稍低的系统或方法来求得所需结果的某些部分，例如一个自动系统的降效技术可以是手工操作和数据的人工记录；

c. 恢复及再启动技术：说明将使用的恢复再启动技术，使软件从故障点恢复执行或使软件从头开始重新运行的方法。

E.6.3　系统维护设计

说明为了系统维护的方便而在程序内部设计中作出的安排，包括在程序中专门安排用于系统的检查与维护的检测点和专用模块。

F. 详细设计说明书的编写提示

F.1　引言

F.1.1　编写目的

说明编写这份详细设计说明书的目的，指出预期的读者。

F.1.2　背景

说明：

a. 待开发软件系统的名称；

b. 本项目的任务提出者、开发者、用户和运行该程序系统的计算中心。

F.1.3　定义

列出本文件中用到专门术语的定义和外文首字母组词的原词组。

F.1.4　参考资料

列出有关的参考资料，如：

a. 本项目的经核准的计划任务书或合同、上级机关的批文；

b. 属于本项目的其他已发表的文件；

c. 本文件中各处引用到的文件资料，包括所要用到的软件开发标准。 列出这些文件的标题、文件编号、发表日期和出版单位，说明能够取得这些文件的来源。

F.2　程序系统的结构

用一系列图表列出本程序系统内的每个程序（包括每个模块和子程序）的名称、标识符和它们之间的层次结构关系。

F.3　程序 1（标识符）设计说明

从本条开始，逐个地给出各个层次中的每个程序的设计考虑。以下给出的提纲是针对一般情况的。对于一个具体的模块，尤其是层次比较低的模块或子程序，其很多条目的内容往往与它所隶属的上一层模块的对应条目的内容相同，在这种情况下，只要简单地说明这一点即可。

F.3.1　程序描述

给出对该程序的简要描述，主要说明设计本程序的目的和意义，并且，还要说明本程序的特点（如：是常驻内存还是非常驻？是否子程序？是可重入的还是不可重入的？有无覆盖要求？是顺序处理还是并发处理等）。

F.3.2 功能

说明该程序应具有的功能，可采用 IPO 图（即输入—处理—输出图）的形式。

F.3.3 性能

说明对该程序的全部性能要求，包括对精度、灵活性和时间特性的要求。

F.3.4 输入项

给出对每一个输入项的特性，包括名称、标识、数据的类型和格式、数据值的有效范围、输入的方式、数量和频度、输入媒体、输入数据的来源和安全保密条件等等。

F.3.5 输出项

给出对每一个输出项的特性，包括名称、标识、数据的类型和格式，数据值的有效范围，输出的形式、 数量和频度，输出媒体、对输出图形及符号的说明、安全保密条件等等。

F.3.6 算法

详细说明本程序所选用的算法，具体的计算公式和计算步骤。

F.3.7 流程逻辑

用图表（例如流程图、判定表等）辅以必要的说明来表示本程序的逻辑流程。

F.3.8 接口

用图的形式说明本程序所隶属的上一层模块及隶属于本程序的下一层模块、子程序，说明参数赋值和调用方式，说明与本程序直接关联的数据结构（数据库、数据文卷）。

F.3.9 存储分配

根据需要，说明本程序的存储分配。

F.3.10 注释设计

说明准备在本程序中安排的注释，如：

a. 加在模块首部的注释；

b. 加在各分支点处的注释；

c. 对各变量的功能、范围、缺省条件等所加的注释；

d. 对使用的逻辑所加的注释等等。

F.3.11 限制条件

说明本程序运行中所受到的限制条件。

F.3.12 测试计划

说明对本程序进行单元测试的计划，包括对测试的技术要求、输入数据、预期结果、进度安排、人员职责、设备条件驱动程序及桩模块等的规定。

F.3.13 尚未解决的问题

说明在本程序的设计中尚未解决而设计者认为在软件完成之前应解决的问题。

F.4 程序 2（标识符）设计说明

用类似 F.3 的方式，说明第 2 个程序乃至第 N 个程序的设计考虑。

⋮

G. 数据库设计说明书的编写提示

G.1 引言

G.1.1　编写目的

说明编写这份数据库设计说明书的目的，指出预期的读者。

G.1.2　背景

说明：

a. 说明待开发的数据库的名称和使用此数据库的软件系统的名称；

b. 列出该软件系统开发项目的任务提出者、用户以及将安装该软件和这个数据库的计算站(中心)。

G.1.3　定义

列出本文件中用到的专门术语的定义、外文首字母组词的原词组。

G.1.4　参考资料

列出有关的参考资料：

a. 本项目的经核准的计划任务书或合同、上级机关批文；

b. 属于本项目的其他已发表的文件；

c. 本文件中各处引用到的文件资料，包括所要用到的软件开发标准。

列出这些文件的标题、文件编号、发表日期和出版单位，说明能够取得这些文件的来源。

G.2　外部设计

G.2.1　标识符和状态

联系用途，详细说明用于惟一标识该数据库的代码、名称或标识符，附加的描述性信息亦要给出。如果该数据库属于尚在实验中、尚在测试中或是暂时使用的，则要说明这一特点及其有效时间范围。

G.2.2　使用它的程序

列出将要使用或访问此数据库的所有应用程序，对于这些应用程序，给出它的名称和版本号。

G.2.3　约定

陈述一个程序员或一个系统分析员为了能使用此数据库而需要了解的建立标号、标识的约定，例如，用于标识数据库的不同版本的约定和用于标识库内各个文卷、记录、数据项的命名约定等。

G.2.4　专门指导

向准备从事此数据库的生成、从事此数据库的测试、维护人员提供专门的指导，例如将被送入数据库的数据的格式和标准、送入数据库的操作规程和步骤，用于产生、修改、更新或使用这些数据文卷的操作指导。如果这些指导的内容篇幅很长，则列出可参阅的文件资料的名称和章条。

G.2.5　支持软件

简单介绍同此数据库直接有关的支持软件，如数据库管理系统、存储定位程序和用于装入、生成、修改、更新数据库的程序等。说明这些软件的名称、版本号和主要功能特性，如所用数据模型的类型、允许的数据容量等。列出这些支持软件的技术文件的标题、编号及来源。

G.3　结构设计

G.3.1 概念结构设计

说明本数据库将反映的现实世界中的实体、属性和它们之间的关系等的原始数据形式，包括各数据项、记录、系、文卷的标识符、定义、类型、度量单位和值域，建立本数据库的每一幅用户视图。

G.3.2 逻辑结构设计

说明把上述原始数据进行分解、合并后重新组织起来的数据库全局逻辑结构，包括所确定的关键字和属性、重新确定的记录结构和文卷结构、所建立的各个文卷之间的相互关系，形成本数据库的数据库管理员视图。

G.3.3 物理结构设计

建立系统程序员视图，包括：

a. 数据在内存中的安排，包括对索引区、缓冲区的设计；

b. 所使用的外存设备及外存空间的组织，包括索引区、数据块的组织与划分；

c. 访问数据的方式方法。

G.4 运用设计

G.4.1 数据字典设计

对数据库设计中涉及到的各种项目，如数据项、记录、系、文卷、模式、子模式等一般要建立起数据字典，以说明它们的标识符、同义名及有关信息。在本节中要说明对此数据字典设计的基本考虑。

G.4.2 安全保密设计

说明在数据库的设计中，将如何通过区分不同的访问者、不同的访问类型和不同的数据对象，进行分别对待而获得的数据库安全保密的设计考虑。

H. 用户手册的编写提示

H.1 引言

H.1.1 编写目的

说明编写这份用户手册的目的，指出预期的读者。

H.1.2 背景

说明：

a. 这份用户手册所描述的软件系统的名称；

b. 该软件项目的任务提出者、开发者、用户（或首批用户）及安装此软件的计算中心。

H.1.3 定义

列出本文件中用到的专门术语的定义和外文首字母组词的原词组。

H.1.4 参考资料

列出有用的参考资料，如：

a. 项目的经核准的计划任务书或合同、上级机关的批文；

b. 属于本项目的其他已发表文件；

c. 本文件中各处引用的文件、资料，包括所要用到的软件开发标准。 列出这些文件资料的标题、文件编号、发表日期和出版单位，说明能够取得这些文件资料的来源。

H.2 用途

H.2.1 功能

结合本软件的开发目的逐项地说明本软件所具有各项功能以及它们的极限范围。

H.2.2 性能

H.2.2.1 精度

逐项说明对各项输入数据的精度要求和本软件输出数据达到的精度，包括传输中的精度要求。

H.2.2.2 时间特性

定量地说明本软件的时间特性，如响应时间，更新处理时间，数据传输、转换时间，计算时间等。

H.2.2.3 灵活性

说明本软件所具有的灵活性，即当用户需求（如对操作方式、运行环境、结果精度、时间特性等的要求）有某些变化时，本软件的适应能力。

H.2.3 安全保密

说明本软件在安全、保密方面的设计考虑和实际达到的能力。

H.3 运行环境

H.3.1 硬设备

列出为运行本软件所要求的硬设备的最小配置，如：

a. 处理机的型号、内存容量；

b. 所要求的外存储器、媒体、记录格式、设备的型号和台数、联机/脱机；

c. I/O 设备(联机/脱机？)；

d. 数据传输设备和转换设备的型号、台数。

H.3.2 支持软件

说明为运行本软件所需要的支持软件，如：

a. 操作系统的名称、版本号；

b. 程序语言的编译/汇编系统的名称和版本号；

c. 数据库管理系统的名称和版本号；

d. 其他支持软件。

H.3.3 数据结构

列出为支持本软件的运行所需要的数据库或数据文卷。

H.4 使用过程

首先用图表的形式说明软件的功能同系统的输入源机构、输出接收机构之间的关系。

H.4.1 安装与初始化

一步一步地说明为使用本软件而需进行的安装与初始化过程，包括程序的存储形式、安装与初始化过程中的全部操作命令、系统对这些命令的反应与答复。表征安装工作完成的测试实例等。如果有的话，还应说明安装过程中所需用到的专用软件。

H.4.2 输入

规定输入数据和参量的准备要求。

H.4.2.1 输入数据的现实背景

说明输入数据的现实背景，主要是

a. 情况——例如人员变动、库存、缺货；

b. 情况出现的频度——例如是周期性的、随机的、一项操作状态的函数；

c. 情况来源——例如人事部门、仓库管理部门；

d. 输入媒体——例如键盘、穿孔卡片、磁带；

e. 限制——出于安全、保密考虑而对访问这些输入数据所加的限制；

f. 质量管理——例如对输入数据合理性的检验以及当输入数据有错误时应采取的措施，如建立出错情况的记录等；

g. 支配——例如如何确定输入数据是保留还是废弃，是否要分配给其他的接受者等。

H.4.2.2　输入格式

说明对初始输入数据和参量的格式要求，包括语法规则和有关约定，如：

a. 长度——例如字符数／行，字符数／项；

b. 格式基准——例如以左面的边沿为基准；

c. 标号——例如标记或标识符；

d. 顺序——例如各个数据项的次序及位置；

e. 标点——例如用来表示行、数据组等的开始或结束而使用的空格、斜线、星号、字符组等。

f. 词汇表——给出允许使用的字符组合的列表，禁止使用的字符组合的列表等；

g. 省略和重复——给出用来表示输入元素可省略或重复的表示方式；

h. 控制——给出用来表示输入开始或结束的控制信息。

H.4.2.3　输入举例

为每个完整的输入形式提供样本，包括：

a. 控制或首部——例如用来表示输入的种类和类型的信息，标识符输入日期，正文起点和对所用编码的规定；

b. 主体——输入数据的主体，包括数据文卷的输入表述部分；

c. 尾部——用来表示输入结束的控制信息，累计字符总数等；

d. 省略——指出哪些输入数据是可省略的；

e. 重复——指出哪些输入数据是重复的。

H.4.3　输出

对每项输出作出说明。

H.4.3.1　输出数据的现实背景

说明输出数据的现实背景，主要是：

a. 使用——这些输出数据是给谁的，用来干什么；

b. 使用频度——例如每周的、定期的或备查阅的；

c. 媒体——打印、CRI 显示、磁带、卡片、磁盘；

d. 质量管理——例如关于合理性检验、出错纠正的规定；

e. 支配——例如如何确定输出数据是保留还是废弃，是否要分配给其他接受者等。

H.4.3.2　输出格式

给出对每一类输出信息的解释，主要是：

a. 首部——如输出数据的标识符，输出日期和输出编号；

b. 主体——输出信息的主体，包括分栏标题；

c. 尾部——包括累计总数，结束标记。

H.4.3.3　输出举例

为每种输出类型提供例子。对例子中的每一项，说明：

a. 定义——每项输出信息的意义和用途；

b. 来源——是从特定的输入中抽出、从数据库文卷中取出、或从软件的计算过程中得到；

c. 特性——输出的值域、计量单位、在什么情况下可缺省等。

H.4.4　文卷查询

这一条的编写针对具有查询能力的软件，内容包括：同数据库查询有关的初始化、准备及处理所需要的详细规定，说明查询的能力、方式，所使用的命令和所要求的控制规定。

H.4.5　出错处理和恢复

列出由软件产生的出错编码或条件以及应由用户承担的修改纠正工作。指出为了确保再启动和恢复的能力，用户必须遵循的处理过程。

H.4.6　终端操作

当软件是在多终端系统上工作时，应编写本条，以说明终端的配置安排、连接步骤、数据和参数输入步骤以及控制规定。说明通过终端操作进行查询、检索、修改数据文卷的能力、语言、过程以及辅助性程序等。

I. 操作手册的编写提示

I.1　引言

I.1.1　编写目的

说明编写这份操作手册的目的，指出预期的读者。

I.1.2　前景

说明：

a. 这份操作手册所描述的软件系统的名称；

b. 该软件项目的任务提出者、开发者、用户（或首批用户）及安装该软件的计算中心。

I.1.3　定义

列出本文件中用到的专门术语的定义和外文首字母组词的原词组。

I.1.4　参考资料

列出有用的参考资料，如：

a. 本项目的经核准的计划任务书或合同、上级机关的批文；

b. 属于本项目的其他已发表的文件；

c. 本文件中各处引用的文件、资料，包括所列出的这些文件资料的标题、文件编号、发表日期和出版单位，说明能够得到这些文件资料的来源。

I.2　软件征述

I.2.1　软件的结构

结合软件系统所具有的功能包括输入、处理和输出提供该软件的总体结构图表。

I.2.2　程序表

列出本系统内每个程序的标识符、编号和助记名。

I.2.3 文卷表

列出将由本系统引用、建立或更新的每个永久性文卷,说明它们各自的标识符、编号、助记名、存储媒体和存储要求。

I.3 安装与初始化

一步一步地说明为使用本软件而需要进行的安装与初始化过程,包括程序的存载形式,安装与初始化过程中的全部操作命令,系统对这些命令的反应与答复,表征安装工作完成的测试实例等。如果有的话,还应说明安装过程中所需用到的专用软件。

I.4 运行说明

所谓一个运行是指提供一个启动控制信息后,直到计算机系统等待另一个启动控制信息时为止的计算机系统执行的全部过程。

I.4.1 运行表

列出每种可能的运行,摘要说明每个运行的目的,指出每个运行各自所执行的程序。

I.4.2 运行步骤

说明从一个运行转向另一个运行以完成整个系统运行的步骤。

I.4.3 运行 1(标识符)说明

把运行 1 的有关信息,以对操作人员最方便、最有用的形式加以说明。

I.4.3.1 运行控制

列出为本运行所需要的运行流向控制的说明。

I.4.3.2 操作信息

给出为操作中心的操作人员和管理人员所需要的信息,如:

a. 运行目的;

b. 操作要求;

c. 启动方法,如应请启动(由所遇到的请求信息启动)、预定时间启动等;

d. 预计的运行时间和解题时间;

e. 操作命令;

f. 与运行有联系的其他事项。

I.4.3.3 输入—输出文卷

提供被本运行建立、更新或访问的数据文卷的有关信息,如:

a. 文卷的标识符或标号;

b. 记录媒体;

c. 存留的目录表;

d. 文卷的支配,如确定保留或废弃的准则、是否要分配给其他接受者、占用硬设备的优先级以及保密控制等有关规定。

I.4.3.4 输出文段

提供本软件输出的每一个用于提示、说明、或应答的文段(包括"菜单")的有关信息,如:

a. 文段的标识符;

b. 输出媒体(屏幕显示、打印等);

c. 文字容量；

d. 分发对象；

e. 保密要求。

I.4.3.5 输出文段的复制

对由计算机产生，而后需用其他方法复制的那些文段提供有关信息，如：

a. 文段的标识符；

b. 复制的技术手段；

c. 纸张或其他媒体的规格；

d. 装订要求；

e. 分发对象；

f. 复制份数。

I.4.3.6 恢复过程

说明本运行故障后的恢复过程。

I.4.4 运行 2（标识符）说明

用与本附录 I.4.3 相类似的方式介绍另一个运行的有关信息。

I.5 非常规过程

提供有关应急操作或非常规操作的必要信息，如出错处理操作、向后备系统的切换操作以及其他必须向程序维护人员交代的事项和步骤。

I.6 远程操作

如果本软件能够通过远程终端控制运行，则在本章说明通过远程终端运行本软件的操作过程。

J. 模块开发卷宗的编写提示

J.1 标题

软件系统名称和标识符

模块名称和标识符（如果本卷宗包含多于一个的模块，则用这组模块的功能标识代替模块名）

程序编制员签名

卷宗的修改文本序号

修改完成日期

卷宗序号（说明本卷宗在整个卷宗中的序号）

编排日期（说明整个卷宗最近的一次编排日期）

J.2 模块开发情况表

J.3 功能说明

扼要说明本模块（或本组模块）的功能，主要是输入、要求的处理、输出。可以从系统设计说明书中摘录。同时列出在软件需求说明书中对这些功能的说明的章、条、款。

J.4 设计说明

说明本模块（或本组模块）的设计考虑，包括：

a. 在系统设计说明书中有关对本模块（或本组模块）设计考虑的叙述，包括本模块在软件系统中所处的层次，它同其他模块的接口；

　　b. 在程序设计说明书中有关对本模块（或本组模块）的设计考虑，包括本模块的算法、处理流程、牵涉到的数据文卷设计限制、驱动方式和出错信息等；

　　c. 在编制目前已通过全部测试的源代码时实际使用的设计考虑。

　　J.5　源代码清单

　　要给出所产生的本模块（或本组模块）的第一份无语法错误的源代码清单以及已通过全部测试的当前有效的源代码清单。

　　J.6　测试说明

　　说明直接要经过本模块（或本组模块）的每一项测试，包括这些测试各自的标识符和编号、进行这些测试的目的、所用的配置和输入、预期的输出及实际的输出。

　　J.7　复审的结论

　　把实际测试的结果，同软件需求说明书、系统设计说明书、程序设计说明书中规定的要求进行比较并给出结论。

K. 测试计划的编写提示

　　K.1　引言

　　K.1.1　编写目的

　　本测试计划的具体编写目的，指出预期的读者范围。

　　K.1.2　背景

　　说明：

　　a. 测试计划所从属的软件系统的名称；

　　b. 该开发项目的历史，列出用户和执行此项目测试的计算中心，说明在开始执行本测试计划之前必须完成的各项工作。

　　K.1.3　定义

　　列出本文件中用到的专门术语的定义和外文首字母组词的原词组。

　　K.1.4　参考资料

　　列出要用到的参考资料，如：

　　a. 本项目的经核准的计划任务书或合同、上级机关的批文；

　　b. 属于本项目的其他已发表的文件；

　　c. 本文件中各处引用的文件、资料，包括所要用到的软件开发标准。 列出这些文件的标题、文件编号、发表日期和出版单位，说明能够得到这些文件资料的来源。

　　K.2　计划

　　K.2.1　软件说明

　　提供一份图表，并逐项说明被测软件的功能、输入和输出等质量指标，作为叙述测试计划的提纲。

　　K.2.2　测试内容

　　列出组装测试和确认测试中的每一项测试内容的名称标识符、这些测试的进度安排以及这些测试的内容和目的，例如模块功能测试、接口正确性测试、数据文卷存取的测试、运行时间的测试、设计约束和极限的测试等。

K.2.3　测试 1（标识符）

给出这项测试内容的参与单位及被测试的部位。

K.2.3.1　进度安排

给出对这项测试的进度安排，包括进行测试的日期和工作内容（如熟悉环境、培训、准备输入数据等）。

K.2.3.2　条件

陈述本项测试工作对资源的要求，包括：

a. 设备，所用到的设备类型、数量和预定使用时间；

b. 软件，列出将被用来支持本项测试过程而本身又并不是被测软件的组成部分的软件，如测试驱动程序、测试监控程序、仿真程序、桩模块等等；

c. 人员，列出在测试工作期间预期可由用户和开发任务组提供的工作人员的人数、技术水平及有关的预备知识，包括一些特殊要求，如倒班操作和数据键入人员。

K.2.3.3　测试资料

列出本项测试所需的资料，如：

a. 有关本项任务的文件；

b. 被测试程序及其所在的媒体；

c. 测试的输入和输出举例；

d. 有关控制此项测试的方法、过程的图表。

K.2.3.4　测试培训

说明或引用资料说明为被测软件的使用提供培训的计划。规定培训的内容、受训的人员及从事培训的工作人员。

K.2.4　测试 2（标识符）

用与本测试计划 K.2.3 相类似的方式说明用于另一项及其后各项测试内容的测试工作计划。

K.3　测试设计说明

K.3.1　测试 1（标识符）

说明对第一项测试内容的测试设计考虑。

K.3.1.1　控制

说明本测试的控制方式，如输入是人工、半自动或自动引入、控制操作的顺序以及结果的记录方法。

K.3.1.2　输入

说明本项测试中所使用的输入数据及选择这些输入数据的策略。

K.3.1.3　输出

说明预期的输出数据，如测试结果及可能产生的中间结果或运行信息。

K.3.1.4　过程

说明完成此项测试的一个个步骤和控制命令，包括测试的准备、初始化、中间步聚和运行结束方式。

K.3.2　测试 2（标识符）

用与本测试计划 K.3.1 相类似的方式说明第 2 项及其后各项测试工作的设计考虑。

K.4　评价准则

K.4.1　范围

说明所选择的测试用例能够检查的范围及其局限性。

K.4.2　数据整理

陈述为了把测试数据加工成便于评价的适当形式，使得测试结果可以同已知结果进行比较而要用到的转换处理技术，如手工方式或自动方式；如果是用自动方式整理数据，还要说明为进行处理而要用到的硬件、软件资源。

K.4.3　尺度

说明用来判断测试工作是否能通过的评价尺度，如合理的输出结果的类型、测试输出结果与预期输出之间的容许偏离范围、允许中断或停机的最大次数。

L.　测试分析报告的编写提示

L.1　引言

L.1.1　编写目的

说明这份测试分析报告的具体编写目的，指出预期的阅读范围。

L.1.2　背景

说明：

a. 被测试软件系统的名称；

b. 该软件的任务提出者、开发者、用户及安装此软件的计算中心，指出测试环境与实际运行环境之间可能存在的差异以及这些差异对测试结果的影响。

L.1.3　定义

列出本文件中用到的专门术语的定义和外文首字母组词的原词组。

L.1.4　参考资料

列出要用到的参考资料，如：

a. 本项目的经核准的计划任务书或合同、上级机关的批文；

b. 属于本项目的其他已发表的文件；

c. 本文件中各处引用的文件、资料，包括所要用到的软件开发标准。 列出这些文件的标题、文件编号、发表日期和出版单位，说明能够得到这些文件资料的来源。

L.2　测试概要

用表格的形式列出每一项测试的标识符及其测试内容，并指明实际进行的测试工作内容与测试计划中预先设计的内容之间的差别，说明作出这种改变的原因。

L.3　测试结果及发现

L.3.1　测试 1（标识符）

把本项测试中实际得到的动态输出（包括内部生成数据输出）结果同对于动态输出的要求进行比较，陈述其中的各项发现。

L.3.2　测试 2（标识符）

用类似本报告 L.3.1 的方式给出第 2 项及其后各项测试内容的测试结果和发现。

L.4　对软件功能的结论

L.4.1　功能 1（标识符）

L.4.1.1　能力

简述该项功能，说明为满足此项功能而设计的软件能力以及经过一项或多项测试已证实的能力。

L.4.1.2　限制

说明测试数据值的范围（包括动态数据和静态数据），就列出这项功能而言，测试期间在该软件中查出的缺陷、局限性。

L.4.2　功能 2（标识符）

用类似本报告 L.4.1 的方式给出第 2 项及其后各项功能的测试结论。

　　　⋮

L.5　分析摘要

L.5.1　能力

陈述经测试证实了的本软件的能力。如果所进行的测试是为了验证一项或几项特定性能要求的实现，应提供这方面的测试结果与要求之间的比较，并确定测试环境与实际运行环境之间可能存在的差异对能力的测试所带来的影响。

L.5.2　缺陷和限制

陈述经测试证实的软件缺陷和限制，说明每项缺陷和限制对软件性能的影响，并说明全部测得的性能缺陷的累积影响和总影响。

L.5.3　建议

对每项缺陷提出改进建议，如：

a. 各项修改可采用的修改方法；

b. 各项修改的紧迫程度；

c. 各项修改预计的工作量；

d. 各项修改的负责人。

L.5.4　评价

说明该项软件的开发是否已达到预定目标，能否交付使用。

L.6　测试资源消耗

总结测试工作的资源消耗数据，如工作人员的水平、级别、数量、机时消耗等。

M. 开发进度月报的编写提示

M.1　标题

开发中的软件系统的名称和标识符、分项目名称和标识符、分项目负责人签名、本期月报编写人签名、本期月报的编号及所报告的年月。

M.2　工程进度与状态

M.2.1　进度

列出本月内进行的各项主要活动，并且说明本月内遇到的重要事件，这里所说的重要事件是指一个开发阶段（即软件生存周期内各个阶段中的某一个，例如需求分析阶段）的开始或结束，要说明阶段名称及开始（或结束）的日期。

M.2.2　状态

说明本月的实际工作进度与计划相比，是提前了、按期完成了或是推迟了。如果与计划不一致，说明原因及准备采取的措施。

M.3　资额耗用与状态

M.3.1　资额耗用

主要说明本月份内耗用的工时与机时。

M.3.1.1　工时

分为三类：

a. 管理用工时包括在项目管理（制定计划、布置工作、收集数据、检查汇报工作等）方面耗用的工时；

b. 服务工时包括为支持项目开发所必须的服务工作及非直接的开发工作所耗用的工时；

c. 开发用工时要分各个开发阶段填写。

M.3.1.2　机时

说明本月内耗用的机时，以小时为单位，说明计算机系统的型号。

M.3.2　状态

说明本月内实际耗用的资源与计划相比，是超出了、相一致、还是不到计划数。如果与计划不一致，说明原因及准备采取的措施。

M.4　经费支出与状态

M.4.1　经费支出

M.4.1.1　支持性费用

列出本月内支出的支持性费用，一般可按如下七类列出，并给出本月支持费用的总和：

a. 房租或房屋折旧费；

b. 工资、奖金、补贴；

c. 培训费包括给教师的酬金及教室租金；

d. 资料费包括复印及购买参考资料的费用；

e. 会议费包括召集有关业务会议的费用；

f. 旅差费；

g. 其他费用。

M.4.1.2　设备购置费

列出本月内支出的设备购置费，一般可分如下三类：

a. 购买软件的名称与金额；

b. 购买硬设备的名称、型号、数量及金额；

c. 已有硬设备的折旧费。

M.4.2　状态

说明本月内实际支出的经费与计划相比较，是超过了、相符合、还是不到计划数。如果与计划不一致，说明原因及准备采取的措施。

M.5　下个月的工作计划

M.6　建议

本月遇到的重要问题和应引起重视的问题以及因此产生的建议。

N. 项目开发总结报告的编写提示

N.1　引言

N.1.1　编写目的

说明编写这份项目开发总结报告的目的，指出预期的阅读范围。

N.1.2　背景

说明：

a. 本项目的名称和所开发出来的软件系统的名称；

b. 此软件的任务提出者、开发者、用户及安装此软件的计算中心。

N.1.3　定义

列出本文件中用到的专门术语的定义和外文首字母组词的原词组。

N.1.4　参考资料

列出要用到的参考资料，如：

a. 本项目的已核准的计划任务书或合同、上级机关的批文；

b. 属于本项目的其他已发表的文件；

c. 本文件中各处所引用的文件、资料，包括所要用到的软件开发标准。 列出这些文件的标题、文件编号、发表日期和出版单位，说明能够得到这些文件资料的来源。

N.2　实际开发结果

N.2.1　产品

说明最终制成的产品，包括：

a. 程序系统中各个程序的名字，它们之间的层次关系，以千字节为单位的各个程序的程序量、存储媒体的形式和数量；

b. 程序系统共有哪几个版本，各自的版本号及它们之间的区别；

c. 每个文件的名称；

d. 所建立的每个数据库。如果开发中制定过配置管理计划，要同这个计划相比较。

N.2.2　主要功能和性能

逐项列出本软件产品所实际具有的主要功能和性能，对照可行性研究报告、项目开发计划、功能需求说明书的有关内容，说明原定的开发目标是达到了、未完全达到或超过了。

N.2.3　基本流程

用图给出本程序系统的实际的基本处理流程。

N.2.4　进度

列出原定计划进度与实际进度的对比而言，实际进度是提前了、还是延迟了，分析主要原因。

N.2.5　费用

列出原定计划费用与实际支出费用的对比，包括：

a. 工时，以人月为单位，并按不同级别统计；

b. 计算机的使用时间，区别 CPU 时间及其他设备时间；

c. 物料消耗、出差费等其他支出。

明确说明，经费是超出了、还是节余了，分析其主要原因。

N.3　开发工作评价

N.3.1　对生产效率的评价

给出实际生产效率，包括：

a. 程序的平均生产效率，即每人月生产的行数；

b. 文件的平均生产效率，即每人月生产的千字数。

并列出原定计划数作为对比。

N.3.2　对产品质量的评价

说明在测试中检查出来的程序编制中的错误发生率，即每千条指令（或语句）中的错误指令数（或语句数）。如果开发中制定过质量保证计划或配置管理计划，要同这些计划相比较。

N.3.3　对技术方法的评价

给出对在开发中所使用的技术、方法、工具、手段的评价。

N.3.4　出错原因的分析

给出对于开发中出现的错误的原因分析。

N.4　经验与教训

列出从这项开发工作中所得到的最主要的经验与教训及对今后的项目开发工作的建议。

信息系统分析与设计

参 考 文 献

[1] 殷树勋. 管理信息系统的分析与设计. 北京：清华大学出版社, 1988.

[2] 李大友. 软件工程方法. 北京：机械工业出版社, 1996.

[3] 姜旭平. 信息系统开发方法：方法、策略、技术、工具与发展. 北京：清华大学出版社, 1997.

[4] 曹锦芳. 信息系统分析与设计. 北京：北京航空学院出版社, 1987.

[5] G B Davis, M H Olson. 管理信息系统：概念基础、结构与研制. 陈佩久，龙连文，黄梯云，等，译. 黑龙江：哈尔滨工业大学出版社, 1989.

[6] Hans-Erik Eriksson Magnus Penkers. UML 工具箱. 愈俊平，等，译. 北京：电子工业出版社，2004.

[7] 张友生. 软件体系结构远离、方法与实践. 2 版. 北京：清华大学出版社，2014.

[8] 孟祥旭，李学庆，杨承磊. 人机交互基础教程. 2 版. 北京：清华大学出版社，2010.